CALCULUS

SIMPLIFIED

普林斯顿
微积分简析

[美] 奥斯卡·E.费尔南德斯（Oscar E. Fernandez）◎著　　梁超 王林◎译

人民邮电出版社

北京

图书在版编目（CIP）数据

普林斯顿微积分简析 ／（美）奥斯卡·E. 费尔南德斯
(Oscar E. Fernandez) 著 ；梁超，土林译. -- 北京 ：
人民邮电出版社，2024.8
ISBN 978-7-115-63610-2

Ⅰ．①普… Ⅱ．①奥… ②梁… ③王… Ⅲ．①微积分
Ⅳ．①O172

中国国家版本馆CIP数据核字(2024)第019264号

版 权 声 明

内 容 提 要

本书专为微积分初学者或非数学专业的学生所写。对于既不追求数学家级别的严谨性也
不需要工程师和物理学家所需的详尽细节的学生来说，本书有恰到好处的内容和深度。本书
分为 5 章，第 1 章是导语，介绍微积分是什么；第 2 章讲解极限，如何无限地接近却不等于
一个数；第 3 章介绍导数，解决瞬时速度问题；第 4 章介绍导数的应用；第 5 章介绍积分。

本书适合高中生、大学生和想学习微积分的数学爱好者阅读。

- ◆ 著 [美]奥斯卡·E. 费尔南德斯（Oscar E. Fernandez）
- 译 梁 超 王 林
- 责任编辑 张天怡
- 责任印制 陈 犇
- ◆ 人民邮电出版社出版发行 北京市丰台区成寿寺路 11 号
  邮编 100164 电子邮件 315@ptpress.com.cn
  网址 https://www.ptpress.com.cn
  涿州市京南印刷厂印刷
- ◆ 开本：700×1000 1/16
  印张：17.5 2024 年 8 月第 1 版
  字数：221 千字 2024 年 8 月河北第 1 次印刷
  著作权合同登记号 图字：01-2019-6760 号

定价：55.00 元

读者服务热线：(010)81055410 印装质量热线：(010)81055316
反盗版热线：(010)81055315
广告经营许可证：京东市监广登字 20170147 号

前　言

　　你好！欢迎阅读《普林斯顿微积分简析》一书。我是作者奥斯卡·E.费尔南德斯，目前是美国韦尔斯利学院的数学副教授。下面我将引导你阅读此书。

这本书是写给谁的？

　　这里有 3 个问题，可以帮助你确定这本书是否适合你。

　　•你是否已经掌握代数、几何方面的基础知识，对函数有初步的认识（不需要学过指数函数、对数函数和三角函数等超越函数的内容）？如果是的话，本书是适合你的。

　　•你目前是否正在（或即将开始）学习微积分课程？如果是的话，本书是适合你的。

　　•你是否很久以前就学过微积分，现在想快速复习一下？如果是的话，本书是适合你的。

　　如果你对这些问题的回答都是"否"，那么本书可能并不适合你。不过，你不妨简单翻阅一下，也许书中还有你感兴趣的内容。如果你对这些问题中任意一个的回答是"是"，那就太好了！请继续读下去。

读本书的理由 1：学习微积分的"金发女孩方法"①

　　在过去的几十年里，认知学家们积累了大量的证据来支持今天所谓的"金发女孩效应"：当课程讲授的内容难度和复杂度适当时，学生的学习效果最好。

---

① 译者注："金发女孩"（Goldilocks）源自童话《金发女孩和三只熊》。此处对故事做了延伸，形容不偏向某个极端、刚刚好的状态。

现在我们分析一下微积分的挑战性。学习微积分时，学生一般会依赖 3 项资源：微积分教科书、微积分授课教师或微积分教辅资料。而这三者均有其优缺点，我在图 0 (a) 中就详细程度、思想深度和个性化内容这 3 个维度阐释了它们的优缺点。

将上述提及的 3 项微积分学习资源从这 3 个维度进行比较，你会注意到以下几点。

• **关于详细程度。**大多数微积分教辅资料都避免陈述完整的定理。这意味着，运用这些定理提出的公式或法则时，学生并不总是清楚其适用的范围（这是在定理的假设条件中体现出来的）。而大多数微积分教科书有相反的问题，即书中罗列了大量完整的定理陈述（及其证明）。结果是，学生感觉过于规范了，大量严谨的证明和严格的逻辑演绎往往使书的行文过于繁杂，掩藏了这些定理背后的"直观"。因此，书写得过于粗略可能会让人对微积分的学习产生盲目的自信，而书写得过于详尽可能会让人对微积分完全丧失兴趣。

• **关于思想深度。**大多数微积分教辅资料在思想方面体现不足，而更多地侧重于计算技巧和做题"套路"的讲解(形式如"由此可得")。坦率地说，大多数微积分图书都只能算是教辅。也就是说，它们需配合微积分教科书或授课教师的课程使用。教科书与教师的课程中展现了更为深刻的数学思想。然而，往往又因为它们展现的数学思想太过深刻，微积分课程中常见的学生反馈就是"少讲理论，多举例子"。因此，缺乏思想体现会让学习微积分的人感觉像死记硬背，思想过于深刻会让微积分显得太理论化而与现实脱轨。

• **关于个性化内容。**大多数微积分教科书都是数百页的"大部头"，内容比任何授课教师在"微积分(１)"课程上所能讲授的都要多。因此，一般的微积分教科书根本不会从学生的兴趣点出发设置个性化内容。我们这些授课教师根据学生的情况尽最大努力将教科书里数百页的内容提炼成大约 30 小时的课程，这样肯定比自学教科书针对性更强。

但在一个学生众多的班级中，仍然很难为每位学生量身定制个性化内容。因此，无针对性的教科书无法激发学生学习微积分的兴趣，而有针对性的课堂教学虽有改进，但个性化程度不足。

综上所述，3 项资源中并无一项完全适合辅助微积分的学习。这就是本书写作的原因。本书采用"金发女孩方法"来讲解微积分。图0(b) 展示了本书的特点。

• **本书在直观与理论之间建立了一种平衡，内容的详细程度恰到好处**。第 1 章讲述微积分的核心思想，本书其余章节中所授内容都将在此找到思想之源。这是因为第 1 章着重于展现微积分主要概念和思维方式背后的直观，以及微积分理论的总体框架。后续章节将侧重理论部分，适量给出定义和定理的规范陈述，以帮助读者清楚掌握各个术语，了解其源起与发展，理解其适用条件与适用缘由。

• **本书可以让你自主掌控你的微积分探索之旅**。用本书学习微积分，不需要事先掌握指数函数、对数函数或三角函数的知识。

不知道 $\sin x$、e^x、$\ln x$ 是什么（或者还没有完全理解它们），没有问题！这些与函数相关的问题都设置在了每一节的最后。如果你愿意，可以阅读它们；如果不愿意，可以跳过它们，选择权在你。

此外，本书部分章节确实包含理论的讲授，但重点是"直观"而非证明。更多技术性的讨论和证明的内容被归入附录 A 和附录 B。如果你愿意，可以阅读它们；如果不愿意，可以跳过它们，选择权在你。

最后，较为深刻的应用实例也是如此处理的，它们被归入了附录C 中。如果你愿意，可以阅读它们；如果不愿意，可以跳过它们，选择权在你。

这一切的最终效果是给予更"温和"的学习体验［见图 0(c)］，以及对"直观"的重视（因此才有了书名中的"微积分简析"）。

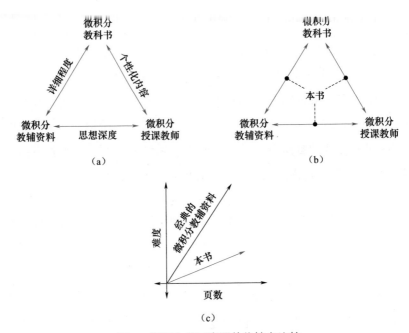

图 0　微积分学习资源的优缺点比较

• **本书对涉及的数学思想进行了适当深度的展开**。通过阅读本书，你将学习如何使用微积分以及为何能如此使用它，你会理解为何微积分的核心概念那么重要，你也将接触到微积分在各个领域的运用。如果愿意，你也会了解到推动微积分理论发明的历史背景（其中一些内容是选修的，包含在附录中）。

读本书的理由 2：特别的设计

　　在使用"金发女孩方法"之外，本书还做了下列额外的设计，旨在进一步促进你的学习。

• **注重行文简洁**。除去习题和附录部分，本书讲授微积分的核心部分仅 100 多页。如果再除去超越函数（指数函数、对数函数和三角函数）部分，就更少了。这两个数据都可以表明，本书比一般的微积分教科书（除去习题和附录部分）动辄三四百页的内容要精简得多。

- **提供近 200 个范例解答**。当然，多数例题不光有解答，还包含我的思考过程。这将帮助你学会像数学家一样思考。

- **提供所有非证明习题的答案**。除了证明题和派生问题，所有习题均给出解答。

- **信息反馈"直通车"**。本书的初衷是帮助读者学习微积分，如果有任何问题、建议或意见，请随时给我发邮件，我都将一一认真回复。我的电子邮箱地址是 math@surroundedbymath.com。这些反馈将帮助我改进本书，并将被纳入本书未来的版本中。

结束语

本书对有兴趣学习（或重新学习）微积分（1）课程的人而言是一本不错的教材。首先，也是最重要的，它是对寻常微积分教科书中的内容体系进行重组、重构的一次尝试，以达到在详细程度、思想深度和个性化内容 3 个维度上"恰到好处"的平衡，如图 0(a) 和图 0(b) 所示。

其次，本书旨在精简微积分的学习内容。但请不要混淆"精简"与"削减"。本书并不是微积分公式的合集，也不是仅对概念的简要回顾（若你已经学过微积分）。本书不是"傻瓜指南"，它基于我的微积分授课笔记，内容涵盖大学本科微积分（1）课程的全部内容，对冗余的部分进行精简，以并不太正式的语言行文，书中包括现实世界中的诸多应用实例，全新的结构安排为你提供学习微积分的多种选择。

最后，虽然微积分教科书中涵盖的绝大多数内容都包括在了书中，但本书并非旨在详尽描述微积分（1）的方方面面。就目前对本书的定位而言，本书也非旨在成为一本微积分教科书（尽管它在某些情况下确实可以被当作教科书使用）。同时，本书也不仅仅是一本普通的微积分教辅资料。正如前言中所述，我认为本书恰处于微积分教科书和微积分教辅资料之间的"金发女孩地带"。

在你的微积分探索之旅出发伊始，就能与你协同并进，我感到万分欣喜和激动。当你完成了整本书的学习，请读一下本书的后记，里面包含一些后续学习的指导建议，也许对你有益。

奥斯卡·E. 费尔南德斯

写给学生读者的话

欢迎阅读《普林斯顿微积分简析》一书！正式开始之前，我先给你些提示，帮助你更好地学习微积分。

如何阅读一本数学书（包括本书）

虽然我尽了最大努力把本书写得生动，但本书不是小说。这意味着，你需要以不同于看小说的方式来读本书。譬如，仅仅阅读是不足以帮助你学习微积分的，我建议你多动笔，思考例题，求解习题，通读补充材料。通过"做"数学，才能更好地"学"数学。此外，学习过程中，记下你的问题和想法，这将确保你是主动学习而非被动记忆。

最后，让我提一下定理在数学中扮演的特殊角色，以及如何确保你能最大限度地利用它们。笼统地说，定理是一种被证明为正确的陈述。一般定理分 3 部分：导言、条件和结论。

例如勾股定理[①]：考虑平面上的一个直角三角形，c 是三角形斜边的长度，a 和 b 是两条直角边的长度，那么 $c^2=a^2+b^2$。

在这个定理中，开始部分是导言，其作用是为定理提供背景介绍；定理的中间部分包含一些假设条件（有时导言部分也包含假设条件，如上述定理一般）；最后部分是结论。

与我之前提出的关于本书的学习方法一样，对于定理的学习我也有相同的建议。学到一个定理，要花点儿时间去理解它在说什么。试着画图，用自己的语言去诠释，思考如果条件减少是否还能得到相同的结论。做这些将帮助你理解这个定理的真正含义，帮助你记住它，也帮助你了解它的适用范围。

---

① 又称毕达哥拉斯定理。

如何成就更好的自己

我还有最后一条建议：运用认知科学中最前沿的研究成果辅助学习。相关研究表明，许多学习策略，如检索练习和交织练习，都可以促进你的学习。

好了，这就是我目前可以提供给你的全部信息。一切就绪，让我们开始微积分的探索之旅吧！

写给教师读者的话

你可能会想："又一本微积分教材！"但这次不一样。这本书并不是为了在微积分教科书的书海中再添一员，也不是要把微积分内容过度削减。正如我在前言中所写的，本书是对寻常微积分教科书中的内容体系进行重组、重构的一次尝试，以达到在详细程度、思想深度和个性化内容3个维度上"恰到好处"的平衡。

本书也是新时代的标志。在互联网时代，越来越明显的是，以短小精炼、言简意赅的方式讲授微积分，更受学生青睐。本书简洁的行文，以及对超越函数相关内容进行的可选择性设计，可减少学生快速熟悉微积分概念所需投入的时间。因此，本书既可作为微积分入门教材，又可作为更深刻的微积分课程的绝佳参考书（尤其是在习题涉及范围广泛这点表现优异）。

目　录

第1章 微积分导论

本章概览

微积分是一种新的数学思维方式。本章为你展示微积分的思维模式、重要概念，以及各种应用问题。这些内容的核心是其背后隐藏的微积分思想理念（一个关于微积分理论整套体系的概括性蓝图），之后的章节将具体探讨微积分理论。通过本章的学习，你将对微积分建立直观的理解，为后续的学习打下基础。准备好了吗？让我们开始微积分的学习之旅吧！

1.1 何为"微积分"

何为"微积分"？对于这个问题，我的回答包含两方面。

一方面，微积分是一种思维方式——动态的思维方式；另一方面，就内容而言，微积分是关于无穷小变量分析的数学。

微积分是一种思维方式

微积分之前的数学常被称为"预科微积分"，包括代数和几何，主要涉及静态问题：无变量的问题。而微积分处理的是带变量的问题，是动态的思维方式。例如：

- 一个边长为 2 米的正方形周长几何？←这是一个预科微积分的问题。
- 如果一个正方形，其边长以每秒 2 米的恒定速度增长，请问：其周长的变化速度几何？←这是一个微积分问题。

预科微积分与微积分之间静态与动态的区别远不止这些，变是微积分的本质。微积分课程正是用于培养学生处理动态（而非静态）问题的思维。例如：

　　•计算半径为 r 的球体的体积。预科微积分的解题思路是套用球体体积计算公式 $(4/3)\pi r^3$，如图 1.1(a) 所示。微积分的解题思路是首先把球体切成无数片厚度极小的薄圆盘，然后计算它们的体积和，如图 1.1(b) 所示。当圆盘的厚度"无穷小"时，通过这种方式计算出来的体积和为 $(4/3)\pi r^3$，即球体体积计算公式获证（具体内容详见第 5 章）。

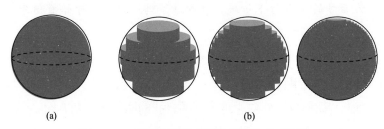

(a)　　　　　　　　　　　　　(b)

图 1.1　(a) 预科微积分求球体体积的方式图示
(b) 微积分求球体体积的方式图示

　　此处出现了一个很神奇的词"无穷小"，关于它的含义，刚才我已经给了一个提示，一会儿再详细解释。此刻我们先谈一个读者可能已经想到的问题：为什么要用上述无限细分的方式，而不是直接套用球体的体积公式 $V=(4/3)\pi r^3$？原因是若我之前要求的体积是空间中一团不规则的形体，且无法将其分割成有限块静态预科微积分能够处理的规则形体（即无法得到计算这团不规则形体的确定公式），那么采用动态微积分理论至少可以通过上述无限细分的方式，给出一个合理的逼近值。

　　上述求体积的例子展示了微积分动态思维的威力，同时它也暗示了一个心理现象：放下静态思维，遵从动态思维，需要一个长期的过程。毕竟在学习微积分课程之前，静态思维是大家在数学学习中的主导性思维方式，因而积习难改。但请不要慌张害怕，年轻的"绝地学徒"（《星球大战》中的角色），我将指引你逐渐适应微积分的动态思维方式。
让我们回到之前承诺的：洞察无穷小量，以开启我们的探险。

何为无穷小量?

上述关于体积计算的例子，揭示了无穷小量的少许含义。下面我
们给出一个粗略的定义：无穷小量意味着，它能如你想象地无限逼近
0，但并不等于 0。

让我们沿用古希腊哲学家芝诺的方式阐释上述观点。芝诺运用一
系列的悖论论证一切运动皆为假象（自然，当时的芝诺并无动态思维
能力）。其中一个悖论是二分说悖论，具体叙述为：行进任意一段路
程，必先行至其中点。图 1.2 描述了其含义。

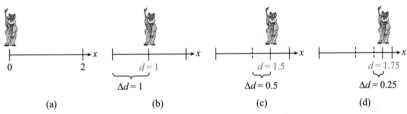

图 1.2　芝诺欲以每步走完剩下路程一半的方式行进 2 米

图中芝诺欲走完 2 米的路程，但因他的上述想法，他先走到了
半程的位置：距出发位置 1 米远处，如图 1.2(b) 所示。然后，他又
走完了剩下路程的一半：距中点 0.5 米远处，如图 1.2(c) 所示。表 1.1
记录了芝诺行进中，每步后离起始点的总距离（位移）d，以及每
步步长（位移增量）Δd。

表 1.1　芝诺的位移 d 以及位移增量 Δd

步数	1	2	3	4	5	6	7	8	⋯
Δd	1	0.5	0.25	0.125	0.0625	0.03125	0.015625	0.0078125	⋯
d	1	1.5	1.75	1.875	1.9375	1.96875	1.984375	1.9921875	⋯

位移增量 Δd 是前一次位移增量的一半。因此，如果芝诺持续不断地往前走，位移增量 Δd 就将越来越逼近 0，但是总不等于 0（因为位移增量 Δd 是一个正数的一半）。若在芝诺走了无穷多步之后，我们再计算下一次的位移增量，就得到一个无穷小量——如你能想象地无限逼近 0，但是并不等于 0。

这个例子除了诠释无穷小量的含义，还有两个作用。首先，它揭示了微积分理论的动态思维。我们探讨了芝诺行进的方式；考察了每步步长的变化；在图中标识了他的每一个位置，并在表中呈现他每一步的位移量。（为了展示微积分的思想，需要使用大量像这样的行为动词！）其次，这个例子也挑战了我们的思维模式。毋庸置疑，我们可以在有限时间里走完 2 米的路程，但是如表 1.1 所示，芝诺却不能——他越来越靠近终点，但永远无法到达 2 米处。如何用方程描述这一现象呢？这非预科微积分能够处理的。我们需要一个全新的概念来定义这种动态现象，这个新概念是极限，它可谓微积分理论严格化的基石。

1.2　极限：微积分理论严格化的基石

让我们回到表 1.1。你可能已经意识到一个问题：每步步长 Δd 与每步后离起始点的总距离 d，两者是相关的。具体地，

$$\Delta d + d = 2 ，即 d = 2 - \Delta d \tag{1.1}$$

这个等式把表 1.1 中的两个量联系了起来。非常棒！但这不是我们寻找的式子，因为它并没有揭示出表 1.1 中体现的动态信息。事实上，表 1.1 清晰地展示了芝诺行进中，当每步步长 Δd 趋于 0 时，每步后离起始点的总距离 d 趋于 2。此可简写为当 $\Delta d \to 0$ 时，$d \to 2$（这里用右向箭头"$\to$"指代"逼近"）。表 1.1 也重申了一个我们已知的事实：若我们让芝诺以上述方式无限地行进下去，他将比任何人测量出来的都更加接近 2 米的位置。用微积分的语言表述即"无限逼近 2"，记作

$$\lim_{\Delta d \to 0} d = 2 \tag{1.2}$$

读作"当 Δd 趋于 0（但不等于 0）时，d 的极限为 2"。

等式 (1.2) 正是我们想要的，它表达了芝诺行进距离 d 的极限值 [limiting value，这解释了为何等式 (1.2) 中用"lim"这个符号] 是 2。因此，等式 (1.2) 是芝诺行进过程的动态表达，而等式 (1.1) 好似给他的每一步拍了一张静态快照。更进一步地，等式 (1.2) 也在提示我们，行进距离 d 始终在逼近 2，却永远到不了 2。这个想法也适用于步长 Δd：一直逼近 0，但永远到不了 0。简言之：极限就是无限地接近（但永远无法达到）。

在第 2 章我们将更具体地学习关于极限的内容。不过上述芝诺行进的例子应该足以向大家展示极限这一概念说明了什么以及从何而来，也很好地解释了本节的标题"极限：微

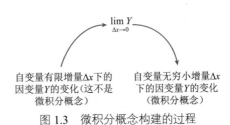

图 1.3 微积分概念构建的过程

积分理论严格化的基石"。图 1.3 描述了新的微积分概念构建的过程，此思路在本书中将不断被用到：给因变量 Y 的自变量一个有限增量 Δx，使增量 Δx 趋于 0 但不等于 0（也就是说，取极限 $\Delta x \to 0$），因变量 Y 将趋于它的极限值。此过程如芝诺行进的例子，亦如图 1.1 所演示的，正是微积分理论的部分内涵。这也是为何我说微积分是关于无穷小变化的数学理论——微积分是当我们对各种各样现实世界的变量或者虚拟设置的变量按图 1.3 所示的过程进行操作后得到的结果集。

3 个重要的变量——瞬时速度、切线斜率和曲线下面积推动了微积分理论的发展成熟。在 1.3 节，我们将扼要介绍图 1.3 中的微积分概念构建过程是如何用于求解这些变量的（具体内容详见第 3~5 章）。

1.3 促使微积分诞生的三大难题

微积分理论的诞生源于三大难题（见图 1.4）[①]。

（1）瞬时速度问题：计算下落物体在某个特定时刻的速度，如图 1.4(a) 所示。

（2）切线斜率问题：给定一条曲线及其上的一点 P，计算在 P 点与此曲线相切的直线的斜率，如图 1.4(b) 所示。

（3）曲线下面积问题：计算某函数曲线下方[②]，介于两个 x 值之间的图形的面积，如图 1.4(c) 所示。

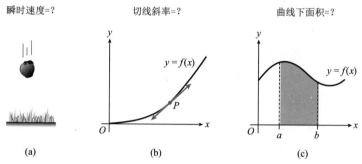

图 1.4　推动微积分理论诞生的三大难题

图 1.4 可能已经向大家传递出，解决这 3 个问题是很有难度的，利用早前的方法都无能为力。譬如，我们都学过，需要知道两点坐标以求过这两点的直线的斜率，切线斜率问题却只给了一个点（点 P）的信息，就让求切线的斜率。类似地，我们最早学习的速度等于"距离变化量除以时间变化量"，那么要如何计算某个时刻的瞬时速度呢？毕竟此时的时间变化量为 0。这些可谓上述三大难题解决之路上的绊脚石其中一二。

回顾我提出的微积分的首要特性：微积分是动态的。而图 1.4 中

---

① 这些问题貌似并不惊人，但它们的最终解决引发了科学的变革，促使人们理解诸如重力作用、传染病传播速度和世界经济动态变化等。

② 译者注：函数曲线与 x 轴所夹区域。

并未有任何动态图，每一张图都是某个静态快照，譬如面积。所以，让我们"微积分"这些图吧。是的，我正在鼓励读者把"微积分"作为一个动词使用。

图 1.5 呈现了微积分概念构建过程（见图 1.3）在上述每个难题中的应用。每一行用动态的观点重塑相关问题为一列有限变化下相似量的极限，如斜率。具体如下。

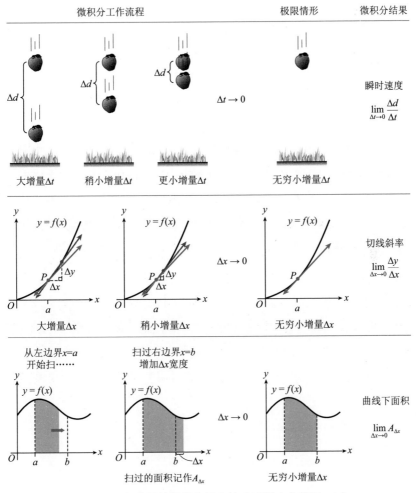

图 1.5　三大难题的微积分概念构建过程（参考图 1.3）

第 1 行：卜洛苹果的瞬时速度等于平均速度 $\Delta d / \Delta t$（距离变化量与时间变化量的比率）当时间变化量趋于 0 时的极限。

第 2 行：切线斜率等于割线（图 1.5 中该行图像中的灰色线）斜率 $\Delta y / \Delta x$ 当横坐标增量趋于 0 时的极限。

第 3 行：曲线下面积等于从左边界 $x = a$ 扫过右边界 $x = b$ 增加 Δx 宽度后的值在 Δx 趋于 0 时的极限。

图 1.5 中第 2 行的极限被称作函数 $f(x)$ 在 $x = a$（即点 P 的横坐标）处的导数。图 1.5 中第 3 行的极限被称作函数 $f(x)$ 在区间 $[a, b]$ 上的定积分。导数和积分是微积分理论中最重要的 3 个概念之中的两个（极限是第 3 个）。我们将在第 3 章和第 4 章学习导数的概念和性质，在第 5 章学习积分的概念和性质，并在第 5 章细致讲解图 1.5 中的 3 个极限。

这就是微积分理论的总体框架。回顾图 1.1、1.2 和 1.5，我期望我已让读者折服于微积分的思想与手法。我们将在本书中通篇运用这一思想和方法。此外，鉴于极限是运用微积分的核心工具，第 2 章将用整章的篇幅介绍极限的相关理论——准确的定义、各种类型的极限，以及大量的极限计算技巧。第 2 章见！

第2章 极限：如何无限逼近（却始终无法达到）

本章概览

　　极限是微积分理论严格化的基石。如在前一章中所强调的，极限是从有限变化转化到无穷小变化的桥梁，后者是微积分的核心要义。极限运算的形态是多种多样的，包括单侧极限、双侧极限等。本章将开启一场极限之旅，教授极限这个微积分的核心概念。我们将学习如何形象地展示极限、如何进行逼近，以及如何计算极限；学习极限在现实世界中的应用；提供一些小技巧、小窍门以帮助读者掌握极限这一工具。我猜测附录 A 和附录 B 中的内容会为读者所喜欢，如果还没准备好开始本章的学习，可以先浏览附录。那么，准备好了吗？让我们开始探索极限吧！

2.1 单侧极限：图像方法

　　第 1 章我们计算的芝诺例子中的极限实际上为"右极限"。图 2.1 恰好可以解释其意义。

　　图 2.1 最右侧的图描绘的是芝诺运动的位移（d）- 位移增量（Δd）

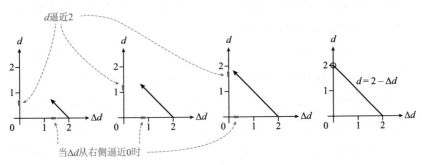

图 2.1　右极限 $\lim\limits_{\Delta d \to 0^+} d = 2$

关系。此处回顾一下，芝诺运动的位移满足等式 $d=2-\Delta d$。图中抹去点 $(0,2)$（以空心圆圈表示），是因为芝诺无法到达 2 米处，位移的增量 Δd 不为 0。但这张图是以静态的观点看待芝诺运动。切换到动态观点下，观察图 2.1 左侧的 3 幅图。请注意观察当横轴上的 Δd（沿箭头方向）逼近 0 时，纵轴上的 d 是如何（沿箭头方向）逼近 2 的。

既然位移增量 Δd 遍历 0 右侧附近的实数而逼近 0，我们可以把这个过程记作 $\lim\limits_{\Delta d \to 0^+} d = 2$，并称此极限为右极限。也许此刻读者已经猜到，类似地，我们可以定义左极限，如 $\lim\limits_{x \to c^-} f(x)$。为此，思考一下，当沿着 x 轴正方向，从 c 点的左侧遍历 c 附近所有实数而逼近 c 时，函数值 $f(x)$ 在 y 轴上是如何变化的。下面我们对左极限的图示（图 2.2）与定义做出一些解释。

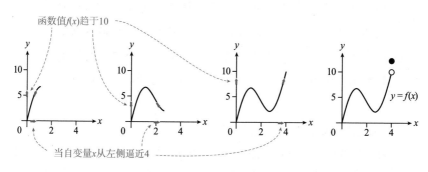

图 2.2　左极限 $\lim\limits_{x \to 4^-} f(x) = 10$

（1）注意图 2.2 中函数在 $x=4$ 时的极限值是 10，而不是函数在 $x=4$ 时的函数值（图中实心黑点处）。正如之前阐述的，可以无限逼近极限，却可能永远无法到达。

（2）关于"逼近"一词，在图 2.2 中，我说" $f(x)$ 趋于 10"而不是" $f(x)$ 逼近 10"，这是因为有时候函数值会偏离 10，就如图 2.2 左侧第二幅图所示。当然这并不是问题，因为极限描述的是无限逼近问题，所以重要的是当自变量 x 非常靠近 4 时函数值的变化趋势。因此，我会使用"趋于"一词以提醒读者，有时函数值在靠近极限的过程中是摆动的。

（3）注意不要把符号 "4^-" 与 "-4" 混淆。前者表示趋近的方向，也就是说，沿着 x 轴遍历 4 左侧附近的所有实数趋近 4；而后者指负数 -4。

读者每每看图（求极限）时，均可思考图 2.1 与图 2.2 中蕴含的动态思维模式，以期获得启示。

表 2.1　函数 $f(x)$ 的部分取值

x	$f(x)$
1.9	3.61
1.99	3.9601
1.999	3.99601
⋮	⋮
3.001	6.004001
3.01	6.0401
3.1	6.41

例 2.1　假设表 2.1 中的值是连续变化的，请计算极限 $\lim\limits_{x\to 2^-} f(x)$ 与 $\lim\limits_{x\to 3^+} f(x)$。

解答　由表可见，两极限分别为 $\lim\limits_{x\to 2^-} f(x) = 4$ 与 $\lim\limits_{x\to 3^+} f(x) = 6$。∎

例 2.2　由图 2.3(a) 估算下面的极限：

$$\lim_{x\to -1^-} f(x)\,,\quad \lim_{x\to -1^+} f(x)\,,\quad \lim_{x\to 0^-} f(x)\,,\quad \lim_{x\to 1^+} f(x)\,。$$

解答　从左至右依次为

$$\lim_{x\to -1^-} f(x) = 1\,,\quad \lim_{x\to -1^+} f(x) = 0.5\,,\quad \lim_{x\to 0^-} f(x) = 1.5\,,\quad \lim_{x\to 1^+} f(x) = 0.5\,。\ ∎$$

应用实例 2.3　某日早晨，艾莉西亚服用了复合维生素 B。她的身体将在之后的 24 小时内耗尽复合维生素 B 提供的微量营养。下一次服用恰在 24 小时后，体内将再次补充复合维生素 B。图 2.3(b) 描述了此过程。其中，纵轴 V 表示艾莉西亚在清晨服药后，t 时刻其体内的

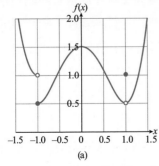
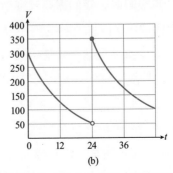

图 2.3　(a) 分段函数 $f(x)$ 的图像，(b) 艾莉西亚体内复合维生素 B 的含量随时间的变化

复合维生素 B 的总量。假设服用的复合维生素 B 是艾莉西亚摄取维生素的唯一途径，请看图计算极限 $\lim\limits_{x\to 24^-} V(x)$ 与 $\lim\limits_{x\to 24^+} V(x)$，并解释第一个极限值。

解答　两个极限分别为 50 和 350。关于第一个极限值的解释：艾莉西亚服用复合维生素 B 24 小时内，随着时间间隔逼近 24 小时，其体内复合维生素 B 的含量逼近 50。　■

相关练习　习题 1、2(a)(i)~(ii) 和 (iv)~(v)

提示、窍门和要点

图 2.4 是把本节的左右极限概念浓缩的示意图，此时 x 以 3 种形态从数 c 的一侧趋于 c。

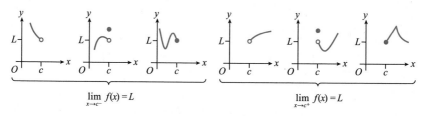

$$\lim_{x\to c^-} f(x)=L \qquad\qquad \lim_{x\to c^+} f(x)=L$$

图 2.4　左右极限 $\lim\limits_{x\to c^-} f(x)=L$ 和 $\lim\limits_{x\to c^+} f(x)=L$

再次提醒，$x=c$ 处的 y 值并不影响最终的极限值。

2.2　单侧极限的存在性

计算极限时，我们需要考察当自变量 x 从左侧或者右侧趋于某个数 c 时函数值 $f(x)$ 的变化。（在 2.3 节，我们将学习"双侧"极限。）然而，对于某些函数 f 或某些数 c，函数在 c 的某一侧并无定义。对于这种情形，我们简记为"DNE"（不存在，英文为"Does Not Exist"）。

如下面两种情形就是如此。

（1）当自变量 x 趋于数 c 时，因变量 y 趋于无穷大。无穷大并不是一个实数，因此此时函数的极限不存在。

（2）当自变量 x 趋于数 c 时，函数图像上下振荡剧烈，因变量 y 并不趋于某个确定的值。

图 2.5(a) 展示了上述情形（1）。此时我们记作

$$\lim_{x \to 0^-} f(x)\,\mathrm{DNE}(-\infty)\,, \quad \lim_{x \to 0^+} f(x)\,\mathrm{DNE}(\infty)$$

注意，此处我们标注了因变量 y 趋于无穷大（正无穷大或负无穷大）的类型。一些教科书上喜欢用"$=\infty$"和"$=-\infty$"两种记号表示。就我个人的经验而谈，这些记号容易引起混淆，因此我仍沿用之前的记号。图 2.5(b) 展示的是上述情形（2）。此时我们记作

$$\lim_{x \to 0^-} g(x)\,\mathrm{DNE}\,, \quad \lim_{x \to 0^+} g(x)\,\mathrm{DNE}$$

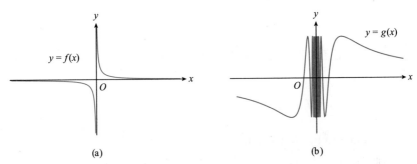

图 2.5　函数 (a) $f(x) = 1/x$ 和 (b) $g(x) = \sin(1/x)$ 的部分图像

截至目前，我们对极限的讨论一直假定当自变量 x 趋于 c 时我们可以观察到的图像变化。但是在下面两种情形中却未必能做到。

（3）函数在 c 点有定义，但在其周边均无定义。此时当自变量 x 趋于 c 时我们无法观察到图像的变化。

（4）函数在 c 的一侧没有定义，如计算左极限时，函数在 c 的左侧无定义，或计算右极限时，函数在 c 的右侧无定义。

图 2.6(a) 展示的是上述情形（3）：我们无法说出当自变量趋于 c 时，因变量的变化趋势，因为我们对函数在 c 点附近小邻域内的形态毫无所知。图 2.6(b) 展示的是上述情形（4）：函数 $g(x)$ 在 0 点左侧没有定义，因此我们无法定义其在 0 点的左极限。

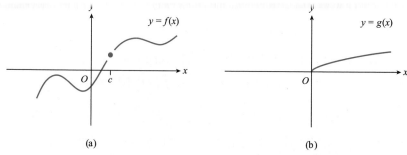

图 2.6　函数在某处极限不存在的情形

　　许多教科书上定义在如图 2.6 所示的两种情形中极限不存在，而我更倾向于称这些极限"无可定义"。不过此处依循惯例，也称图 2.6 所示的情形中的这些极限不存在：

$$\lim_{x \to c^-} f(x) \text{DNE} \text{ , } \lim_{x \to c^+} f(x) \text{DNE} \text{ , } \lim_{x \to 0^-} g(x) \text{DNE}$$

例 2.4　根据图 2.7 中函数 $y = f(x)$ 的图像，给出下列极限的极限值（若存在）。

$$\lim_{x \to -2^-} f(x) \text{ , } \lim_{x \to -1^+} f(x) \text{ , } \lim_{x \to 2^-} f(x) \text{ , }$$

$$\lim_{x \to 3^+} f(x) \text{ , } \lim_{x \to 4^+} f(x)$$

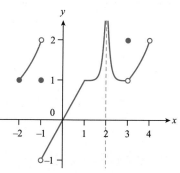

图 2.7　某分段函数的图像

解答　第一个、第三个和最后一个极限不存在，因为函数在 –2 的左侧和 4 的右侧均无定义，在 2 的左侧函数趋于无穷大。另外 2 个极限的极限值为

$$\lim_{x \to -1^+} f(x) = -1 \text{ , } \lim_{x \to 3^+} f(x) = 1$$

相关练习　习题 3(a)(i)~(vi)

提示、窍门和要点

　　（1）若函数在 c 点的一侧（左侧或右侧）没有定义，我们是无法计算函数在 c 点这一侧的单侧极限的（见图 2.6）。

　　（2）假定函数在 c 点两侧都有定义，极限存在也必须要求当自

变量 x 从左侧趋于 c 或从右侧趋于 c 时，函数 f 有明确的变化趋势，即趋于某个常数 L（而不是趋于无穷大之类）。

（3）极限趋近方向的不同会影响极限的取值——左右极限并不一定相等。

上述最后一个要点指引我们进入 2.3 节：双侧极限。

2.3　双侧极限

双侧极限是指在求极限时同时考虑 $x \to c^-$ 和 $x \to c^+$ 两侧的极限。如果这两个单侧极限都存在且相等，则双侧极限存在且等于它们的共同值。回到图 2.7 中，我们可以看出，因为 $\lim\limits_{x \to 3^-} f(x) = \lim\limits_{x \to 3^+} f(x) = 1$，所以 $\lim\limits_{x \to 3} f(x) = 1$。

上述最后一个极限是双侧极限，从极限号下方的" $x \to 3$ "在 3 的右上角没有上标这一特点容易辨别。此时我们不再需要上标，因为当 x 从左侧或右侧趋于 3 时，都有 $f(x) \to 1$。

双侧极限要存在首先得保证两个单侧极限存在，两个单侧极限只要有一个不存在，双侧极限就不存在。即使两个单侧极限都存在，如果它们的值不相等，双侧极限也不存在，因为在这种情况下，$f(x)$ 的变化趋势依赖于动点 x 趋近 c 的方向。

要点 2.1：双侧极限存在的判别准则

双侧极限 $\lim\limits_{x \to c} f(x)$ 存在当且仅当它的左极限和右极限存在且相等，即 $\lim\limits_{x \to c^-} f(x) = \lim\limits_{x \to c^+} f(x) = L$（$L$ 是一个实数）。

若上式成立，则 $\lim\limits_{x \to c} f(x) = L$。

我们终于对极限有了足够的认识，下面我们给出极限的定义。

定义 2.1（极限的直观定义）　设 c 是一个实数，函数 f 定义在包含 c 点的一个区间上（在 c 点函数不一定有定义）。假设当 x 无限趋近 c 但不等于 c 时，$f(x)$ 趋于数 L，我们说"当 x 趋于 c 时，$f(x)$ 的极限为 L"，写作

$$\lim_{x \to c} f(x) = L$$

如果没有数 L 满足上述性质，我们就称此时函数的极限不存在（简记为 DNE）。

注意，到目前为止我们在本章中讨论的所有内容都包含在这个定义中。

（1）"定义在包含 c 点的一个区间上"避免了 2.2 节情形（3）和（4）中提及的问题。

（2）"在 c 点函数不一定有定义"和"但不等于 c"提醒我们极限确实是无限逼近（却始终无法达到）。

（3）"$f(x)$ 趋于"提醒我们，$f(x)$ 可能会以振荡的方式趋于 L（见图 2.5）。

极限概念还有更为正式的定义，对"无限逼近（却始终无法达到）"有更加精确的描述。下面来看一些例子。

例 2.5　参考图 2.7，估算以下极限（如果存在的话）：

$$\lim_{x \to -1} f(x)，\lim_{x \to 1} f(x)，\lim_{x \to 3} f(x)$$

解答　$\lim_{x \to -1} f(x)$ 不存在，$\lim_{x \to 1} f(x) = 1$，$\lim_{x \to 3} f(x) = 1$。第一个极限不存在是因为当 $x \to -1^-$ 时，$f(x) \to 2$，当 $x \to -1^+$ 时，$f(x) \to -1$。

例 2.6　找出图 2.7 中使 $\lim_{x \to c} f(x)$ 不存在的所有 c 值，并解释原因。

解答　极限不存在的点是 $c = -2$、$c = -1$、$c = 2$ 和 $c = 4$。在 $c = -2$ 时，极限不存在是因为当 $x \to -2^-$ 时左极限不存在（函数在 $x < -2$ 时无定义）。类似地，在 $c = 4$ 时，右极限不存在（函数在 $x > 4$ 时无定义）。我们在例 2.5 中已经讨论过函数在 $x \to -1$ 时极限的不存在性。最后，在 $c = 2$ 时，极限不存在是因为函数在此点的轨迹趋于无穷。

相关练习　习题 2(a)(iii) 和 (vi)、3(a)(vii)~(ix)、13

2.4　单点连续性

在图 2.4 中，我展示了两组函数图像，它们都具有相同的单侧极

限 L ，但是每组图中的最后一幅图都较为特殊：它们的极限 L 恰为函数在 $x=c$ 处的函数值。换句话说，在这些图中，$L=f(c)$ 。

> **定义 2.2（单点连续性）**　对于函数 f ，
>
> 如果 $\lim\limits_{x \to c^-} f(x) = f(c)$ ，称其在 $x=c$ 处**左连续**；
>
> 如果 $\lim\limits_{x \to c^+} f(x) = f(c)$ ，称其在 $x=c$ 处**右连续**；
>
> 如果 $\lim\limits_{x \to c} f(x) = f(c)$ ，称其在 $x=c$ 处**连续**；
>
> 如果上述方程都不成立，我们就称函数 f 在 $x=c$ 处**不连续**。

图 2.4 中第三幅图中的函数在 $x=c$ 处左连续，而第六幅图中的函数在 $x=c$ 处右连续。按定义，$x=c$ 处的连续性要求函数在此处的极限等于函数值，即 $L=f(c)$ 。利用之前极限存在性的判别准则，我们可以得到连续性的判别准则，如下。

要点 2.2：函数在单点连续性的判别准则

设 f 是一个函数，c 是其定义域内的一个点。f 在 $x=c$ 处是连续的，需要满足以下准则。

准则 1：$f(c)$ 存在；

准则 2：$\lim\limits_{x \to c} f(x)$ 存在；

准则 3：$\lim\limits_{x \to c} f(x) = f(c)$ 成立。

当 c 为定义区间的右端点时，上述准则 2 和准则 3 中的极限用左极限"$\lim\limits_{x \to c^-}$"替换。当 c 为定义区间的左端点时，上述准则 2 和准则 3 中的极限用右极限"$\lim\limits_{x \to c^+}$"替换。

例 2.7　图 2.3(a) 所示的函数在 $x=-1$ 处是连续的吗？在 $x=0$ 处呢？在 $x=1$ 处呢？

解答　函数在 $x=-1$ 处不连续，尽管左极限和右极限都存在，但是它们不相等，不符合要点 2.2 中的准则 2。

函数在 $x=0$ 处连续，因为左极限和右极限都存在且相等（都等于 1.5），并且等于函数值 $f(0)$ 。

函数在 $x=1$ 处不连续，尽管左极限和右极限都存在且相等（都等于 0.5），但不等于函数值 $f(1)$，不符合要点 2.2 中的准则 3。∎

例 2.8　图 2.7 所示的函数在哪些点是不连续的，为什么？

解答　函数在 $x=-1$、$x=2$、$x=3$ 和 $x=4$ 处不连续。

在 $x=-1$ 处，$\lim\limits_{x\to-1^-}f(x)=2$，$\lim\limits_{x\to-1^+}f(x)=-1$。左极限和右极限不相等，所以在 $x\to-1$ 处极限不存在，故不符合要点 2.2 中的准则 2。在 $x=2$ 处，函数无定义，故不符合准则 1。在 $x=3$ 处，虽有 $\lim\limits_{x\to3^-}f(x)=\lim\limits_{x\to3^+}f(x)=1$，但是 $f(3)=2$，故不符合准则 3。在 $x=4$ 处，函数无定义，故也不符合准则 1。∎

相关练习　习题 2(b)、3(b) 和 35(a)~(c)

提示、窍门和要点

对于一个在 $x=c$ 处连续的函数：

（1）图像在 $x=c$ 处不能"断"（不符合准则 1）；

（2）图像在 $x=c$ 处不能"跳跃"，如图 2.3(b) 中函数在 $t=24$ 处图像所示（不符合准则 2）；

（3）图像在 $x=c$ 处，不能向上或向下产生"间隙"，如图 2.3(a) 中函数在 $x=1$ 处图像所示（不符合准则 3）。

总而言之，函数在 $x=c$ 处的图像必须看起来像一笔画出来的。这便是动态的思维模式。这也引出了区间连续性的概念，此为 2.5 节的主题。

2.5　区间上连续函数

连续性是一个点态性质——它描述的是函数在一个特定点 $x=c$ 上的性质。许多函数在区间的每个点上都是连续的。在这种情况下，我们有以下定义。

定义 2.3　如果一个函数 f 在区间 I 的每个点上都是连续的，我们就称 f 在区间 I 上连续。当 f 在 $(-\infty,\infty)$ 上连续时，我们称 f 是处处连续的，或者简称为 f 是连续的。

例如，图 2.7 中的函数在 $[-2,-1)\cup(-1,2)\cup(2,3)\cup(3,4)$ 上是连续的 [①]。

到目前为止，我们使用了大量函数图像来分析函数性质。但是如果给定一个函数，比如 $f(x)=x^3+3x$，如何求它的连续区间呢？对于每个实数点，按照要点 2.2 的准则判别连续性将是一项艰巨的任务。所幸，我们还可以通过下面的定理简化判别过程 [②]。

定理 2.1　下列函数族在其定义域内都是连续的：

多项式函数，幂函数，有理函数

由此可知，函数 $f(x)=x^3+3x$ 是处处连续的。f 是一个多项式函数，而多项式函数以整个实数集为其定义域。注意，运用定理 2.1 的前提是能够对函数进行分类并知道其定义域。

函数 $f(x)=x^3+3x$ 也可被看作更简单的两个函数（x^3 和 $3x$）之和。下面的定理告诉我们什么时候连续函数的组合也是连续的。

定理 2.2　设函数 f 和 g 在 c 处连续，a 是任意实数，那么以下函数在 c 处也是连续的：

$$f+g,\ f-g,\ af,\ fg,\ \frac{f}{g}\ [\,g(c)\neq 0\,]$$

文字描述更易于记忆。例如，定理的第一个结论：连续函数的和函数仍是连续的。

还有一个函数组合形式在定理 2.2 中没有讨论，即函数的复合运算。下面的定理可以解决此问题。

定理 2.3　设函数 g 在 c 处连续，且函数 f 在 $g(c)$ 处连续，那么复合函数 $f\circ g$ 在 c 处是连续的。

---

① 符号 "$\cup$" 表示 "并集"。$[1,2]\cup[3,4]$ 表示 1 与 2 之间所有实数和 3 与 4 之间所有实数构成的集合，并且包括 1、2、3 和 4 这 4 个数。

② 这些定理的证明需要用到极限的相关性质，即极限的四则运算法则，我们将在 2.6 节给出。

这个定理说的是，两个连续函数的复合函数仍是连续的。

最后要注意一点，当"连续"条件替换为"右连续"或"左连续"条件时，定理 2.2 和定理 2.3 仍成立。

例 2.9 试求函数 $f(x) = \sqrt{x} + 1$ 的连续区间。

解答 幂函数 $\sqrt{x}$ 的定义域是 $[0, \infty)$，常值函数 $y = 1$ 的定义域是 $(-\infty, \infty)$，所以函数 $f(x) = \sqrt{x} + 1$ 的定义域是 $[0, \infty)$。由定理 2.1 可知，f 在 $[0, \infty)$ 上是连续的。 ∎

例 2.10 试求函数 $g(x) = \dfrac{x}{x^2 + 5x + 6}$ 的连续区间。

解答 有理函数 $g(x)$ 的定义域是实数集（除了以下两点）：

$$x^2 + 5x + 6 = 0 \Leftrightarrow (x+2)(x+3) = 0 \Leftrightarrow x = -2, x = -3$$

定理 2.1 告诉我们，函数 g 在 $(-\infty, -3) \cup (-3, -2) \cup (-2, \infty)$ 上是连续的。 ∎

相关练习 习题 2(c)、18~20、37~38

例 2.11 运用定理 2.3 计算函数极限 $\lim\limits_{x \to 1} \sqrt{x^2 + 1}$。

解答 注意到 $\sqrt{x^2 + 1} = f[g(x)]$，这里 $f(x) = \sqrt{x}$，$g(x) = x^2 + 1$。函数 g 处处连续（它是一个多项式函数），且 $g(1) = 2$。由于 f 在 $x = 2$ 处是连续的，定理 2.3 适用：

$$\lim_{x \to 1} \sqrt{x^2 + 1} = \sqrt{1^2 + 1} = \sqrt{2}$$ ∎

爱因斯坦的相对论 附录 C 中的例子 C.1 运用了单侧极限来说明，当物体的运动速度逼近光速时，其长度会缩小且趋于 0。

相关练习 习题 14~17、33~34、35(d)

至此，我们已经学习了代数函数的极限和连续性知识。让我们将视野扩展到超越函数范畴，如指数函数、对数函数和三角函数。

超越函数的极限与连续性

首先谈谈指数函数和对数函数。"可以一笔画成"这一连续性直观观点引导我们得到下面第一个定理。

定理 2.4　每个指数函数都是连续的。每个对数函数在 $(0, \infty)$ 上是连续的。

从数学上讲，这些结果告诉我们

$$\lim_{x \to c} b^x = b^c , \quad \lim_{x \to c} \log_b x = \log_b c$$

其中 b^x（$b > 0$ 且 $b \neq 1$）是一个指数函数，$\log_b x$（$b > 0$ 且 $b \neq 1$）是一个对数函数。定理 2.4 可以与本节中的其他定理相结合来帮助我们计算极限。

例 2.12　计算极限 $\lim\limits_{x \to 0} e^{-x^2}$。

解答　注意到函数 e^{-x^2} 是两个连续函数的复合：$e^{-x^2} = f[g(x)]$。这里 $f(x) = e^x$，$g(x) = -x^2$。因此函数 $f[g(x)] = e^{-x^2}$ 也是连续的。所以

$$\lim_{x \to 0} e^{-x^2} = e^{-(0)^2} = e^0 = 1$$ ∎

例 2.13　计算极限 $\lim\limits_{t \to 2} \dfrac{\log t^2}{t}$。

解答　考察函数是两个在 $t = 2$ 处连续的函数之商。因为 $t = 2$ 时分母取值非零，运用本节的多个定理可得

$$\lim_{t \to 2} \frac{\log t^2}{t} = \frac{\log 2^2}{2} = \frac{2 \log 2}{2} = \log 2$$ ∎

例 2.14　计算极限 $\lim\limits_{z \to 3} \ln \sqrt{z^2 - 1}$。

解答　注意到 $\ln \sqrt{z^2 - 1} = f[g(z)]$，这里 $f(x) = \ln x$，$g(z) = \sqrt{z^2 - 1}$。函数 g 处处连续，$g(3) = \sqrt{8}$。函数 f 在 $x = 8$ 处是连续的，所以

$$\lim_{z \to 3} \ln \sqrt{z^2 - 1} = \ln \sqrt{8} = \ln 2^{\frac{3}{2}} = \frac{3}{2} \ln 2$$ ∎

注意：求解例 2.13 和例 2.14 的极限之前可以先对函数式进行化简，以便于计算。

$$\frac{\log t^2}{t} = \frac{2 \log t}{t}, \quad \ln \sqrt{z^2 - 1} = \frac{1}{2} \ln(z^2 - 1) = \frac{1}{2} \left[\ln(z-1) + \ln(z+1) \right]$$

现在我们来讨论三角函数的连续性。$\sin x$ 和 $\cos x$ 的函数图像如

附录 B 中的图 B.18(a)、(b) 所示，这两个函数都是连续的。

对于任意实数 c，都有

$$\lim_{x \to c} \sin x = \sin c \ , \quad \lim_{x \to c} \cos x = \cos c \tag{2.1}$$

根据定理 2.2，进而可知函数 $\tan x = \dfrac{\sin x}{\cos x}$ 在除了 $\cos x = 0$ 的 x 处（即 $x = \pm\pi/2, \ \pm 3\pi/2, \ \cdots$）的其他实数点上都是连续的。函数 $\tan x$ 的图像参见附录 B 中的图 B.18(c)。

> **定理 2.5** 函数 $\sin x$ 和 $\cos x$ 是连续的；函数 $\tan x$ 只在 $x = k\pi/2$ 处不连续，这里 k 是一个奇数。

这些结论足以帮助我们计算涉及三角函数的简单极限。

例 2.15 计算极限 $\lim\limits_{x \to \pi} \dfrac{1}{3x + 2\sin x}$。

解答 这也是两个连续函数之商的形式。因为分母极限非零，所以运用本节相关定理，可知

$$\lim_{x \to \pi} \frac{1}{3x + 2\sin x} = \frac{1}{3\pi + 2 \times 0} = \frac{1}{3\pi} \qquad \blacksquare$$

例 2.16 计算极限 $\lim\limits_{t \to \pi} \dfrac{\tan^2 t}{\sqrt{1 + t^2}}$。

解答 这仍是两个连续函数之商的形式，且分母极限非零，因此

$$\lim_{t \to \pi} \frac{\tan^2 t}{\sqrt{1 + t^2}} = \frac{\tan^2 \pi}{\sqrt{1 + \pi^2}} = 0 \qquad \blacksquare$$

相关练习 习题 39、41、43、51 和 61

提示、窍门和要点

（1）连续性简化了极限计算。一旦知道函数 $f(x)$ 在 $x = c$ 处是连续的，那么函数在 c 处的极限 $\lim\limits_{x \to c} f(x)$ 就等于函数在 c 处的取值 $f(c)$。

（2）连续函数的图像优美且绵延。区间 $[a,b]$ 上的任何连续函数，其图像对应的 y 值也构成一个区间。也就是说，只需用铅笔画一笔，就可以画出这种函数的图像。图 2.8 直观地说明了这些想法。

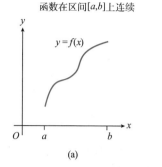
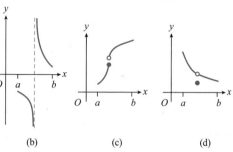

图 2.8 连续函数和不连续函数的图像对比

到目前为止，我们的计算隐藏了这样一个发现：给定一个函数 $f(x)$ 的表达式，求极限的第一步尝试就是把点 $x = c$ 代入表达式，如果得到的是一个实数，那就是答案。然而，有时这行不通。在 2.6 节中，我们将讨论一组极限运算法则，以此推广极限运算方法。

2.6 极限运算法则

我们需要计算极限的许多函数其实是一些较为简单的函数的算术组合。例如，函数 $f(x) = x + x^2$ 就是两个函数 $g(x) = x$ 和 $h(x) = x^2$ 的和。在大多情况下，这些函数的极限计算可以转化为对这些"组成函数"（如前面例子中的 g 和 h）的极限计算。下面的极限运算法则告诉我们如何具体操作。

> **定理 2.6（极限运算法则）** 以"$\lim$"笼统代替 $\lim\limits_{x \to c}$、$\lim\limits_{x \to c^-}$ 或者 $\lim\limits_{x \to c^+}$。设函数 f 和 g 的极限 $\lim f(x)$ 和 $\lim g(x)$ 均存在，则存在以下极限运算法则。
>
> 法则 1：$\lim\big[f(x) \pm g(x)\big] = \lim f(x) \pm \lim g(x)$。
>
> 法则 2：$\lim\big[kf(x)\big] = k\lim f(x)$，这里 k 是一个实数。
>
> 法则 3：$\lim\big[f(x) \cdot g(x)\big] = \lim f(x) \cdot \lim g(x)$。
>
> 法则 4：$\lim\dfrac{f(x)}{g(x)} = \dfrac{\lim f(x)}{\lim g(x)}$，其中 $\lim g(x) \neq 0$。

法则 5：对于正整数 n，有 $\lim\sqrt[n]{f(x)}=\sqrt[n]{\lim f(x)}$，其中如果 n 是偶数，要求 $\lim f(x) \geqslant 0$。

法则 6：对于正整数 n，有 $\lim\left[f(x)\right]^n=\left[\lim f(x)\right]^n$。

法则7：设 f 在 $\lim g(x)$ 处是连续的，则有 $\lim f(g(x))=f(\lim g(x))$。

这些极限运算法则可以用文字描述，易于记忆。例如，第 1 条法则可用文字描述为，函数之和（或之差）的极限等于每个函数的极限之和（或之差），成立的前提是每个函数的极限都存在。

例 2.17 计算极限 $\lim\limits_{x\to 1}\left(2x^2+x-1\right)$。

解答
$$\lim_{x\to 1}\left(2x^2+x-1\right)=\lim_{x\to 1}\left(2x^2\right)+\lim_{x\to 1}x+\lim_{x\to 1}(-1) \quad \text{极限运算法则 1}$$
$$=2(\lim_{x\to 1}x)^2+\lim_{x\to 1}x+\lim_{x\to 1}(-1) \quad \text{极限运算法则 2、法则 6}$$
$$=2\times(1)^2+1+(-1)=2$$

例 2.18 计算极限 $\lim\limits_{x\to 0^+}\sqrt{x+1}$。

解答
$$\lim_{x\to 0^+}\sqrt{x+1}=\sqrt{\lim_{x\to 0^+}(x+1)} \quad \text{极限运算法则 5}$$
$$=\sqrt{\lim_{x\to 0^+}x+\lim_{x\to 0^+}1} \quad \text{极限运算法则 1}$$
$$=\sqrt{0+1}=1$$

例 2.19 计算极限 $\lim\limits_{x\to 3}\dfrac{x^2-9}{x-2}$。

解答
$$\lim_{x\to 3}\frac{x^2-9}{x-2}=\frac{\lim\limits_{x\to 3}(x^2-9)}{\lim\limits_{x\to 3}(x-2)} \quad \text{极限运算法则 4}$$
$$=\frac{(\lim\limits_{x\to 3}x)^2-\lim\limits_{x\to 3}9}{\lim\limits_{x\to 3}x-\lim\limits_{x\to 3}2} \quad \text{极限运算法则 1、法则 6}$$
$$=\frac{9-9}{3-2}=0$$

相关练习 习题 4~7、36

超越函数的极限

现在我们应用极限运算法则来计算指数函数、对数函数和三角函数的极限。

例 2.20　计算极限 $\lim\limits_{h \to 0} \dfrac{e^h - 1}{h - 1}$。

解答
$$\lim_{h \to 0} \frac{e^h - 1}{h - 1} = \frac{\lim\limits_{h \to 0}\left(e^h - 1\right)}{\lim\limits_{h \to 0}\left(h - 1\right)} \qquad \text{极限运算法则 4}$$

$$= \frac{\lim\limits_{h \to 0}e^h - \lim\limits_{h \to 0}1}{\lim\limits_{h \to 0}h - \lim\limits_{h \to 0}1} \qquad \text{极限运算法则 1}$$

$$= \frac{1 - 1}{0 - 1} = 0 \qquad \text{运用 } e^h \text{ 的连续性} \qquad \blacksquare$$

例 2.21　计算极限 $\lim\limits_{x \to 2^+} xe^x$。

解答
$$\lim_{x \to 2^+} xe^x = \lim_{x \to 2^+} x \cdot \lim_{x \to 2^+} e^x \qquad \text{极限运算法则 3}$$
$$= 2e^2 \qquad \text{运用 } e^x \text{ 的连续性} \qquad \blacksquare$$

例 2.22　计算极限 $\lim\limits_{x \to 1} \dfrac{\ln x}{e^{-x}}$。

解答
$$\lim_{x \to 1} \frac{\ln x}{e^{-x}} = \frac{\lim\limits_{x \to 1}\ln x}{\lim\limits_{x \to 1}e^{-x}} \qquad \text{极限运算法则 4}$$

$$= \frac{\ln 1}{e^{-1}} \qquad \text{运用 } \ln x \text{和} e^{-x} \text{ 的连续性} \qquad \blacksquare$$

例 2.23　计算极限 $\lim\limits_{x \to 1} \ln\left[x(x+1)\right]$。

解答
$$\lim_{x \to 1} \ln\left[x(x+1)\right] = \lim_{x \to 1}\left[\ln x + \ln(x+1)\right] \qquad \text{定理 B.1}$$
$$= \lim_{x \to 1}\ln x + \lim_{x \to 1}\ln(x+1) \qquad \text{极限运算法则 1}$$
$$= 0 + \ln 2 = \ln 2 \qquad \blacksquare$$

例 2.24　计算极限 $\lim\limits_{x \to \pi} \dfrac{\sin x}{\sin x + \cos x}$。

解答
$$\lim_{x \to \pi} \frac{\sin x}{\sin x + \cos x} = \frac{\lim\limits_{x \to \pi}\sin x}{\lim\limits_{x \to \pi}\sin x + \lim\limits_{x \to \pi}\cos x} \qquad \text{极限运算法则 4、法则 1}$$

$$= \frac{0}{0 + (-1)} = 0 \qquad \text{运用} \sin x \text{和} \cos x \text{的连续性} \quad \blacksquare$$

例 2.25　计算极限 $\lim\limits_{x \to 0} \tan x$ 。

解答　$\lim\limits_{x \to 0} \tan x = \lim\limits_{x \to 0} \dfrac{\sin x}{\cos x} = \dfrac{\lim\limits_{x \to 0} \sin x}{\lim\limits_{x \to 0} \cos x}$ 　　极限运算法则 4

$$= \frac{0}{1} = 0 \qquad \text{运用} \sin x \text{和} \cos x \text{的连续性} \quad \blacksquare$$

例 2.26　计算极限 $\lim\limits_{x \to \frac{\pi}{4}} \left(x^2 \sin^2 x \right)$ 。

解答　$\lim\limits_{x \to \frac{\pi}{4}} \left(x^2 \sin^2 x \right) = \left(\lim\limits_{x \to \frac{\pi}{4}} x \right)^2 \cdot \left(\lim\limits_{x \to \frac{\pi}{4}} \sin x \right)^2$ 　　极限运算法则 3、法则 6

$$= \left(\frac{\pi}{4} \right)^2 \left(\frac{\sqrt{2}}{2} \right)^2 = \frac{\pi^2}{32} \qquad \text{运用} x \text{和} \sin x \text{的连续性} \quad \blacksquare$$

此节的主要目的是给出极限运算法则。这就是为什么如果你回过头去看，我们刚刚做过的所有例题都还可以用"代入 c 值"的方法来完成。实际上，这些例题中的所有函数在 $x = c$ 处都是连续的。在 2.7 节中，我将增加计算的复杂度，以说明如何使用极限运算法则处理函数在不连续点处的极限求解问题。

2.7　极限计算——代数方法

这里有一个棘手的极限求解问题：

$$\lim_{x \to 0} \frac{x}{x} \tag{2.2}$$

首先尝试的是"代入 c 值"的方法，结果是 0/0。0 不能置于分母的位置，所以这个方法无效。但你可能已经知道怎么做了：分子分母消去公因子 x ，化简分式为 1。由于

$$\lim_{x \to 0} 1 = 1$$

我们可以认为答案是 1。图 2.9 证实了这一想法。

从这个看似简单的示例中我们可以学到很多东西，具体在后文的

"提示、窍门和要点"中再详述。现在，我们需要知道的是，代数运算有助于计算极限。下面再看一些例子。

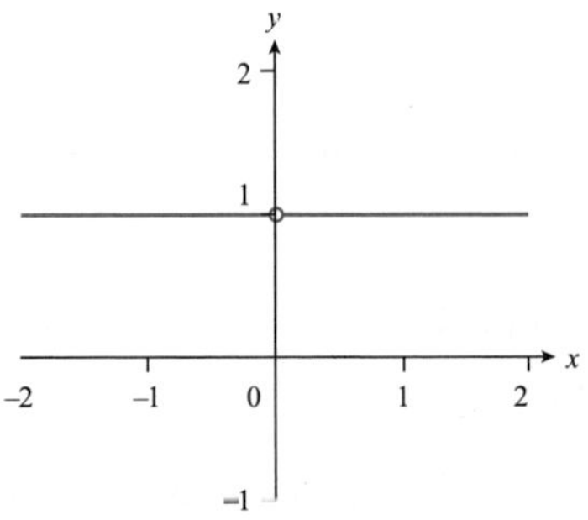

考虑极限

$$\lim_{x \to 1} \frac{x^2 - x}{x - 1}$$

代入 $x = 1$ 得到 0/0，无效。但是因为分母是分子的一个因式，我们可以对分子进行因式分解，再将分子、分母同时消去公因式：

图 2.9　$f(x) = \dfrac{x}{x}$

$$\lim_{x \to 1} \frac{x^2 - x}{x - 1} = \lim_{x \to 1} \frac{x(x - 1)}{x - 1} = \lim_{x \to 1} x = 1$$

再考虑一个例子

$$\lim_{x \to 1} \frac{1 - \sqrt{x}}{1 - x}$$

再次代入 $x = 1$，仍得到 0/0，无效。可以因式分解分母来求解，但我来介绍另一种方法：共轭法。这指的是，用等于 1 的变形乘一个分子带根式的分式，使得分子中的根式被消掉。例如，

$$\frac{1 - \sqrt{x}}{1 - x} = \frac{1 - \sqrt{x}}{1 - x} \cdot \frac{1 + \sqrt{x}}{1 + \sqrt{x}} = \frac{1 - x}{(1 - x)(1 + \sqrt{x})} = \frac{1}{1 + \sqrt{x}}$$

这可以帮我们求出极限：

$$\lim_{x \to 1} \frac{1 - \sqrt{x}}{1 - x} = \lim_{x \to 1} \frac{1}{1 + \sqrt{x}} = \frac{1}{1 + \sqrt{1}} = \frac{1}{2}$$

通过乘积，能消掉分子中根式的非零式子称为分子的共轭因式。通常分子与共轭因式中的二次根式相同，符号相反。例如，在上面的例题中，$\left(1 + \sqrt{x}\right)$ 就是 $\left(1 - \sqrt{x}\right)$ 的共轭因式。

例 2.27　计算极限 $\lim\limits_{x \to 3} \dfrac{x^2 - 9}{x - 3}$。

解答　代入 $x = 3$ 得到 0/0，无效。但是，可以对分子进行因式分解，

然后分子、分母消去公因式，即

$$\lim_{x \to 3} \frac{x^2 - 9}{x - 3} = \lim_{x \to 3} \frac{(x+3)(x-3)}{x - 3} = \lim_{x \to 3}(x+3) = 6 \quad \blacksquare$$

例 2.28 计算极限 $\lim\limits_{x \to 0^+} \dfrac{x}{\sqrt{x}(x+1)}$ 。

解答

分母上的 $\sqrt{x}$ 在 $x \to 0^+$ 时趋于 0，所以我们还是需要解决分母趋于 0 的问题。所幸，此题只需要先简化式子 $\sqrt{x}/x$：

$$\frac{x}{\sqrt{x}(x+1)} = \frac{\sqrt{x}}{x+1}, \text{ 所以 } \lim_{x \to 0^+} \frac{x}{\sqrt{x}(x+1)} = \lim_{x \to 0^+} \frac{\sqrt{x}}{x+1} = \frac{\sqrt{0}}{0+1} = 0 \quad \blacksquare$$

例 2.29 计算极限 $\lim\limits_{x \to 0} \dfrac{\sqrt{x+1}-1}{x}$ 。

解答

代入 $x = 0$ 得到 0/0，无效。但是，既然分子中有根号，我们来试试共轭法：

$$\frac{\sqrt{x+1}-1}{x} = \frac{\sqrt{x+1}-1}{x} \cdot \frac{\sqrt{x+1}+1}{\sqrt{x+1}+1} = \frac{(x+1)-1}{x\left(\sqrt{x+1}+1\right)}$$

$$= \frac{x}{x\left(\sqrt{x+1}+1\right)} = \frac{1}{\sqrt{x+1}+1}$$

由此可得

$$\lim_{x \to 0} \frac{\sqrt{x+1}-1}{x} = \lim_{x \to 0} \frac{1}{\sqrt{x+1}+1} = \frac{1}{\sqrt{1}+1} = \frac{1}{2} \quad \blacksquare$$

相关练习 习题 8~12

超越函数的极限

计算三角函数的极限是较为困难的。一方面是因为三角函数之间有太多的转换关系（例如 $\sin^2 x + \cos^2 x = 1$），另一方面是因为解题时可能需要一些特殊技巧。三角函数的极限运算通常需要用到两个特殊的极限。第一个特殊极限是

$$\lim_{x \to 0} \frac{\sin x}{x} = 1 \tag{2.3}$$

这个极限可以从 $\sin x / x$ 的图像推导出来。第二个特殊极限在例 2.30 中得到。

例 2.30　证明

$$\lim_{x \to 0} \frac{\cos x - 1}{x} - 0 \tag{2.4}$$

解答　代入 $x = 0$ 又得到 0/0。让我们试试别的方法。视 $\cos x$ 为一根式，运用共轭法：

$$\frac{\cos x - 1}{x} = \frac{\cos x - 1}{x} \cdot \frac{\cos x + 1}{\cos x + 1} = \frac{\cos^2 x - 1}{x(\cos x + 1)} = \frac{-\sin^2 x}{x(\cos x + 1)} \tag{2.5}$$

这里利用了关系式 $\cos^2 x - 1 = -\sin^2 x$，这个式子源于恒等式 $\sin^2 x + \cos^2 x = 1$。进而，有

$$\lim_{x \to 0} \frac{\cos x - 1}{x} = \lim_{x \to 0} \frac{-\sin^2 x}{x(\cos x + 1)} = -\lim_{x \to 0} \left(\frac{\sin x}{x} \cdot \frac{\sin x}{\cos x + 1} \right)$$

由极限运算法则 3（定理 2.6）和特殊极限式 (2.3) 可知

$$\lim_{x \to 0} \frac{\cos x - 1}{x} = -\lim_{x \to 0} \frac{\sin x}{x} \cdot \lim_{x \to 0} \frac{\sin x}{\cos x + 1}$$

$$= -1 \cdot \frac{\sin 0}{\cos 0 + 1} = -1 \times 0 = 0$$

例 2.31　计算极限 $\lim\limits_{x \to 0} \dfrac{\tan x}{x}$。

解答　代入 $x = 0$ 得到 0/0。但是因为 $\dfrac{\tan x}{x} = \dfrac{\sin x}{x \cos x} = \dfrac{\sin x}{x} \cdot \dfrac{1}{\cos x}$，可以得到

$$\lim_{x \to 0} \frac{\tan x}{x} = \lim_{x \to 0} \left(\frac{\sin x}{x} \cdot \frac{1}{\cos x} \right)$$

$$= \lim_{x \to 0} \frac{\sin x}{x} \cdot \lim_{x \to 0} \frac{1}{\cos x} \qquad \text{极限运算法则 3}$$

$$= 1 \times 1 = 1 \qquad \text{运用特殊极限式 (2.3) 和 } \cos x \text{ 的连续性}$$

例 2.32 计算极限 $\lim\limits_{x \to 0} \dfrac{\sin(2x)}{x}$。

解答 代入 $x = 0$ 得到 0/0。先让我们简化这个函数的表达式。注意到 $\dfrac{\sin(2x)}{x} = 2\dfrac{\sin(2x)}{2x}$，引入新变量 $u = 2x$，我们注意到如果 $x \to 0$，那么 $u \to 0$。所以，运用特殊极限式 (2.3) 有

$$\lim_{x \to 0} \frac{\sin(2x)}{2x} = \lim_{u \to 0} \frac{\sin u}{u} = 1$$

于是，得到

$$\lim_{x \to 0} \frac{\sin(2x)}{x} = 2 \times 1 = 2$$

通过变量替换把极限从 $x \to 0$ 转换成 $u \to 0$ 也适用于其他极限的计算。

相关练习 习题 40、52~56

提示、窍门和要点

（1）如果一种极限计算方法无效，可以尝试另一种方法。选择的方法不可行并不意味着极限不存在——可能只是选取的方法不适用。例如，代入 $x = 0$ 来计算极限式 (2.2) 行不通，这是因为函数 $f(x) = \dfrac{x}{x}$ 在 $x = 0$ 处是不连续的。

（2）如果可能的话，运用多种方法来计算极限。遍历图像、表格和代数方法以计算极限，将有助于确定你的答案的正确性。

（3）0/0 永远不是一个函数的极限值。在极限计算中出现 0/0，意味着你需要尝试另一种方法。

（4）大多数时候，利用代数方法就能完成极限计算，但也不总是这样。就像我们在三角函数的极限运算中发现的，有时需要换元，有时需要把代数方法和极限运算法则结合使用。

最后，让我们再次回到极限式 (2.2)。需要注意的是，$\dfrac{x}{x} \neq 1$。"为什么？！"你可能会问。此处给出一个解释：左边的函数 $\dfrac{x}{x}$ 在 $x = 0$ 处没有定义；右边的函数是 1（当 $x = 0$ 时它等于 1），所以 $\dfrac{x}{x}$ 并不等于 1。

简化 $\dfrac{x}{x}$ 的正确方式是

$$\frac{x}{x}=1 \ , \quad x \neq 0$$

也就是说，"$\dfrac{x}{x}=1$，对于所有非零的 x 成立"，这才是正确的。
这诠释了图 2.9 以及为何

$$\lim_{x \to 0}\frac{x}{x}=1$$

正如我反复强调的那样，极限会无限逼近却始终无法达到。在 $x=0$ 处 $\dfrac{x}{x}$ 等于多少并不重要，重要的是当点无限逼近 $x=0$ 时的函数取值（经化简可知，恒等于 1）。在计算极限时，请牢记这一点。

至此，我们已经学习了计算函数极限的多种方法。本章的 2.8 节和 2.9 节再回到自变量趋于无穷大时的函数极限问题。

2.8 自变量趋于无穷大时的函数极限

自变量逼近无穷大的极限分 $x \to \infty$ 或 $x \to -\infty$。在这两种情况下，我们想看看当 x 变得非常大且为正（在 $x \to \infty$ 的情况下）或非常小且为负（在 $x \to -\infty$ 的情况下）时，函数值 $f(x)$ 的变化趋势。如果 $f(x) \to L$，我们记作

$$\lim_{x \to \infty} f(x)=L \text{ 或者 } \lim_{x \to -\infty} f(x)=L$$

图 2.10 是第一种情况下的一个示例。此时，当 $x \to \infty$ 时，$f(x) \to 1$。你可能已经知道图 2.10 中直线 $y=1$ 又被称为函数曲线的"水平渐近线"。的确，我们可以用极限的语言来定义水平渐近线。

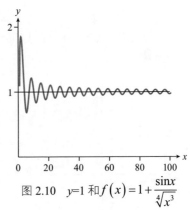

图 2.10 $\quad y=1$ 和 $f(x)=1+\dfrac{\sin x}{\sqrt[4]{x^3}}$

定义 2.4（水平渐近线） 以"lim"笼统代替 $\lim\limits_{x \to \infty}$ 或者 $\lim\limits_{x \to -\infty}$。设 f 是一个函数。如果

$$\lim f(x)=L$$

那么我们称直线 $y=L$ 为函数曲线 $y=f(x)$ 的**水平渐近线**。

注意，可以用极限来求解一个函数的水平渐近线!

最后，需要注意的是，本章迄今为止讨论的所有定理都适用于自变量趋于无穷大时的函数极限。也就是说，如果我们以"$\lim\limits_{x\to\infty}$"或者"$\lim\limits_{x\to-\infty}$"替换那些定理中的各种"lim"，定理的结论仍然成立。这一点特别有用，因为与前几节不同的是，在本节中我们不能"代入 ∞"来计算极限（尽管稍后我会给你一些提示和技巧）。

例 2.33 计算极限：（1）$\lim\limits_{x\to\infty}\dfrac{1}{x}$，（2）$\lim\limits_{x\to\infty}\dfrac{1}{x^2}$。

解答 （1）随着 x 变成一个越来越大的正数（例如 10^{100}），其倒数 $\dfrac{1}{x}$ 变成一个非常小的正数（即 10^{-100}）。因此，我们可以猜测

$$\lim_{x\to\infty}\frac{1}{x}=0$$

这告诉我们直线 $y=0$ 是函数的一条水平渐近线，如图 2.11(a) 中的粗**箭头**所示。

（2）用和上一小题相同的方法，当 x 变大时，x^2 变得更大，而 $\dfrac{1}{x^2}$ 变成很小的量。因此我们可以猜测

$$\lim_{x\to\infty}\frac{1}{x^2}=0$$

这告诉我们直线 $y=0$ 是函数的一条水平渐近线，如图 2.11(b) 中的粗**箭头**所示。∎

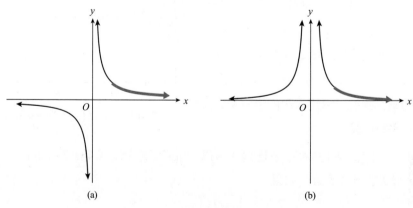

图 2.11　函数 (a) $f(x)=\dfrac{1}{x}$ 和 (b) $f(x)=\dfrac{1}{x^2}$ 的部分图像；
图中箭头表明 $x\to\infty$ 时，$f(x)\to 0$

本章习题 30 拓展了该例题的结论：对于任何有理数 $r > 0$，

$$\lim_{x \to \infty} \frac{1}{x^r} = 0 \qquad (2.6)$$

成立。下面我们讨论一下如何利用这个结果，来计算当 $x \to \infty$ 时更复杂的有理函数的极限。其中，将介绍一个当 $x \to \infty$ 时处理有理函数极限的有用技巧：将分子和分母同除以分母中 x 的最高次幂。

例 2.34　计算极限 $\lim\limits_{x \to \infty} \dfrac{x}{x-1}$。

解答　我们在之前例题中使用的方法在这里不再起作用，因为随着 x 变大，$x-1$ 也变大。这里介绍一个技巧可以帮助计算极限：将分子和分母同时除以分母中 x 的最高次幂（这需要假设 $x \neq 0$。由于 $x \to \infty$，这个假设并无不妥）。此题中分母的最高次幂就是 x，所以有

$$\frac{x}{x-1} = \frac{\dfrac{x}{x}}{\dfrac{x-1}{x}} = \frac{1}{1 - \dfrac{1}{x}}, \quad x \neq 0$$

因此，运用这个变形，以及极限运算法则 1、法则 4（参见定理 2.6）和式 (2.6) 中 $r=1$ 的情况，我们得到

$$\lim_{x \to \infty} \frac{x}{x-1} = \lim_{x \to \infty} \frac{1}{1 - \dfrac{1}{x}} = \frac{\lim\limits_{x \to \infty} 1}{\lim\limits_{x \to \infty} 1 - \lim\limits_{x \to \infty} \dfrac{1}{x}} = \frac{1}{1 - 0} = 1$$

这告诉我们直线 $y = 1$ 是函数的一条水平渐近线。　■

相关练习　习题 23~29（仅水平渐近线）

超越函数的极限

首先要知道的是数字 e，它被称为自然常数，也是自然对数的底，其本身就定义为当自变量趋于无穷大时函数的极限：

$$e = \lim_{x \to \infty} \left(1 + \frac{1}{x} \right)^x$$

现在来看一些超越函数当自变量逼近无穷大时的极限举例。

例2.35 计算极限 $\lim\limits_{x\to\infty}\ln\left(1+\dfrac{1}{x}\right)$。

解答 运用极限运算法则7和法则1（参见定理2.6），可以得到

$$\lim_{x\to\infty}\ln\left(1+\frac{1}{x}\right)=\ln\left[\lim_{x\to\infty}\left(1+\frac{1}{x}\right)\right]=\ln[1+0]=0$$

这告诉我们直线 $y=0$ 是函数的一条水平渐近线。◼

例2.36 计算极限 $\lim\limits_{x\to\infty}\mathrm{e}^{-x}$。

解答 因为 $\mathrm{e}^{-x}=\dfrac{1}{\mathrm{e}^{x}}$，又因为当 $x\to\infty$ 时 $\mathrm{e}^{x}\to\infty$（因为 $\mathrm{e}>1$，e^{x} 是指数增长函数），所以有

$$\lim_{x\to\infty}\mathrm{e}^{-x}=\frac{\lim\limits_{x\to\infty}1}{\lim\limits_{x\to\infty}\mathrm{e}^{x}}=0$$

这告诉我们直线 $y=0$ 是函数的一条水平渐近线。◼

相关练习 习题 45~48、50

提示、窍门和要点

（1）虽然我们在计算极限时不能把 ∞（或 $-\infty$）直接代入 x，但还是有一些有用的规则：

$$“\frac{1}{\infty}=0”\qquad“\frac{1}{-\infty}=0”$$

这里加引号是因为我想让你把它们理解为极限的结果，而不是通常的等式。其含义是，用1去除以一个越来越大的量（正或负），得到的量越来越逼近0。

（2）函数在 $x\to\pm\infty$ 时的极限可以转化为不涉及无穷大的单侧极限

$$\lim_{x\to\infty}f\left(x\right)=\lim_{t\to0^{+}}f\left(\frac{1}{t}\right) \tag{2.7}$$

和

$$\lim_{x \to -\infty} f(x) = \lim_{t \to 0^-} f\left(\frac{1}{t}\right) \tag{2.8}$$

这只需要所有涉及的极限都存在即可。这些结论对于指数函数和三角函数当自变量趋于无穷大时的极限计算特别有用（参见习题 59 和习题 60）。

2.9 无穷大量

本节开始需要回到图 2.5(a)。为了便于查看，我将该图复制为图 2.12。其绘制的是有理函数 $f(x) = \dfrac{1}{x}$ 的图像，当 $x \to 0^+$ 时，$f(x)$ 的值越来越大，没有上界。我们在 2.2 节中总结为

$$\lim_{x \to 0^+} \frac{1}{x} \ \text{DNE}(\infty)$$

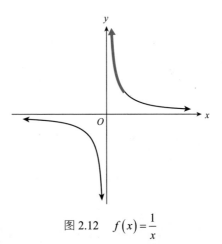

图 2.12　$f(x) = \dfrac{1}{x}$

通过 2.8 节，你可能已经知道图 2.12 中的垂直线 $x = 0$ 又被称为函数曲线的垂直渐近线。是的，我们也可以用极限来定义垂直渐近线。

> **定义 2.5（垂直渐近线）**　以"lim"笼统替代 $\lim\limits_{x \to c}$、$\lim\limits_{x \to c^-}$ 或者 $\lim\limits_{x \to c^+}$，设 f 是一个函数，如果
>
> $$\lim f(x) \ \text{DNE}(\infty) \ \text{或者} \ \lim f(x) \ \text{DNE}(-\infty)$$
>
> 那么我们称直线 $x = c$ 为 f 的垂直渐近线。

最后需要注意的是，函数曲线可以穿过一条水平渐近线（见图 2.10），但是它不能穿过一条垂直渐近线。因为当点 x 逼近垂直渐近线时，函数曲线会趋于无穷大。

例 2.37　计算极限：（1）$\lim\limits_{x \to 0} \dfrac{1}{x^2}$，（2）$\lim\limits_{x \to 1} \dfrac{x}{x-1}$，（3）$\lim\limits_{x \to 2^+} \dfrac{x^2 + 2x}{x^2 - 4}$。

解答

（1）当 $x \to 0$ 时，$f(x) = \dfrac{1}{x^2}$ 变得无界且恒正，如图 2.13(a) 所示。所以，

$$\lim_{x \to 0} \frac{1}{x^2} \quad \text{DNE}(\infty)$$

（2）当 $x \to 1^-$ 时，$f(x) = x/(x-1)$ 趋于 1 除以一个很小的负值，得到一个绝对值很大的负值。当 $x \to 1^+$ 时，$f(x) = x/(x-1)$ 趋于 1 除以一个很小的正值，得到一个很大的正值。两个极限如图 2.13(b) 所示。因此，$\lim\limits_{x \to 1^-} \dfrac{x}{x-1}$ DNE$(-\infty)$，$\lim\limits_{x \to 1^+} \dfrac{x}{x-1}$ DNE(∞)。所以，

$$\lim_{x \to 1} \frac{x}{x-1} \quad \text{DNE}$$

（3）当 $x \to 2^+$ 时，分子趋于 $2^2 + 2 \times 2 = 8$，分母趋于一个很小的正值。两者的商很大（且正），如图 2.13 (c) 所示。因此，有

$$\lim_{x \to 2^+} \frac{x^2 + 2x}{x^2 - 4} \quad \text{DNE}(\infty)$$

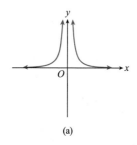 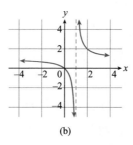 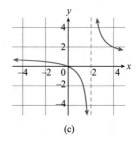

(a)　　　　　　　　(b)　　　　　　　　(c)

图 2.13　(a) $f(x) = \dfrac{1}{x^2}$、(b) $f(x) = \dfrac{x}{x-1}$ 和 (c) $f(x) = \dfrac{x^2+2x}{x^2-4}$ 的部分图像

注意，上例中第（2）问的最后结论部分，"DNE"旁边并没有括号信息。这是因为当 x 从不同侧逼近 1 时，单侧极限趋于不同符号的无穷大。

相关练习　习题 21~22、28~29（仅垂直渐近线）、32

爱因斯坦的相对论 附录 C 的例 C.2 中探讨了这样一种现象：物体运动的速度越接近光速，其质量就越大。

超越函数的极限

例 2.38 计算极限：（1）$\lim\limits_{x \to 0^+} \ln x$，（2）$\lim\limits_{x \to 0^+} e^{-1/x}$。

解答

（1）函数 $f(x) - \ln x$ 的曲线与附录 B 中图 B.12 的曲线相似。我们从后者可以得出结论

$$\lim_{x \to 0^+} \ln x \ \text{DNE}(-\infty)$$

所以，直线 $x = 0$ 是函数 $y = \ln x$ 的一条垂直渐近线。

（2）首先注意到

$$e^{-1/x} = \frac{1}{e^{1/x}} \tag{2.9}$$

然后，回想图 2.12，当 $x \to 0^+$ 时，有 $\dfrac{1}{x} \to \infty$。所以可得，当 $x \to 0^+$ 时，有 $e^{1/x} \to \infty$。这也就意味着，若分母是一个越来越大的量，它的倒数则越来越逼近 0。于是，我们得知

$$\lim_{x \to 0^+} e^{-1/x} = 0$$

这说明直线 $y = 0$ 是函数 $y = e^{-1/x}$ 的一条水平渐近线。 ■

相关练习 习题 42、44

一些三角函数也有垂直渐近线，这里有一些例子。

例 2.39 计算极限：（1）$\lim\limits_{x \to \frac{\pi}{2}^-} \tan x$，（2）$\lim\limits_{x \to \frac{\pi}{2}^+} \tan x$，（3）$\lim\limits_{x \to 0^+} \dfrac{1}{\sin x}$。

解答

（1）因为 $\tan x = \dfrac{\sin x}{\cos x}$。当 $x \to \dfrac{\pi}{2}^-$ 时，有 $\cos x \to 0^+$［回顾附录 B 中图 B.18(b) 函数 $y = \cos x$ 的图像］。同时，当 $x \to \dfrac{\pi}{2}^-$ 时，有 $\sin x \to 1$

〔回顾附录 B 中图 B.18(a) 函数 $y = \sin x$ 的图像〕。因此，这两个函数的比值，也就是 $\tan x$，逼近 1 除以一个很小的正值。所以可知

$$\lim_{x \to \frac{\pi}{2}^-} \tan x \quad \text{DNE}(\infty)$$

直线 $x = \dfrac{\pi}{2}$ 是 $\tan x$ 的一条垂直渐近线。这也可以从附录 B 中图 B.18(c)，即函数 $y = \tan x$ 的图像看出来。

（2）这里的情况是类似的，除了当 $x \to \dfrac{\pi}{2}^+$ 时有 $\cos x \to 0^-$。因此，$\tan x$ 逼近 1 除以一个绝对值很小的负值。所以可知

$$\lim_{x \to \frac{\pi}{2}^+} \tan x \quad \text{DNE}(-\infty)$$

直线 $x = \dfrac{\pi}{2}$ 是 $\tan x$ 的一条垂直渐近线。这也可以从附录 B 中图 B.18(c)，即函数 $y = \tan x$ 的图像看出来。

（3）因为当 $x \to 0^+$ 时，有 $\sin x \to 0^+$，所以

$$\lim_{x \to 0^+} \frac{1}{\sin x} \quad \text{DNE}(\infty)$$

也就是说，直线 $x = 0$ 是 $\dfrac{1}{\sin x}$ 的一条垂直渐近线。

例 2.39 第 (3) 问中出现的倒函数是 3 个倒三角函数中的一员：

$$\sec x = \frac{1}{\cos x}, \quad \csc x = \frac{1}{\sin x}, \quad \cot x = \frac{1}{\tan x}$$

这些函数也都有垂直渐近线。

提示、窍门和要点

（1）我们可以用极限来严格定义垂直渐近线。有些学生认为，只要令分母为 0，解出 x 值，就可以求出垂直渐近线的方程。但这其实并不总是有效。例如，对于函数 $f(x) = \dfrac{x}{x}$，这种求垂直渐近线的方法无效。如图 2.9 所示，直线 $x = 0$ 并非此函数的垂直渐近线。这可以通过计算极限来证实，当 $x \to 0$ 时，$f(x) \to 1$，而不是 ∞。

（2）用 1 除以小的值可以得到大的值。就像我在 2.8 节中提出的，用两个"极限式"可以总结为

$$\text{“}\frac{1}{0^+} = \infty\text{”}, \quad \text{“}\frac{1}{0^-} = -\infty\text{”}$$

2.10　结束语

至此，我们已经学习了不少关于极限的知识。在第 1 章中引入这个概念来帮助我们表达"无穷小变化"。现在我们对什么是极限、如何计算极限，以及它们在现实世界中的表现，有了更全面的理解。

在第 1 章中，我们也曾介绍推动微积分理论发展成熟有三大难题，极限理论是破解它们的基础。在第 3 章，我们将用极限来破解其中两个问题——瞬时速度问题和切线斜率问题。

本章习题

1. 已知两个单侧极限 $\lim\limits_{x \to c^-} f(x)$ 和 $\lim\limits_{x \to c^+} f(x)$ 存在且相等，请描述函数 $y = f(x)$ 的图像。如果两个单侧极限存在但不相等，函数图像如何变化？

2. 函数 $y = f(x)$ 的图像如下图。

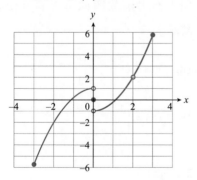

(a) 计算下列极限，或解释其不存在的原因。

(i) $\lim\limits_{x \to 0^-} f(x)$　(ii) $\lim\limits_{x \to 0^+} f(x)$

(iii) $\lim\limits_{x \to 0} f(x)$　(iv) $\lim\limits_{x \to 2^-} f(x)$

(v) $\lim\limits_{x \to 2^+} f(x)$　(vi) $\lim\limits_{x \to 2} f(x)$

(b) 判断正误：函数在 $x = 2$ 处连续。

(c) 求函数在区间 $(-1,3)$ 内的连续点。

3. 函数 $y = f(x)$ 的图像如下图。

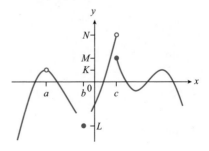

(a) 计算下列极限，或解释其不存在的原因。

(i) $\lim\limits_{x\to a^-} f(x)$ (ii) $\lim\limits_{x\to a^+} f(x)$

(iii) $\lim\limits_{x\to b^-} f(x)$ (iv) $\lim\limits_{x\to b^+} f(x)$

(v) $\lim\limits_{x\to c^-} f(x)$ (vi) $\lim\limits_{x\to c^+} f(x)$

(vii) $\lim\limits_{x\to a} f(x)$ (viii) $\lim\limits_{x\to b} f(x)$

(ix) $\lim\limits_{x\to c} f(x)$

(b) 判断正误：函数在 $x=c$ 处连续。

4. 设 $\lim\limits_{x\to c} f(x)=1$，$\lim\limits_{x\to c} g(x)=2$，计算以下极限。

(a) $\lim\limits_{x\to c}\left[f(x)+g(x)\right]$

(b) $\lim\limits_{x\to c}\left[2f(x)\right]$

(c) $\lim\limits_{x\to c}\left[f(x)\cdot g(x)\right]$

(d) $\lim\limits_{x\to c}\dfrac{f(x)}{g(x)}$

(e) $\lim\limits_{x\to c}\sqrt{f(x)}$

(f) $\lim\limits_{x\to c}\left[(x-c)f(x)-g(x)\right]$

5~12：如果极限存在，用代数方法求下列极限。

5. $\lim\limits_{x\to 0}\left(x^2-2x+1\right)$

6. $\lim\limits_{x\to 9}\left(\sqrt{x}-3\right)$

7. $\lim\limits_{x\to 1^-}\sqrt{x^2+1}$

8. $\lim\limits_{x\to 0}\dfrac{x^3-x}{x}$

9. $\lim\limits_{x\to 1^+}\dfrac{1}{x-1}$

10. $\lim\limits_{x\to 4}\dfrac{\sqrt{x}-2}{x^2-4}$

11. $\lim\limits_{h\to 0}\dfrac{\sqrt{2h+1}-1}{h}$

12. $\lim\limits_{x\to 0}\left(\dfrac{1}{x}-\dfrac{1}{x^2+x}\right)$

13. a 为何值时，函数 $f(x)=\begin{cases}ax+2, x\leqslant 1\\ x^2,\quad x>1\end{cases}$ 的极限 $\lim\limits_{x\to 1}f(x)=1$？

14~17：(a) 求出函数的定义域；(b) 利用定理 2.1~ 定理 2.3 确定函数的连续区间。

14. $f(x)=\dfrac{x}{x^2+2x+1}$

15. $g(x)=\sqrt{x}\left(1-\sqrt[3]{x}\right)$

16. $h(x)=x^2+\sqrt{x}$

17. $h(t)=\left(\sqrt{t}+\sqrt{1-t}\right)^3$

18~20：确定分段函数的连续区间（作出函数图像可能有助于解题）。

18. $f(x)=\begin{cases}x,\ x\leqslant 0\\ x^2, x>0\end{cases}$

19. $g(x)=\begin{cases}x^3,\qquad x\leqslant 1\\ \sqrt{x+1}, x>1\end{cases}$

20. $h(x)=\begin{cases}\dfrac{1}{x},\quad x\leqslant 1\\ x+1, x>1\end{cases}$

21~26：下列函数极限可能为无

穷大。若极限存在，求出极限值；若不存在，确定 $\pm\infty$。

21. $\lim\limits_{x \to 3^-} \dfrac{x+7}{x-3}$

22. $\lim\limits_{x \to 2} \dfrac{1-x}{(x-2)^2}$

23. $\lim\limits_{x \to \infty} \dfrac{2}{3x+2}$

24. $\lim\limits_{x \to -\infty} \dfrac{-3x^2+4x}{x^2+1}$

25. $\lim\limits_{x \to \infty} \dfrac{x+1}{\sqrt{3x^2+7}}$

26. $\lim\limits_{x \to -\infty} \dfrac{\sqrt[3]{x}}{x+1}$

27. 计算 $\lim\limits_{x \to \infty}\left(\sqrt{x+1}-\sqrt{x}\right)$（提示：将函数乘 $\dfrac{\sqrt{x+1}+\sqrt{x}}{\sqrt{x+1}+\sqrt{x}}$）。

28~29：求下列函数的垂直渐近线与水平渐近线。

28. $f(x) = \dfrac{3x+4}{x-3}$

29. $f(x) = \dfrac{x^2+1}{2x^2-2}$

30. 利用例 2.33（1）和定理 2.6 的结果证明

$$\lim_{x \to \infty} \frac{1}{x^r} = 0$$

这里 r 为任意正有理数。

31. 设 f 是一个函数，定义 $g(x) = \dfrac{1}{x}$。我们证明了当 $x \to 0^+$ 时 $g(x) \to \infty$，那么我们

再来验证定理的另一个条件，以得到式 (2.7)，即说明为何在含 0 的小区间，任何非零点处都有 $g(x) \neq 0$。

32. **相对论** 1905 年，阿尔伯特·爱因斯坦发现一些物理量的测量值（如时间和长度）依赖于所使用的参照系。例如，假设你在一列以速度 v 运动的火车上。爱因斯坦的狭义相对论提出，火车上的你经过的 t 秒与火车外静止的观察者经过的 T 秒是相当的，其中

$$T(v) = \frac{t}{\sqrt{1-v^2/c^2}}$$

这里 c 是光速。这种现象被称为时间膨胀效应。

(a) 计算并解释 $T(0)$ 和 $T(0.5c)$ 的含义。

(b) 证明当 $v \to c^-$ 时，有 $T(v) \to \infty$，并给出解释。

(c) 为何需要运用左极限？

33. **日常连续性问题** 以下哪些函数是连续的？

(a) 一个人的身高与他 / 她的年龄的函数；

(b) 一名高中生的 GPA（假设它不是常数）与时间的函数；

(c) 某张信用卡的余额与时间的函数。

34. 出租车车费 假设纽约出租车的起步价是 2.5 美元，超出部分每英里[①]收费 2.5 美元。

(a) 设 C 表示乘出租车行驶 x 英里的总费用。请绘制 $0 \leqslant x \leqslant 4.5$ 时，$C(x)$ 的函数图像。

(b) $C(x)$ 是连续函数吗？请简要解释。

(c) $C(x)$ 在不连续点处是产生了"间隙"，还是发生了跳跃？请简要解释。

35. 牛顿万有引力定律 设 F 为地球对一个质量为 m 的物体施加的引力，该物体离地球中心的距离为 $r \geqslant 0$。假设地球是一个完美的球体，半径为 R，质量为 M，牛顿万有引力定律告诉我们

$$F(r) = \begin{cases} \dfrac{GMmr}{R^3}, & r < R \\ \dfrac{GMm}{r^2}, & r \geqslant R \end{cases}$$

其中 $G > 0$ 是一个常数（引力常数）。

(a) 简要解释物体所受引力如何随着 r 的变化而变化。

(b) 计算极限 $\lim\limits_{x \to R^-} F(r)$ 和 $\lim\limits_{x \to R^+} F(r)$。

(c) 在 $r = R$ 处，函数 $F(r)$ 是否连续？请简要解释。

(d) 求解 F 的连续区间。

36. 用极限运算法则证明：如果 $f(x)$ 是一个多项式，那么 $\lim\limits_{x \to c} f(x) = f(c)$。

37. a 取何值时，函数
$$f(x) = \begin{cases} x+1, & x \leqslant 1 \\ ax^2, & x > 1 \end{cases} \text{连续?}$$

38. a 取何值时，函数
$$g(x) = \begin{cases} x^2 + 3, & x \leqslant a \\ 4x, & x > a \end{cases} \text{连续?}$$

指数函数和对数函数相关的习题

39~44：如果以下极限存在，计算极限值。

39. $\lim\limits_{x \to 0} e^{-x}$

40. $\lim\limits_{h \to 0} \dfrac{\sqrt{1 + 3^h} - 1}{3^h}$

---

① 编者注：书中部分地方出现了一些英制单位和日常生活或学习中不常用的单位，在此统一说明。1 英里 =1609.344 米；1 英寸 =0.0254 米；1 英尺 =0.3048 米；1 加仑（美）=3.785412 升；1 磅 ≈0.45 千克。

41. $\lim\limits_{t\to 2} t^2 2^t$

42. $\lim\limits_{z\to 1^+} e^{-(z-1)^{-1}}$

43. $\lim\limits_{x\to 1} e^x \ln x$

44. $\lim\limits_{x\to 1^-} \left[x^2 e^{-x} + \ln(1-x) \right]$

45. 复利问题　本习题将推导一个连续复利公式。首先，假设 $M(t)$ 是储蓄账户开立 t 年后的本利和（以美元计），本金为 M_0 美元并且没有后续存款。以 r 表示年利率，并假设储蓄账户每年计息 n 次。

(a) 证明：第一次计息后的本利和为 $M_0\left(1+\dfrac{r}{n}\right)$。

(b) 证明：第一年末的本利和为

$$M_0\left(1+\frac{r}{n}\right)^n。$$

(c) 推广上一问的结果，导出 $M(t)$ 的公式。

(d) 设 $x = \dfrac{r}{n}$，证明 $M(t) = M_0\left[(1+x)^{1/x}\right]^{rt}$。

(e) 证明 $\lim\limits_{x\to 0^+} M(t) = M_0 e^{rt}$，并给出解释。

46. 翻倍时间与 70 法则　回到 45 题，假设储蓄账户利息是按年复利，也就是 $M(t) = M_0(1+r)^t$。

(a) 设 T 表示本利和为本金翻倍所需的时间，即 $M(T) = 2M_0$，T 称为翻倍时间。请证明：

$$T = \frac{\ln 2}{\ln(1+r)}。$$

(b) 作函数 $f(r) = \ln(1+r) - r$ 在 $-0.5 \leqslant r \leqslant 0.5$ 时的图像，并证明 $\lim\limits_{r\to 0} f(r) = 0$。

(c) 储蓄账户利率范围通常为 $0 \leqslant r \leqslant 0.1$。又由于 (b) 的结论说明，当 r 逼近 0 时，有 $\ln(1+r) \approx r$，请证明：当 r 接近 0 时，有 $T \approx \dfrac{0.7}{r}$。

(d) 设 $R = 100r$，运用 (c) 的结论来证明

$$T \approx \frac{70}{R}$$

这就是所谓的 70 法则。

47. 雨滴落地末速度　附录 B 的习题 43 中，我们讨论了下面的雨滴下落速度函数：

$$v(t) = 13.92\left(1 - e^{-2.3t}\right)$$

计算 $\lim\limits_{t\to\infty} v(t)$ 以求解雨滴落地的末速度。

48. 证明定理 2.5。提示：将指数函数 ae^{rx} 改写为 $a(e^x)^r$ 的形式，然后运用本章的定理。

49. 设 $f(x) = ab^x$ 是一个指数函数。据之前的讨论，可以把 f

与作 $f(x) = ae^{rx}$。请证明：无论 a 和 r 的符号是正或负，$\lim\limits_{x \to \infty} f(x)$ 和 $\lim\limits_{x \to -\infty} f(x)$ 至少有一个为 0 均成立。

三角函数相关的习题

50~55：计算下列极限。

50. $\lim\limits_{x \to 0} \sqrt{1 + \sin x}$

51. $\lim\limits_{x \to \frac{\pi}{4}} \dfrac{\sin^2 x - \cos^2 x}{\sin x - \cos x}$

52. $\lim\limits_{x \to 0} \dfrac{\sin(3x)}{x}$

53. $\lim\limits_{x \to 0} \dfrac{\cos x - 1}{\sin x}$

54. $\lim\limits_{h \to 0} \dfrac{\sin(2h)}{\sin(6h)}$

55. $\lim\limits_{t \to 0} \dfrac{\sin t}{t + \tan t}$

56. 设 $f(x) = \sin\dfrac{1}{x}$，请解释为何有 $-1 \leqslant f(x) \leqslant 1$。然后说明，由这一性质如何推导得到对于任意 $d > 0$，只要 $|x| \leqslant d$，就有 $|xf(x)| \leqslant d$。

57. 求 a 值，使函数

$$f(x)\begin{cases} \dfrac{\sin(2x)}{x}, & x \neq 0 \\ a^2, & x = 0 \end{cases}$$

连续。

58. 对于函数 $f(x) = x\sin\dfrac{1}{x}$，其

中 $-0.1 \leqslant x \leqslant 0.1$。用 $t = \dfrac{1}{x}$ 和式 (2.3) 来证明 $\lim\limits_{x \to \infty} f(x) = 1$。

59. 附录 B 的习题 60 阐述了如何用内接三角形来近似计算半径为 r 的圆的面积。试通过适当修改 58 题的结果，证明

$$\lim\limits_{x \to \infty} A(n) = \pi r^2$$

60. **重力加速度作为纬度的函数** 本章中，重力加速度近似值取为 32 英尺 / 秒²，记作 g（这个近似值在标准度量衡单位系统下大约是 9.8 米 / 秒²）。g 的一个更精确的公式是 1967 年提出的大地参考公式：

$$g(x) = a\left(1 + b\sin^2 x - c\sin^4 x\right)$$

其中，x 表示所在地距赤道以北或以南的地理纬度（以度计），$a = 9.7803185$，$b = 0.005278895$，$c = 0.000023462$。

(a) 绘制 $g(x)$ 在 $-\dfrac{\pi}{2} \leqslant x \leqslant \dfrac{\pi}{2}$ 的图像，并求 g 值最大与最小时的地理纬度。

(b) 计算极限 $\lim\limits_{x \to 0} g(x)$，并做出解释。

第3章 导数：变化率的定量描述

本章概览

    1665 年 8 月，英格兰瘟疫爆发，迫使剑桥大学停课。其中一名学生艾萨克·牛顿回到了他在农村的家——伍尔索普庄园（见图 3.1）。正如他后来向朋友们描述的：某天，牛顿看到一个苹果从树上掉了下来，他就开始质疑：把苹果拉向地面的力（重力）是否也会对其他物体（如月球）产生作用呢？这个问题开启了牛顿关于万有引力定律的工作。但牛顿很快就遇到了一个概念上的障碍——瞬时速度。重力作用下，物体（如苹果）不断加速，因此它的速度是在瞬间变化的。为了理解重力的作用，需要一套诠释瞬时速度的数学理论。可当时这套理论并不存在，于是，牛顿发明了一套。在本章，我们将追随牛顿的脚步来解决瞬时速度的计算问题，之后还将发现，正如牛顿曾经发现的，该方法可以推广到更多的应用中。我们将学习到，导数可以解决第 1 章中提到的第 2 个难题：切线斜率问题。

3.1 瞬时速度问题

    让我们回到图 1.4(a)，一个苹果从树上掉下来的画面。我们假设图中所示的是苹果落下第 1 秒时的情景，用 $t=1$ 表示，树高 10 米。问题：我们能计算出苹果在那一瞬时的速度吗？

    一个合理的出发点是，意识到平均速度等于路程变化量除以时间变化量，即

图 3.1 伍尔索普庄园（背景）和著名的苹果树（前景）

$$平均速度 = \frac{路程变化量}{时间变化量} = \frac{\Delta d}{\Delta t} \qquad (3.1)$$

其中，Δd 为路程变化量，Δt 为时间变化量。但在图 1.4(a) 所示的瞬间时间并没有变化，因此 $\Delta t = 0$。那么问题来了，因为 Δt 在定义式 (3.1) 的分母上，而数学上始终规定：任何数除以 0 是没有意义的。至此，思路陷入了僵局。

回顾我对微积分特性的第一个描述：微积分是一种动态思维方式。而图 1.4(a) 只是静态图。这就是为什么我们要切换到图 1.5 第一行的动态图。下面让我们来量化苹果的下落过程，看看当 Δt 趋于 0 时，如何运用极限语言计算其瞬时速度。

早在牛顿开始思考此问题的数十年前，伽利略·伽利雷（1564—1642）和他同时代的一些数学家们已经提出了用数学式子来描述重物（如苹果）下落产生的路程

$$d(t) = 16t^2 \qquad (3.2)$$

其中，d 为路程，单位为英尺；t 为重物下落后经过的时间，单位为秒，忽略空气阻力作用（见图 3.2）。伽利略通过斜面实验推导出解析式 (3.2)。以 $d(1)$ 表示苹果下落 1 秒内产生的路程，$d(1+\Delta t)$ 表示苹果下落 $(1+\Delta t)$ 秒内产生的路程，那么苹果在 Δt 秒内下落的总路程 $\Delta d = d(1+\Delta t) - d(1)$。将此代入定义式 (3.1)，得到

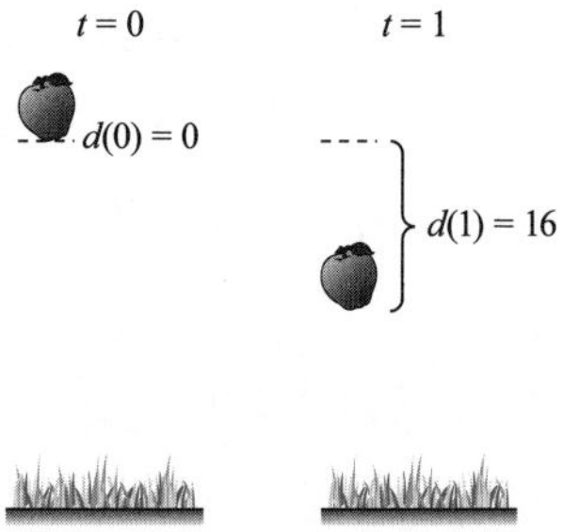

图 3.2 两张苹果掉落的快照

$$苹果下落的平均速度 = \frac{d(1+\Delta t) - d(1)}{\Delta t} \qquad (3.3)$$

代入解析式 (3.2)，得

$$苹果下落的平均速度 = \frac{16(1+\Delta t)^2 - 16 \times (1)^2}{\Delta t}$$

运用 $d(1+\Delta t) = 16(1+\Delta t)^2$

$$= \frac{16[1 + 2(\Delta t) + (\Delta t)^2] - 16}{\Delta t}$$

$$= \frac{32(\Delta t) + 16(\Delta t)^2}{\Delta t} \quad \text{展开后化简}$$

$$= 32 + 16(\Delta t), \ \Delta t \neq 0$$

这表明当 $\Delta t \rightarrow 0$ 时苹果下落的平均速度接近极限值 32，即

$$\lim_{\Delta t \rightarrow 0} \frac{\Delta d}{\Delta t} = 32$$

这给出了"在 $t = 1$ 时刻苹果下落的瞬时速度"的最合理回答。这不是有限时间变化量 Δt 能处理的问题——那只能计算平均速度。而通过观察无穷小的时间变化，我们计算出 $t = 1$ 时刻苹果下落的瞬时速度。

对上述过程加以推广。有

$$\text{苹果下落的瞬时速度} = \lim_{\Delta t \rightarrow 0} \text{苹果下落的平均速度} \tag{3.4}$$

把定义式 (3.3) 代入式 (3.4) 中，可得到

$$\text{苹果下落的瞬时速度} = \lim_{\Delta t \rightarrow 0} \frac{d(1 + \Delta t) - d(1)}{\Delta t}$$

记苹果下落 1 秒时的瞬时速度为 $s(1)$，可得

$$s(1) = \lim_{\Delta t \rightarrow 0} \frac{d(1 + \Delta t) - d(1)}{\Delta t} \tag{3.5}$$

这就是 $t = 1$ 时刻，苹果下落瞬时速度的计算公式[①]。

此处取时刻 $t = 1$ 并没有什么特别之处。我们可以很容易地计算其他时刻的值，譬如，计算 $t = 0.5$ 时刻苹果下落的瞬时速度。因此，如果我们将"1"替换为一般时刻 a，即苹果下落过程中的另一个时刻值，式 (3.5) 就引出了以下的瞬时速度定义。

定义 3.1　设某物随时间 t 变化的路程函数为 $d(t)$，定义其在 $t = a$ 时刻的**瞬时速度**，记为 $s(a)$，则

$$s(a) = \lim_{\Delta t \rightarrow 0} \frac{d(a + \Delta t) - d(a)}{\Delta t} \tag{3.6}$$

---

① 关于记号给出说明。我们用草写体 s 表示瞬时速度，那是因为按照习惯，s 指代路程函数 s(t)。在第 5 章我们将讨论路程 s 与瞬时速度之间的关系。

例 3.1 设某物随时间 t 变化的路程函数为 $d(t)=3t+3$，求 $s(1)$（忽略单位）。

解答　$s(1)=\lim\limits_{\Delta t\to 0}\dfrac{d(1+\Delta t)-d(1)}{\Delta t}$　　等式 (3.6) 中令 $a=1$

$$=\lim\limits_{\Delta t\to 0}\dfrac{3(1+\Delta t)+5-(3\times 1+5)}{\Delta t}$$　运用 $d(1+\Delta t)=3(1+\Delta t)+5$

$$=\lim\limits_{\Delta t\to 0}\dfrac{3\Delta t}{\Delta t}$$　展开后化简

$$=\lim\limits_{\Delta t\to 0}3=3$$　约掉 Δt 并计算极限 ◼

例 3.2 设某物随时间 t 变化的路程函数为 $d(t)=t^2$，求 $s(2)$（忽略单位）。

解答　$s(2)=\lim\limits_{\Delta t\to 0}\dfrac{d(2+\Delta t)-d(2)}{\Delta t}$　等式 (3.6) 中令 $a=2$

$$=\lim\limits_{\Delta t\to 0}\dfrac{(2+\Delta t)^2-2^2}{\Delta t}$$　运用 $d(2+\Delta t)=(2+\Delta t)^2$

$$=\lim\limits_{\Delta t\to 0}\dfrac{4(\Delta t)+(\Delta t)^2}{\Delta t}$$　展开后化简

$$=\lim\limits_{\Delta t\to 0}(4+\Delta t)=4$$　约掉 Δt 并计算极限 ◼

最后，让我们运用上述所学来解决牛顿的下落苹果瞬时速度计算问题。

应用实例 3.3 苹果下落时的路程函数为 $d(t)=16t^2$，求 $s(a)$。

解答　$s(a)=\lim\limits_{\Delta t\to 0}\dfrac{d(a+\Delta t)-d(a)}{\Delta t}$　运用等式 (3.6)

$$=\lim\limits_{\Delta t\to 0}\dfrac{16(a+\Delta t)^2-16a^2}{\Delta t}$$　运用 $d(a+\Delta t)=16(a+\Delta t)^2$

$$=\lim\limits_{\Delta t\to 0}\dfrac{\left[16a^2+32a(\Delta t)+16(\Delta t)^2\right]-16a^2}{\Delta t}$$　展开后化简

$$=\lim\limits_{\Delta t\to 0}\left[32a+16(\Delta t)\right]=32a$$　约掉 Δt 并计算极限 ◼

相关练习 习题 10~11

请注意，这里并没有确定 a 值，所以我们实际上已经计算出任意时刻 $t=a$ 的瞬时速度。这是一个很好、很具体的例子，足以展示微积分理论的强大。我们仅仅用几行字就解决了困扰科学家们数千年的难题（瞬时速度求解问题），而且答案非常简洁：苹果下落 a 秒的瞬时速度是 $32a$ 英尺 / 秒。

3.2 切线斜率问题——单点导数

回想一下，切线斜率问题是求函数 $y = f(x)$ 在给定点 P 处切线的斜率，如图 1.4(b) 所示。P 点的"切线"是指，这条线与函数曲线相交于 P 点，且两条线在 P 点具有相同的"倾斜度"。求解切线斜率问题的困难之处在于：通常需要两个点的信息来计算过这两点直线的斜率，但切线斜率问题中我们只有一个点（点 P）的信息。再一次——现在听起来像要打破纪录——问题出在图 1.4(b) 中固有的静态思维。现在，让我们再"微积分"一下。是的，正如我们在第 1 章所说的，微积分也是一个动词!

图 3.3 展示了动态思维方式。通过点 P 和点 Q 的灰色线是割线，之所以这样命名是因为这个词的拉丁语词根 secare，意思是切割。每条割线的斜率等于

$$割线斜率 = \frac{\Delta y}{\Delta x} \tag{3.7}$$

假设点 P 的横坐标为 a，那么点 P 和点 Q 之间纵坐标的变化量 $\Delta y = y$ 在 Q 点的值 $-y$ 在 P 点的值 $= f(a + \Delta x) - f(a)$。

代入定义式 (3.7) 得到

$$割线斜率 = \frac{f(a + \Delta x) - f(a)}{\Delta x} \tag{3.8}$$

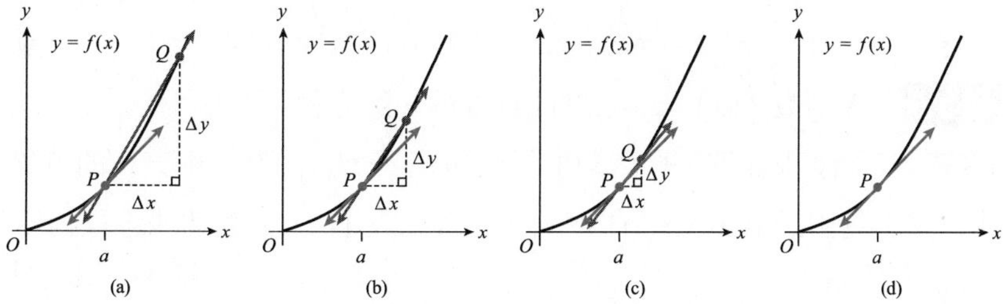

图 3.3 当 $\Delta x \to 0$ 时，灰色线（割线）的斜率趋近于蓝色线（切线）的斜

最后，如图 3.3 所示，切线的斜率等于当 $\Delta x \to 0$ 时割线斜率的极限值，即

$$P \text{ 点切线斜率} = \lim_{\Delta x \to 0} \frac{f(a + \Delta x) - f(a)}{\Delta x} \tag{3.9}$$

我们把 "P 点切线斜率" 称为 "$x = a$ 处的导数"，并使用符号 $f'(a)$ 表示，读作 f 在 a 点的导数。定义式 (3.9) 变成

$$f'(a) = \lim_{\Delta x \to 0} \frac{f(a + \Delta x) - f(a)}{\Delta x} \tag{3.10}$$

果不其然！切线问题解决了。我们还发现了一些重要的东西：函数 f 在 $x = a$ 处的导数就等于曲线在 $x = a$ 处切线的斜率。导数是一个很重要的概念，我们先给出它的正式定义。

定义 3.2（单点导数） 设 f 是一个函数，f 在 $x = a$ 处的导数用 $f'(a)$ 表示，定义为

$$f'(a) = \lim_{\Delta x \to 0} \frac{f(a + \Delta x) - f(a)}{\Delta x} \tag{3.11}$$

（如果极限存在。）

例 3.4 设 $f(x) = x^2$，计算 $f'(1)$。

解答
$$\begin{aligned}
f'(1) &= \lim_{\Delta x \to 0} \frac{f(1 + \Delta x) - f(1)}{\Delta x} \quad \text{等式 (3.11) 中令 } a = 1 \\
&= \lim_{\Delta x \to 0} \frac{(1 + \Delta x)^2 - 1^2}{\Delta x} \quad \text{运用 } f(1 + \Delta x) = (1 + \Delta x)^2 \\
&= \lim_{\Delta x \to 0} \frac{2(\Delta x) + (\Delta x)^2}{\Delta x} \quad \text{展开后化简} \\
&= \lim_{\Delta x \to 0} \left[2 + (\Delta x) \right] = 2 \quad \text{约掉 } \Delta x \text{ 并计算极限}
\end{aligned}$$

例 3.5 求函数 $f(x) = x^2$ 在点 $(1,1)$ 处的切线方程。

解答 我们刚刚计算了此函数的切线斜率：$f'(1) = 2$。由直线的点斜式公式 [见附录 B 式 (B.5)] 可知，函数在点 $(1,1)$ 处的切线方程为

$$y - 1 = 2(x - 1)$$

化简后得到 $y = 2x - 1$。我已在图 3.4(a) 中画出了此切线和函数 f 的图像。　■

例 3.6　计算函数 $f(x) = x^3$ 在 $x = 1$ 处的导数 $f'(1)$。

解答

$$f'(1) = \lim_{\Delta x \to 0} \frac{f(1 + \Delta x) - f(1)}{\Delta x} \quad \text{等式 (3.11) 中令 } a = 1$$

$$= \lim_{\Delta x \to 0} \frac{(1 + \Delta x)^3 - 1^3}{\Delta x} \quad \text{运用 } f(1 + \Delta x) = (1 + \Delta x)^3$$

$$= \lim_{\Delta x \to 0} \frac{3(\Delta x) + 3(\Delta x)^2 + (\Delta x)^3}{\Delta x} \quad \text{展开后化简}$$

$$= \lim_{\Delta x \to 0} \left[3 + 3(\Delta x) + (\Delta x)^2 \right] = 3 \quad \text{约掉 } \Delta x \text{ 并计算极限}　■$$

例 3.7　求函数 $f(x) = x^3$ 在点 $(1,1)$ 处的切线方程。

解答　我们刚刚计算了此函数的切线斜率：$f'(1) = 3$。由直线的点斜式公式可知，函数在点 $(1,1)$ 处的切线方程为

$$y - 1 = 3(x - 1)$$

化简后得到 $y = 3x - 2$，如图 3.4(b) 所示。　■

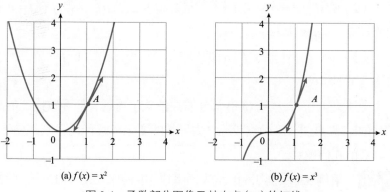

(a) $f(x) = x^2$　　　　　(b) $f(x) = x^3$

图 3.4　函数部分图像及其在点 $(1,1)$ 的切线

相关练习 **习题 1~9**

提示、窍门和要点

导数 $f'(a)$ 的定义（定义 3.2）与瞬时速度 $s(a)$ 的定义（定义 3.1）相似，仅符号和术语不同。实际上，在 3.3 节中，我们将利用这些相似之处来发展一套对 $f'(a)$ 的崭新的、通用的诠释。

3.3 导数：瞬时变化率

3.2 节的流程与 3.1 节的非常相似，图 3.5 提供了一个可视化的比较。两种情况下，我们首先计算观测函数（3.1 节中的路程函数，3.2 节

	速度	变化率
平均值	$\dfrac{\Delta d}{\Delta t}$	$\dfrac{\Delta y}{\Delta x}$
瞬时值	$s(a) = \lim\limits_{\Delta t \to 0} \dfrac{\Delta d}{\Delta t}$	$f'(a) = \lim\limits_{\Delta x \to 0} \dfrac{\Delta y}{\Delta x}$

图 3.5　导数定义是对 3.1 节瞬时速度定义的推广

的一般函数 f）在自变量 Δx（或者 Δt）一定变化下的平均变化率。然后，求出平均变化率在 $\Delta x \to 0$ 时的极限，得到瞬时变化率。瞬时速度 $s(a)$ 和导数 $f'(a)$ 之间的相似点使我们窥探出以下 3 点。

（1）$x = a$ 处的导数 $f'(a)$ 表示 $x = a$ 处的瞬时变化率。

（2）物体在 $t = a$ 时刻的瞬时速度 $s(a)$ 是其路程函数 d 在 $t = a$ 时刻的导数：$s(a) = d'(a)$。

（3）点 $x = a$ 处导数 $f'(a)$ 的单位，等于因变量 $f(x)$ 的单位除以自变量 x 的单位。

上述第（3）点从式 (3.8) 等号右边的式子得到，即导数描述的是增量的比率。上述第（1）点我称之为导数的变化率解释，而"切线斜率"是导数的几何解释。

例 3.8　用例 3.4 和例 3.6 的结果回答以下问题：在点 $(1,1)$ 处，函数 $f(x) = x^2$ 和 $f(x) = x^3$ 哪个 y 值增长更快？

解答　答案是函数 $f(x) = x^3$。因为在例 3.6 中我们已计算得到其导数为 $f'(1) = 3$，而在例 3.4 中得到了函数 $f(x) = x^2$ 的导数为 $f'(1) = 2$。　■

例 3.9　回到图 3.4(a)，问图中何点处函数的瞬时变化率为 0。

解答　仅在 $x = 0$ 一点处。因为此点处导数 $f'(0) -0$（此处切线水平，所以斜率为 0），而其他任何非零点 a 处，导数均为 $f'(a) \neq 0$（所有这些点处的切线斜率非零）。　■

　　注意在这些例子中我们是如何在导数的不同解释之间切换的。第 3 章的习题可以帮助读者进一步掌握这一技能。

相关练习　习题 12、44

　　我们从定义 3.1 和定义 3.2 的比较中收获颇丰。然而，这两者之间有一个重要的区别——定义 3.2 有一个前提条件，即"假定极限存在"。这表明导数 $f'(a)$ 并不总是存在的。3.4 节将探讨导数 $f'(a)$ 的存在性。

3.4　可导性：导数存在性判别

　　导数 $f'(a)$ 的几何解释是，函数曲线在 $x = a$ 处的切线的斜率，但这一论断是在假设切线存在的前提下给出的，此前提并非普适。图 3.6 中的 3 个分图就展示了可能发生的异常情况。图 3.6(a) 中的曲线有一个尖点 A。切线应该在切点与函数曲线具有相同的"倾斜度"。而图 3.6(a) 中，A 点左侧曲线在 A 点的斜率（用虚线箭头示意）与 A 点右侧曲线在 A 点的斜率（用实线箭头示意）并不相同。因此，曲线在 A 点的切线不存在，进而函数曲线的斜率也不存在。

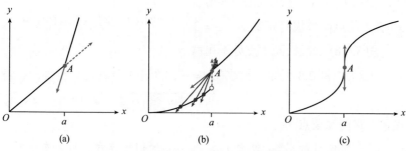

(a)　　　　　(b)　　　　　(c)

图 3.6　在点 A 处切线不存在的异常情况

　　图 3.6(b) 展示的是另一种异常情况。过 A 点及其左侧曲线上任意一点连一条割线，当 $x \to a^-$ 时，这些割线越来越陡峭，如图中灰色线

所示，逼近图中蓝色虚线（展示了 A 点左侧曲线在 A 点的"斜率"）。A 点左侧曲线在 A 点的斜率与其右侧曲线在 A 点的斜率（如蓝色实线所示）不一致。因此，点 A 的切线不存在，进而此处的 $f'(a)$ 也不存在。

图 3.6(c) 展示了第三种异常情况。这条曲线在点 A 处确实存在一条切线，但它是一条垂直线，斜率是无穷大。因此，此处 $f'(a)$ 还是不存在（无穷大不是一个数）。下面定义了 $f'(a)$ 存在（或不存在）时我们使用的术语。

> **定义 3.3** 设 I 是包含 a 点的开区间，f 是定义在 I 上的函数。如果 $f'(a)$ 存在，我们称 f 在 $x = a$ 处**可微**。如果 f 在 I 内的每点处都是可微的，那么称 f 在 I 上是**可微**的。当 f 在 $(-\infty, \infty)$ 上可微时，我们称 f **处处可微**，或者简称 f **可微**。[①]

例 3.10 考虑图 3.7 中的函数。

（1）在区间 $(-2, 4)$ 中的何点处，f 是不可微的？

（2）在区间 $(-2, 4)$ 中的何点处，f 是不连续的？

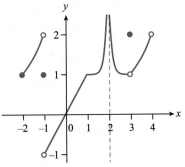

图 3.7 某分段函数的图像

解答

（1）函数在 $x = -1$［与图 3.6(b) 情况相同］、$x = 1$［尖点，见图 3.6(a)］、$x = 2$（此点函数没有定义）、$x = 3$［与图 3.6(b) 情况相同］点处不可微。

（2）由例 2.8 可知：函数在 $x = -1, 2, 3$ 这 3 个点处不连续。 ■

相关练习 习题 14~15、48~49

提示、窍门和要点

关于可微性的小结：仅当 f 在 $x = a$ 处的切线存在且斜率有限时，$f'(a)$ 才存在。正如我们所看到的，这意味着曲线不能有尖点或"间

---

① 译者注：此处可微与可导等价。上述定义在一般教材中称为可导。

隙"。如果这让你想起连续性，那就对了，因为这两个概念是相关的。

定理 3.1　如果 f 在 a 点可微，那么 f 必在 a 点连续。

定理的逆否命题也是正确的，即如果 f 在 a 处不连续，那么它在 a 处必不可微。图 3.6(b) 说明了这一点，图中在 $x=a$ 处有一个跳跃型不连续点，$f'(a)$ 也不存在。

定理的逆命题（如果 f 在 a 处连续，那么它在 a 处可微）不一定成立。图 3.6(a) 展示了一个反例，曲线在 $x=a$ 处连续，但是 $f'(a)$ 不存在。

连续性是可微性成立的必要条件，但不是充分条件。上述结论有助于快速否定一个函数的可微性，即如果它在 $x=a$ 处不连续，那么它在 $x=a$ 处不可微。

3.5　几何方式求导数

现在我们对导数 $f'(a)$ 度量的是什么，它什么时候存在，什么时候不存在，以及如何观察它（即观察曲线在某点的切线，见图 3.4），有了较深入的了解。但是通过切线观察导数的方法在处理多点情形时就显得有些笨拙。图 3.8 的上半部分描绘的是函数 $f(x)=x^2$ 的情况，图中的切线族过于拥挤而模糊了本应展示的导数信息。出现问题的部分原因是我们在同一个图上欲画出所有点的切线，这其实是不妥的。让我们进行修正。

回到例 3.4。我们已经计算

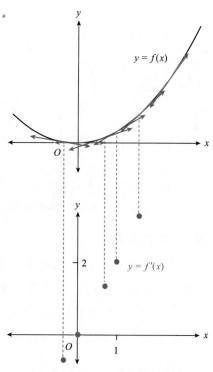

图 3.8　绘制 $f(x)$ 的切线斜率图

得到 $f(x)=x^2$ 的导数 $f'(1)=2$，用点 $(1,2)$ 表示这个结果，并把它画到一幅新图上，如图 3.8 的下半部分所示。继续添加一些其他点，就像点 $(1,2)$ 一样，每个点 a 的 y 值是该点的导数值 $f'(a)$。如果画出更多的点，你可能会猜测出函数类型：线性函数（我们将在 3.6 节对此进行验证）。这样，我们发现了一种新的观察导数的方法：当自变量 x 在 f 的定义域内变化时，因变量取 f 的切线斜率，这就定义了 f 的导函数 $y=f'(x)$。

例 3.11 画出函数 $f(x)=x^3-3x$ 的导函数图像。

解答 图 3.9 展示了导函数图像绘制的详细流程。在每个点 a 处，我们在上方 f 的图像上画出该处切线并计算其斜率 $f'(a)$，然后在下方新的图像里描绘出点 $(a,f'(a))$。当我们从左到右依次描绘出所有点的坐标，导函数 $y=f'(x)$ 的函数图像就完成绘制了。 ∎

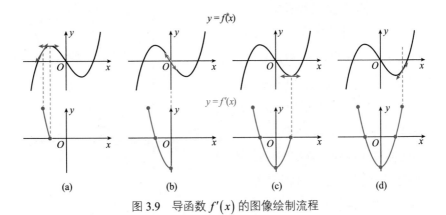

图 3.9 导函数 $f'(x)$ 的图像绘制流程

提示、窍门和要点

关于给定 f 绘制 f' 的图像，在给出要点总结之前，先提一点注意事项：导数 $f'(a)$ 是一个极限，而极限是唯一的（前提是极限存在，唯一性可以用极限运算法则来证明）。因此，当自变量 x 在 f 的定义域内变化时，得到的 $y=f'(x)$ 是一个函数（满足函数的定义，参见定义 B.1）。好了，让我们来看看绘制 f' 图像的要点。

（1）在 f 的图像里寻找水平切线。这些切线的切点对应 f' 图像与 x 轴的交点。

（2）如果 f 在某点的切线斜率为正，那么该点处 f' 图像的 y 值也为正。由此可知，如果 f 的图像在某点附近是向上倾斜的，那么在该点处 f' 的图像位于 x 轴上方。在上述第一句中用"负"替换"正"，在第二句中用"向下倾斜"和"下方"替换"向上倾斜"和"上方"，就可以得到对称的另一种情况。

你可能已经注意到，在图 3.8 中 f 是一个 2 次（多项式）函数，而 f' 似乎是一个 1 次（多项式）函数，即一个线性函数。类似地，在图 3.9 中 f 是一个 3 次（多项式）函数，而 f' 是一个 2 次（多项式）函数。[①] 这些，我们将在 3.7 节讨论其一般的规则。在 3.6 节我们先通过计算 $f'(x)$ 来证实我们观察到的这一发现。

> 相关练习　习题 16~18

3.6　代数方式求导数

从代数上讲，$f'(x)$ 的导函数定义如定义式 (3.11)。相较于单点导数定义，定义式中的 a 被一般点 x 代替。也可以将定义式中的 Δx 换成 h，得到下面这个更常见的导函数定义式，多见于各微积分课本。

定义 3.4（导函数）　给定函数 f，定义 f 的**导函数**为

$$f'(x) = \lim_{h \to 0} \frac{f(x+h) - f(x)}{h} \tag{3.12}$$

（对于极限存在的所有 x 值），记作 $f'(x)$。

例 3.12　计算函数 $f(x) = x^2$ 的导函数 $f'(x)$。

解答　$f'(x) = \lim\limits_{h \to 0} \dfrac{f(x+h) - f(x)}{h}$　定义式 (3.12)

[①]　译者注：此处多项式的次数用阿拉伯数字，以便读者发现多项式函数求导的规律。另外，多项式函数常以次数简称为"某次函数"，如二次多项式函数简称为二次函数。

$$= \lim_{h \to 0} \frac{(x+h)^2 - x^2}{h} \quad \text{运用 } f(x+h) = (x+h)^2$$

$$= \lim_{h \to 0} \frac{2xh + h^2}{h} \quad \text{展开后化简}$$

$$= \lim_{h \to 0} (2x + h) = 2x \quad \text{约掉 } h \text{ 并计算极限} \quad ▪$$

例 3.13　计算函数 $f(x) = x^3 - 3x$ 的导函数 $f'(x)$。

解答　$f'(x) = \lim_{h \to 0} \dfrac{f(x+h) - f(x)}{h}$　定义式 (3.12)

$$= \lim_{h \to 0} \frac{\left[(x+h)^3 - 3(x+h)\right] - (x^3 - 3x)}{h} \quad \text{运用}$$

$$f(x+h) = (x+h)^3 - 3(x+h)$$

$$= \lim_{h \to 0} \frac{3x^2 h + 3xh^2 + h^3 - 3h}{h} \quad \text{展开后化简}$$

$$= \lim_{h \to 0} \left(3x^2 - 3 + 3xh + h^2\right) = 3x^2 - 3 \quad \text{约掉 } h \text{ 并计算极限} \quad ▪$$

这些计算证实了我们在 3.5 节的发现：图 3.8 中所示的二次函数 $f(x) = x^2$ 的导函数是一次线性函数 $f'(x) = 2x$，图 3.9 中所示的三次函数 $f(x) = x^3 - 3x$ 的导函数是二次函数 $f'(x) = 3x^2 - 3$。有两个（更简单的）计算，读者可以自己试一试：

$$f(x) = x \Rightarrow f'(x) = 1 \,, \quad f(x) = b \Rightarrow f'(x) = 0 \tag{3.13}$$

其中，b 是任意实数。

相关练习　习题 19、21、25

应用实例 3.14　粗略地说，一个人的最大心率（MHR）是指人在长时间运动中，心脏能达到的极限心率。MHR 的精确计算公式如下：

$$M(t) = 192 - 0.007t^2$$

（1）计算 $M'(t)$。

（2）计算 $M'(20)$，并使用导数的变化率解释计算结果。

解答

（1）由定义式 (3.12)，得

$$M'(t) = \lim_{h \to 0} \frac{M(t+h) - M(t)}{h}$$

$$= \lim_{h \to 0} \frac{\left[192 - 0.007(t+h)^2\right] - \left(192 - 0.007t^2\right)}{h}$$

$$= \lim_{h \to 0} \frac{0.007t^2 - 0.007(t+h)^2}{h}$$

$$= \lim_{h \to 0} \frac{0.007t^2 - 0.007t^2 - 0.014th - 0.007h^2}{h}$$

$$= \lim_{h \to 0} \left[-0.014t - 0.007h\right] = -0.014t$$

回顾 3.3 节，导数单位等于因变量单位（这里是人体的心率单位次 / 分）除以自变量单位（这里是年）。

（2）$M'(20) = -0.014 \times 20 = -0.28$。对此结果的说明：某人今年 20 岁，其最大心率逐年递减 0.28 次 / 分。（"递减"是因为这个比率是负数。） ■

相关练习 习题 13

超越函数的导数

首先我们运用定义式 (3.12) 计算函数 $f(x) = e^x$ 的导数：

$$f'(x) = \lim_{h \to 0} \frac{e^{x+h} - e^x}{h} = \lim_{h \to 0} \frac{e^x(e^h - 1)}{h} = e^x\left(\lim_{h \to 0} \frac{e^h - 1}{h}\right) \qquad (3.14)$$

最后一个等式成立是因为在 $h \to 0$ 的过程中，e^x 部分并不受影响，恒为 e^x（因为 e^x 中不含 h，所以也不依赖于 h）。表 3.1 说明，式 (3.14) 括号部分的极限为 1。代入式 (3.14)，即得以下定理。

表3.1　当 h 从任意方向趋于 0 时，$\dfrac{e^h - 1}{h}$ 均趋于 1

h	$\dfrac{e^h - 1}{h}$
−0.01	0.99502
−0.001	0.99950
−0.0001	0.99995
…	…
0.0001	1.00005
0.001	1.00050
0.01	1.00502

定理 3.2 $\left(e^x\right)' = e^x$。

即 e^x 是它自己的导数，这进一步说明了指数函数的底数 e 是多么特殊。我将把对其他指数函数和对数函数的导数的讨论推迟到 3.7 节。因为 3.7 节介绍的关于求导运算的一些技巧将有助于那些函数的求导运算。

现在先考察三角函数。回到 $\sin x$ 和 $\cos x$ 的图像（见图 B.20），这些平滑的图像表明它们是处处可微的。在图 3.10 中，我们绘制了函数 $f(x) = \sin x$ 的导函数图像（切线斜率图）（与图 3.9 采用的绘制方法类似）。而这个导函数图像看起来与另一个三角函数的图像极其相似。可能你已经猜到了，如果我们是从另一个熟悉的三角函数 $f(x) = \cos x$ 开始学习的，就能看到一个一模一样的函数图像。让我们通过具体的求导运算来证实我们的猜测。

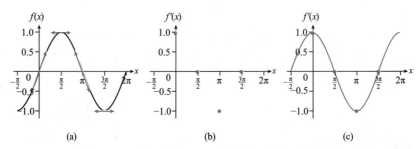

(a)　　　　　　　　(b)　　　　　　　　(c)

图 3.10　(a) 是 $f(x) = \sin x$ 的图像和它的 4 条切线，
(b) 和 (c) 是切线斜率图的绘制方法

例 3.15　证明

$$(\sin x)' = \cos x \ , \ (\cos x)' = -\sin x \tag{3.15}$$

解答　我们有

$$\begin{aligned}
(\sin x)' &= \lim_{h \to 0} \frac{\sin(x+h) - \sin x}{h} \qquad \text{定义式 (3.12)}\\
&= \lim_{h \to 0} \frac{\sin x \cos h + \sin h \cos x - \sin x}{h} \qquad \text{运用公式 (B.23)}\\
&= \lim_{h \to 0} \frac{\sin x(\cos h - 1)}{h} + \lim_{h \to 0} \frac{\sin h \cos x}{h} \qquad \text{极限运算法则 1}\\
&= \sin x \lim_{h \to 0} \frac{\cos h - 1}{h} + \cos x \lim_{h \to 0} \frac{\sin h}{h} \qquad \text{$\sin x$ 和 $\cos x$ 与 h 无关}\\
&= \sin x \cdot 0 + \cos x \cdot 1 = \cos x \qquad \text{运用特殊极限式 (2.3) 和式 (2.4)}
\end{aligned}$$

另一个求导公式 $(\cos x)' = -\sin x$ 的计算类似，留作练习（见习题 75）。

我将把 $\tan x$ 的导数的计算挪到 3.7 节。因为在 3.7 节学习了一些求导法则后，这个计算就非常容易了。

最后解释另一种求导符号：莱布尼茨求导符号。戈特弗里德·莱布尼茨（Gottfried Leibniz）是微积分理论的发明者之一。

莱布尼茨求导符号

莱布尼茨的求导符号源于 $f'(x)$ 的定义

$$f'(x) = \lim_{\Delta x \to 0} \frac{\Delta y}{\Delta x} \tag{3.16}$$

其中，$\Delta y = f(x+h) - f(x)$。回想一下，我们在第 1 章中对 Δx 的解释是自变量 x 的无限小增量。莱布尼茨引入了记号 $\mathrm{d}x$ 来表示这个概念，因此 $\mathrm{d}y$ 表示 y 值的无限小增量，进而莱布尼茨把定义式 (3.16) 写成 $\dfrac{\mathrm{d}y}{\mathrm{d}x} = \lim_{\Delta x \to 0} \dfrac{\Delta y}{\Delta x}$，即有

$$f'(x) = \frac{\mathrm{d}y}{\mathrm{d}x} \tag{3.17}$$

新的记号 $\dfrac{\mathrm{d}y}{\mathrm{d}x}$ 也是为了提醒大家，导数是计算切线斜率这一本源动机。

我们现在也使用莱布尼茨求导符号的一部分 $\dfrac{\mathrm{d}}{\mathrm{d}x}$，把它理解为"某个函数关于 x 的导数运算"。例如，我们在本章中展示的：

$$\frac{\mathrm{d}}{\mathrm{d}x}(x^2) = 2x \ , \ \frac{\mathrm{d}}{\mathrm{d}x}(\mathrm{e}^x) = \mathrm{e}^x \ , \ \frac{\mathrm{d}}{\mathrm{d}t}(192 - 0.007t^2) = -0.014t$$

莱布尼茨求导符号的一个特点是带有分数线。莱布尼茨认为导数是两个无穷小量（微分 $\mathrm{d}y$ 和 $\mathrm{d}x$）的比值，而记号 $\mathrm{d}y/\mathrm{d}x$ 恰好清晰地表达了这一点。对于未学习微积分理论的人而言，记号 $\mathrm{d}y/\mathrm{d}x$ 仅表示"$\mathrm{d}y$ 除以 $\mathrm{d}x$"。问题是，记号 $\mathrm{d}x$ 和 $\mathrm{d}y$ 本身并不是数，而是无穷小量。因此，不能计算出 $\mathrm{d}y$ 和 $\mathrm{d}x$ 的值，也不能把 $\mathrm{d}y/\mathrm{d}x$ 视为两个数的商。要点是，把 $\mathrm{d}y/\mathrm{d}x$ 仅仅视为一个求导符号，一个能更好地体现导数是切线斜率这一几何意义的记号。

在下面几节中，我们将学习导数 $f'(x)$ 的各种计算技巧，以避免其中的极限运算过于冗长。这些技巧均源于导数定义及极限运算法则。首先，我们介绍基本的求导规则。

3.7 求导法则：基本规则

定理 3.3（加法、减法和数乘法则） 设 f 和 g 是两个可微函数，c 是实数，则有如下法则。

（1）加法法则：$(f+g)' = f' + g'$。

（2）减法法则：$(f-g)' = f' - g'$。

（3）数乘法则：$(cf)' = cf'$。

上述前两个法则说明，两个函数和（或差）的导数等于它们的导数之和（或差）；第三个法则说明，一个函数数乘后的导数等于这个函数的导数的数乘。下面运用定理 3.3 求解线性函数的导数。

例 3.16 求函数 $f(x) = 3x + 5$ 的导数。

解答
$$f'(x) = \frac{\mathrm{d}}{\mathrm{d}x}(3x+5)$$

$$= 3\frac{\mathrm{d}}{\mathrm{d}x}(x) + 5\frac{\mathrm{d}}{\mathrm{d}x}(1) \quad \text{定理 3.3 中的加法法则与数乘法则}$$

$$= 3 \times 1 + 5 \times 0 = 3 \quad \text{运用式 (3.13)}$$

例 3.17 求函数 $g(x) = mx + b$ 的导数。

解答
$$g'(x) = \frac{\mathrm{d}}{\mathrm{d}x}(mx+b)$$

$$= m\frac{\mathrm{d}}{\mathrm{d}x}(x) + b\frac{\mathrm{d}}{\mathrm{d}x}(1) \quad \text{定理 3.3 中的加法法则与数乘法则}$$

$$= m \times 1 + b \times 0 = m \quad \text{运用式 (3.13)}$$

这些结果完美阐述了导数是切线斜率这一几何含义：函数 $g(x) = mx+b$ 的图像是斜率为 m 的直线。因此，每一条切线的斜率均为 m，这也就意味着 $g'(x) = m$。

应用实例 3.18 一个人的静止代谢率（RMR）定义为身体在清醒休

养状态（仅用来维持呼吸、血液循环等基本生理功能）燃烧热量的速度。RMR 测算一般以 24 小时为一周期，是对每日最小能量消耗的一种估算 [①]。RMR 测算的数学模型通常涉及人的体重、身高和年龄，Miflin-St. Jeor 公式就是其中一种。针对女性的 Miflin-St. Jeor 公式是

$$\text{RMR}_{\text{女性}} = 4.5x + 15.9h - 5t - 161 \tag{3.18}$$

其中，x 表示体重（磅），h 表示身高（英寸），t 表示年龄（年）[②]。

（1）设 $h = 66$，$t = 20$，写出 $\text{RMR}_{\text{女性}}$ 关于 x 的函数表达式。

（2）求该函数在 $x = 150$ 处的导数（标明单位）。

（3）运用导数是瞬时速度这一解释来说明上一问所求结果。

解答

（1）把 $h = 66$，$t = 20$ 代入解析式 (3.18)，得到 $W(x) = 4.5x + 788.4$。（这里把 $\text{RMR}_{\text{女性}}$ 换成了 W。）

（2）由于 $W(x)$ 是一个线性函数，它遵从例 3.17 的结论，所以 $W'(x) = 4.5$。因此，$W'(150) = 4.5$ 卡路里 / 磅 [$W(x)$ 的单位是卡路里，x 的单位是磅]。

（3）上一问的结果——$W'(150) = 4.5$ 卡路里 / 磅——告诉我们，一位 20 岁、身高 5 英尺 6 英寸、体重 150 磅的女性的 RMR 正在以 4.5 卡路里 / 磅的速率增长。　　　　　　■

相关练习　习题 19、35

3.8　求导法则：幂式求导

参考定义 B.4，幂函数的形式是 ax^b。设 $a = 1$，考虑 b 为正整数的情形，这样我们就得到了幂函数 x^1、x^2、x^3 等。本章前一部分已经研究了这些函数的导数，我把结果汇总到了表 3.2 的第二列中，而第

[①]　"最小性"是因为任何非静止代谢状态的活动（如步行）都将增加当日能量消耗。

[②]　这些函数都是多重线性函数。

二列作形式上稍加修改，以期得到一般性结论。
不知读者是否已经窥得其中的玄机？

从表 3.2 中可以猜测出，x^n 的导数都遵循
一个规则："指数下调为系数，减 1 为新指数"，

$f(x)$	$f'(x)$	$f'(x)$
x^1	1	$1x^{1-1}$
x^2	$2x$	$2x^{2-1}$
x^3	$3x^2$	$3x^{3-1}$

表 3.2　幂函数求导数

其中 n 是一个正整数。用数学的语言来说就是：如果 $f(x)=x^n$，则
$f'(x)=nx^{n-1}$。事实证明这是正确的，还可以运用定义式 (3.12) 验证：

$$f(x)=x^{-2} \Rightarrow f'(x)=-2x^{-3}, \quad g(x)=x^{0.5} \Rightarrow g'(x)=\frac{1}{2}x^{-0.5}$$

这表明"指数下调为系数，减 1 为新指数"这一规则也适用于 x
的分数次幂和负数次幂。实际上，当 n 为任意实数时，这个求导规则
都是成立的，这就是所谓的幂函数求导法则。我们之后将运用另一求
导法则来证明幂函数求导法则。

定理 3.4（幂函数求导法则）　设 n 是任意实数，则有
$$\frac{\mathrm{d}}{\mathrm{d}x}(x^n)=nx^{n-1}$$

例 3.19　求函数 $f(x)=x^3-3x$ 的导数。

解答　$f'(x)=\dfrac{\mathrm{d}}{\mathrm{d}x}(x^3-3x)$

$\qquad =\dfrac{\mathrm{d}}{\mathrm{d}x}(x^3)-3\dfrac{\mathrm{d}}{\mathrm{d}x}(x)$　定理 3.3

$\qquad =3x^2-3$　幂函数求导法则和式 (3.13)

例 3.20　求函数 $g(x)=10x^9-3\sqrt{x}$ 的导数。

解答　$g'(x)=\dfrac{\mathrm{d}}{\mathrm{d}x}(10x^9-3x^{0.5})$　改写 $\sqrt{x}=x^{0.5}$

$\qquad =10\dfrac{\mathrm{d}}{\mathrm{d}x}(x^9)-3\dfrac{\mathrm{d}}{\mathrm{d}x}(x^{0.5})$　定理 3.3

$\qquad =10\times 9x^8-3\times\dfrac{1}{2}x^{-\frac{1}{2}}=90x^8-\dfrac{3}{2\sqrt{x}}$　幂函数求导法则

例 3.21　求函数 $h(x)=\dfrac{2}{x^3}+5x^{1.2}$ 的导数。

解答　$h'(x)=\dfrac{\mathrm{d}}{\mathrm{d}x}(2x^{-3}+5x^{1.2})$　改写 $\dfrac{2}{x^3}=2x^{-3}$

$$= 2\frac{\mathrm{d}}{\mathrm{d}x}\left(x^{-3}\right) + 5\frac{\mathrm{d}}{\mathrm{d}x}\left(x^{1.2}\right) \quad \text{定理 3.3}$$

$$= 2\times\left(-3x^{-4}\right) + 5\times\left(1.2x^{0.2}\right) = 6\times\left(x^{0.2} - \frac{1}{x^4}\right) \quad \text{幂函数求导}$$

法则　　■

例 3.22　验证应用实例 3.14 中 $M'(t)$ 的结果。

解答

运用式 (3.13)、减法法则、数乘法则和幂函数求导法则，可得

$$M'(t) = 192\frac{\mathrm{d}}{\mathrm{d}t}(1) - 0.007\frac{\mathrm{d}}{\mathrm{d}t}\left(t^2\right) = -0.007\times(2t) = -0.014t \text{。} \quad ■$$

应用实例 3.23　气象站经常在报告室外温度的同时报告"风寒温度"，风寒温度考虑了因风而给人的寒冷感受。美国国家气象局（NWS）提出了以下风寒温度公式：

$$C = 35.74 + 0.6215T + \left(0.42475T - 35.75\right)v^{0.16}$$

其中，C 是风寒温度，T 是环境气温（均以华氏度为单位），v 为风速（以英里 / 时为单位），要求 $T \leqslant 50$ 且 $v \geqslant 3$。

（1）计算 $T = 30$ 时的函数 $C(v)$。

（2）利用（1）中的函数，计算 $C(10)$ 并解释你的答案。

（3）利用（1）中的函数，计算 $C'(10)$ 并解释你的答案。

解答

（1）$C(v) = 54.385 - 23.0075v^{0.16}$。

（2）$C(10) \approx 21.13$。这意味着，根据 NWS 公式，当外部环境气温为 30 华氏度时，10 英里 / 时的风使人感受到冷的程度相当于无风时约 21 华氏度的温度。

（3）运用减法法则、数乘法则和幂函数求导法则，可得

$$C'(v) = -23.0075\times\left(0.16v^{-0.84}\right) = -3.6812v^{-0.84} = -\frac{3.6812}{v^{0.84}}$$

因此，$C'(10) = -3.6812\times10^{-0.84} \approx -0.53$。使用导数的变化率解释，

我们可以说，根据 NWS 公式，当外部环境气温为 30 华氏度时，10 英里 / 时的风会使风寒温度以每小时约 0.5 华氏度的速度降低。∎

相关练习 习题 19~24、30、34、51

如前所述，定理 3.3 和幂函数求导法则使得对多项式函数（以及其他由幂函数生成的函数）求导变得更为容易。但是这些结果并不涉及乘积函数、商函数或复合函数的导数。下面我们来谈谈这些函数的求导方法。

3.9 求导法则：积式求导

运用之前所学，我们用几何方法推导函数积的求导法则。考察下面这个问题：如果图 3.11 中矩形的长 l 和宽 w 随时间变化，那么图中黑色矩形的面积的瞬时变化率为多少？

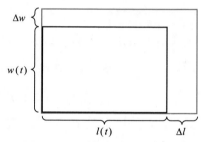

图 3.11　几何方法推导函数积的求导法则

从黑色矩形的面积等于 $A(t) = l(t)w(t)$ 出发，计算导数 $A'(t)$。采用动态思维方式，设想矩形的长和宽各增加了一点儿，从而得到图 3.11 中更大的矩形。面积增量 ΔA（即大小两个矩形的面积差）为

$$\Delta A = \left[l(t) + \Delta l\right]\left[w(t) + \Delta w\right] - l(t)w(t)$$
$$= l(t)\Delta w + w(t)\Delta l + \Delta l\Delta w$$

回顾定义式 (3.16)，则有

$$A'(t) = \lim_{\Delta t \to 0} \frac{\Delta A}{\Delta t} = \lim_{\Delta t \to 0}\left[\frac{l(t)\Delta w + w(t)\Delta l + \Delta l\Delta w}{\Delta t}\right]$$
$$= \lim_{\Delta t \to 0}\left[l(t)\frac{\Delta w}{\Delta t} + w(t)\frac{\Delta l}{\Delta t} + \Delta l\frac{\Delta w}{\Delta t}\right]$$
$$= l(t)\left[\lim_{\Delta t \to 0}\frac{\Delta w}{\Delta t}\right] + w(t)\left[\lim_{\Delta t \to 0}\frac{\Delta l}{\Delta t}\right] + \left[\lim_{\Delta t \to 0}\Delta l\frac{\Delta w}{\Delta t}\right]$$

$$= l(t)w'(t) + w(t)l'(t)$$

因为当 $\Delta t \to 0$ 时 $\Delta l \to 0$，所以 $A'(t) = l'(t)w(t) + l(t)w'(t)$。这就是**积的求导法则**。

> **定理 3.5（乘法法则）**　设 f 和 g 均可导，则
> $$\left[f(x)g(x) \right]' = f'(x)g(x) + f(x)g'(x)$$

例 3.24　求函数 $h(x) = (2x-3)(4x^3-1)$ 的导数。

解答　$h'(x) = (2x-3)'(4x^3-1) + (2x-3)(4x^3-1)'$　乘法法则

$\qquad\quad = 2 \times (4x^3-1) + (2x-3) \times (12x^2)$　减法法则、数乘法则和

$\qquad\qquad\qquad\qquad\qquad\qquad\qquad\qquad\qquad$幂函数求导法则

$\qquad\quad = 32x^3 - 36x^2 - 2$　■

例 3.25　求函数 $h(x) = (3x-1)^2$ 的导数。

解答

首先我们把函数 $h(x)$ 写成两个函数的乘积：$h(x) = (3x-1)(3x-1)$。则有

$h'(x) = (3x-1)'(3x-1) + (3x-1)(3x-1)'$　乘法法则

$\qquad = 3 \times (3x-1) + (3x-1) \times 3$　减法法则、数乘法则和式 (3.13)

$\qquad = 6 \times (3x-1)$　■

相关练习　习题 24、27

3.10　求导法则：链式法则

沿着 3.9 节的思路，我们用几何的方法来推导复合函数的求导法则。问题和之前类似，只是考虑的是一个正方形：如果图 3.12 中正方形的边长 x 随时间变化，那么图中黑色边框正方形的面积的瞬时变化率为多少？

我们从黑色边框正方形面积

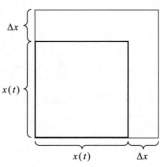

图 3.12　几何方法推导复合函数的求导法则

$A(x) = x^2$ 出发。由题意，边长 x 依赖于时间 t，面积 A 亦然，所以我们对 $A(x(t)) = [x(t)]^2$ 关于时间 t 求导。再次运用动态思维方式，设想正方形的边长增加一点点，得到图 3.12 中较大的正方形，则面积的增量 ΔA（两个正方形的面积差）为

$$\Delta A = \left[x(t) + \Delta x \right]^2 - \left[x(t) \right]^2 = 2x(t)\Delta x + \left(\Delta x \right)^2$$

再次由定义式 (3.16)，得

$$\frac{\mathrm{d}}{\mathrm{d}x}\left[A(x(t)) \right] = \lim_{\Delta t \to 0} \frac{\Delta A}{\Delta t} = \lim_{\Delta t \to 0} \left[\frac{2x(t)\Delta x + \left(\Delta x \right)^2}{\Delta t} \right]$$

$$= \lim_{\Delta t \to 0} \left[2x(t)\frac{\Delta x}{\Delta t} + \Delta x \frac{\Delta x}{\Delta t} \right]$$

$$= 2x(t)\left[\lim_{\Delta t \to 0} \frac{\Delta x}{\Delta t} \right] + \lim_{\Delta t \to 0} \left[\Delta x \frac{\Delta x}{\Delta t} \right]$$

$$= 2x(t)x'(t) \tag{3.19}$$

上面用到当 $\Delta t \to 0$ 时 $\Delta x \to 0$ 这一事实。对 $A(x) = x^2$ 求导，由幂函数求导法则，得到 $A'(x) = 2x$。于是，$A'(x(t)) = 2x(t)$。我们可以把式 (3.19) 改写成

$$\frac{\mathrm{d}}{\mathrm{d}x}\left[A(x(t)) \right] = A'(x(t))x'(t)$$

此例展示的法则称为**链式法则**。

> **定理 3.6（链式法则）** 设函数 f 和 g 均可导，则
>
> $$\frac{\mathrm{d}}{\mathrm{d}x}\left[f(g(x)) \right] = f'(g(x))g'(x)$$

复合函数中的 $f(x)$ 称为 "外函数"，$g(x)$ 称为 "内函数"。复合函数求导的链式法则为复合函数 $f(g(x))$ 的导数等于外函数关于内函数的导数乘内函数关于自变量 x 的导数。

例 3.26 求函数 $h(x) = (3x - 1)^2$ 的导数。

解答 将函数 h 表示为复合函数 $h(x) = f(g(x))$，其中 $f(x) = x^2$ 是外函数，$g(x) = 3x - 1$ 是内函数。于是，

$$h'(x) = f'\big(g(x)\big)g'(x) \quad \text{链式法则}$$

$$= f'(3x-1)g'(x) \quad \text{运用 } g(x) = 3x-1$$

$$= f'(3x-1) \times 3 \quad \text{运用 } g'(x) = 3$$

$$= 2 \times (3x-1) \times 3 \quad \text{运用 } f'(x) = 2x$$

$$= 6 \times (3x-1) \quad \text{化简} \quad \blacksquare$$

例 3.27　求函数 $h(x) = \sqrt{x^2+1}$ 的导数。

解答　将函数 h 表示为复合函数 $h(x) = f\big(g(x)\big)$，其中 $f(x) = \sqrt{x} = x^{0.5}$ 是外函数，$g(x) = x^2+1$ 是内函数。于是，

$$h'(x) = f'\big(g(x)\big)g'(x) \quad \text{链式法则}$$

$$= f'(x^2+1)g'(x) \quad \text{运用 } g(x) = x^2+1$$

$$= f'(x^2+1)(2x) \quad \text{运用 } g'(x) = 2x$$

$$= \left[\frac{1}{2}(x^2+1)^{-0.5}\right](2x) \quad \text{运用 } f'(x) = \frac{1}{2}x^{-0.5}$$

$$= \frac{x}{\sqrt{x^2+1}} \quad \text{化简} \quad \blacksquare$$

相关练习　习题 25~26、29、32~33、45~47、52

链式法则用莱布尼茨求导符号表示，更便于记忆。令 $y = f\big(g(x)\big)$ 和 $u = g(x)$［所以 $y = f(u)$］，那么链式法则就表示为

$$\frac{\mathrm{d}y}{\mathrm{d}x} = \frac{\mathrm{d}y}{\mathrm{d}u} \cdot \frac{\mathrm{d}u}{\mathrm{d}x} \tag{3.20}$$

式 (3.20) 中最后一项把 $u = g(x)$ 代入了。下例用莱布尼茨求导符号来演示。

例 3.28　运用等式 (3.20) 求函数 $h(x) = \sqrt{x^2+1}$ 的导数。

解答　设内函数为 $u = g(x) = x^2+1$，于是

$$\frac{\mathrm{d}}{\mathrm{d}x}\left(\sqrt{x^2+1}\right) = \frac{\mathrm{d}}{\mathrm{d}u}\left(\sqrt{u}\right) \cdot \frac{\mathrm{d}}{\mathrm{d}x}\left(x^2+1\right) \quad \text{链式法则}$$

$$= \left(\frac{1}{2}u^{-1/2}\right) \cdot \frac{\mathrm{d}}{\mathrm{d}x}\left(x^2+1\right) \quad \text{运用幂函数求导法则}$$

$$= \left(\frac{1}{2}u^{-1/2}\right)(2x) \qquad \text{运用幂函数求导法则}$$

$$= \left[\frac{1}{2}\left(x^2+1\right)^{-1/2}\right](2x) = \frac{x}{\sqrt{x^2+1}} \qquad \text{代入}\ u=x^2+1\ \text{并化简}$$

提示、窍门和要点

运用链式法则完成求导运算，于学生而言并不容易。我的建议是：刷题，刷题，多刷题。

就等式 (3.20)，我再补充一点说明。用莱布尼茨求导符号表示链式法则，貌似证明起来会非常简单，因为只要把分子、分母中的 du 消掉等式就成立了。但是之前我提醒过，莱布尼茨求导符号 dy/dx 不可按字面上的看作一般的分数。回想一下莱布尼茨求导符号，当等式 (3.20) 中的 d 被换成 Δ，此时就真的是一般的分数了，因为替换后讨论的是有限（非零）增量，而不是无穷小量。我们就可以消去分子、分母中的 Δu。因此，等式 (3.20) 更直观，也更便于记忆链式法则，但不能作为一个证明方法。

最后，关于 u 这个记号做一个说明。由于复合函数运算非常常见，所以求导法则中常常不写成内函数形式，而以"u 函数"表达。例如，在微积分教材中，幂函数求导法则常记作

$$\frac{d}{dx}\left(u^n\right) = nu^{n-1}u' \tag{3.21}$$

这种表述比定理 3.4 中令 $u=x$ 更加普适。如例 3.26 就可以仅用一行完成计算：

$$\frac{d}{dx}\left[\left(3x-1\right)^2\right] = 2\left(3x-1\right)\left(3x-1\right)' = 2\left(3x-1\right)\times 3 = 6\times\left(3x-1\right)$$

3.11 求导法则：商式求导

两个函数商式［即 $f(x)/g(x)$］的导数可以运用乘法法则和链

式法则（参见习题 50）来计算，规则如下。

> **定理 3.7（除法法则）**　设 f 和 g 均可导，且 $g(x) \neq 0$，则
> $$\frac{\mathrm{d}}{\mathrm{d}x}\left[\frac{f(x)}{g(x)}\right] = \frac{f'(x)g(x) - f(x)g'(x)}{\left[g(x)\right]^2}$$

例 3.29　求函数 $h(x) = \dfrac{x^2 - 1}{x^3 + 1}$ 的导数。

解答

$$
\begin{aligned}
h'(x) &= \frac{(x^2-1)'(x^3+1) - (x^2-1)(x^3+1)'}{(x^3+1)^2} \qquad \text{除法法则} \\[2mm]
&= \frac{2x(x^3+1) - (x^2-1)3x^2}{(x^3+1)^2} \qquad \text{加法／减法法则和幂函数求导法则} \\[2mm]
&= -\frac{x(x^3 - 3x - 2)}{(x^3+1)^2} \qquad \text{化简}
\end{aligned}
$$

例 3.30　求函数 $h(x) = \dfrac{x+1}{x}$ 的导数。

解答

$$
\begin{aligned}
h'(x) &= \frac{(x+1)'(x) - (x+1)(x)'}{x^2} \qquad \text{除法法则} \\[2mm]
&= \frac{1 \times x - (x+1) \times 1}{x^2} \qquad \text{加法／减法法则和幂函数求导法则} \\[2mm]
&= -\frac{1}{x^2} \qquad \text{化简}
\end{aligned}
$$

相关练习 | 习题 25、28、31、33

提示、窍门和要点

上例其实无须使用除法法则，通过先化简

$$\frac{x+1}{x} = \frac{x}{x} + \frac{1}{x} = 1 + \frac{1}{x} = 1 + x^{-1}, \quad x \neq 0$$

后运用加法法则和幂函数求导法则，可以得到相同的结果 $-x^{-2}$。这说明：求导前先化简，可能大大简化计算过程。

只要能合理运用上述求导法则，我们的计算速度就能大大提高。这也是在上面的求导练习中你将获取的技能。为此，我建议重做本章习题 19~34 时运用最简的方法求导。这也是今后做题的一个基本原则：合理运用求导法则，使计算过程精简。

下面我们运用上述求导法则求解超越函数的导数。

3.12 超越函数的导数（选读）

首先来考察底数非 e 的指数函数 $f(x)=b^x$ 的导数。根据换底公式有 $f(x)=b^x=\mathrm{e}^{rx}$，其中 $r=\ln b$。把这个指数函数看作复合函数 $f(x)=g(h(x))$，其中 $g(x)=\mathrm{e}^x$，$h(x)=rx$。于是，可得

$$
\begin{aligned}
f'(x) &= g'(h(x))h'(x) && \text{链式法则}\\
&= g'(rx)(r) && \text{运用 } h(x)=rx \text{ 和 } h'(x)=r\\
&= \mathrm{e}^{rx}(r) && \text{运用 } g'(x)=\mathrm{e}^x \text{（定理 3.2）和 } g'(rx)=\mathrm{e}^{rx}\\
&= b^x \ln b && \text{运用 } \mathrm{e}^{rx}=b^x \text{ 和 } r=\ln b
\end{aligned}
$$

这样，我们证明了一个新的求导法则。注意，当 $b=\mathrm{e}$ 时，我们得到的即定理 3.2。

> **定理 3.8（指数函数求导法则）** 设指数函数 b^x，其导数为
> $$\frac{\mathrm{d}}{\mathrm{d}x}\left(b^x\right)=b^x \ln b \tag{3.22}$$

例 3.31 求函数 $f(x)=2^x$ 的导数。

解答 由式 (3.22)，取 $b=2$，得到 $f'(x)=2^x \ln 2$。

例 3.32 求函数 $g(x)=x\mathrm{e}^x$ 的导数。

解答
$$
\begin{aligned}
g'(x) &= (x)'\mathrm{e}^x + x(\mathrm{e}^x)' && \text{乘法法则}\\
&= \mathrm{e}^x + x\mathrm{e}^x && \text{幂函数求导法则和定理 3.2}\\
&= (x+1)\mathrm{e}^x && \text{化简}
\end{aligned}
$$

例 3.33 求函数 $h(x)=\dfrac{3^x}{2x}$ 的导数。

解答

$$h'(x) = \frac{(3^x)'(2x) - (3^x)(2x)'}{(2x)^2} \qquad \text{除法法则}$$

$$= \frac{(3^x \ln 3)(2x) - (3^x) \times 2}{(2x)^2} \qquad \text{运用等式 3.22 和幂函数求导法则}$$

$$= \frac{3^x(x \ln 3 - 1)}{2x^2} \qquad \text{化简} \qquad \blacksquare$$

例 3.34 求函数 $h(x) = e^{-t^2}$ 的导数。

解答 把函数 h 写成复合函数形式 $h(t) = f(g(t))$，其中 $f(t) = e^t$，$g(t) = -t^2$，则有

$$h'(t) = f'(g(t))g'(t) \qquad \text{链式法则}$$

$$= f'(-t^2)(-2t) \qquad \text{运用 } g(t) = -t^2 \text{ 和 } g'(t) = -2t$$

$$= e^{-t^2}(-2t) \qquad \text{运用 } f'(t) = e^t \text{ 和 } f'(-t^2) = e^{-t^2}$$

$$= -2te^{-t^2} \qquad \text{化简} \qquad \blacksquare$$

相关练习 习题 53~56、61

应用实例 3.35 假设一个事件的平均发生率是每分钟 λ 次[①]。在某些情况下，t 分钟内事件发生的概率 P 为

$$P(t) = 1 - e^{-t/\lambda}, \lambda > 0$$

（1）若考察的是某人工服务台接听电话这一事件，取 $\lambda = 1/3$，请计算概率 $P(t)$。

（2）计算 $P(\lambda)$（使用本题第一小问的结果，并对你的答案做出解释）。

（3）根据本题第一小问的结果，计算导数 $P'(t)$，并运用变化率解释 $P'(1)$。

（4）计算极限 $\lim\limits_{t \to \infty} P(t)$ 并对答案做出解释。

[①] 譬如，事件是一辆公交车进站，λ 可以取 1/4，这就是说，平均而言，一辆公交车每 4 分钟进站一次。

解答

（1）$P(t) = 1 - e^{-3t}$。

（2）因为 $\lambda = 1/3$，所以 $P(\lambda) = 1 - e^{-3\lambda} = 1 - e^{-1}$。注意 $P(\lambda) = 1 - e^{-1} \approx 0.63$，这个结果告诉我们，在平均等待时间后事件发生的概率约为 63%。因此，你的呼叫很可能会在平均等待时间之前被应答。

（3）$P'(t) = -e^{-3t}(-3) = 3e^{-3t}$。由此可以得出 $P'(1) = 3e^{-3} \approx 0.15$。这说明，等待 1 分钟后，电话被接听的概率以每分钟 15% 的速度增加。

（4）由于当 $t \to \infty$ 时 $e^{-3t} \to 0$，可以得出当 $t \to \infty$ 时 $P(t) \to 1$。这说明，当你愿意超长时间等待时，电话被接听的概率会接近 100%。　■

相关练习 习题 63~65

现在我们来讨论对数函数的求导问题。首先考察函数 $\ln x$ 的导数。对恒等式

$$e^{\ln x} = x, x > 0$$

两侧同时求导，右侧的导数为 1。于是，可得

$$\frac{d}{dx}\left(e^{\ln x}\right) = 1$$

$e^{\ln x}(\ln x)' = 1$　　改写 $e^{\ln x} = f(g(x))$，其中 $f(x) = e^x$，

　　　　　　　　　　$g(x) = \ln x$，再运用链式法则

$x(\ln x)' = 1$　　运用恒等式 $e^{\ln x} = x$

上式中解出 $(\ln x)'$ 就得到了下面的求导公式。〔习题 62 运用导数的极限定义，即定义式 (3.12)，给出了另一种推导。〕

定理 3.9

$$\frac{d}{dx}(\ln x) = \frac{1}{x}$$

此外，利用恒等式

$$\log_a x = \frac{\log_e x}{\log_e a} = \frac{\ln x}{\ln a}$$

和数乘法则（即定理 3.3），可以得到定理 3.9 的更一般形式。

定理 3.10

$$\frac{\mathrm{d}}{\mathrm{d}x}\left(\log_a x\right) = \frac{1}{x\ln a}$$

例 3.36　求函数 $f(x) = x\ln x$ 的导数。

解答　$f'(x) = (x)'\ln x + x(\ln x)'$ 　　　乘法法则

$$= \ln x + x\left(\frac{1}{x}\right) = \ln x + 1$$ 　　幂函数求导法则和定理 3.9 ∎

例 3.37　求函数 $h(x) = \ln(x^2 + 2)$ 的导数。

解答　把函数 h 写成复合函数形式 $h(x) = f(g(x))$，其中 $f(x) = \ln x$, $g(x) = x^2 + 2$。于是，可得

$h'(x) = f'(g(x))g'(x)$ 　　　　链式法则

$\quad = f'(x^2 + 2)(2x)$ 　　　运用 $g(x) = x^2 + 2$ 和 $g'(x) = 2x$

$\quad = \left(\frac{1}{x^2 + 2}\right)(2x) = \frac{2x}{x^2 + 2}$ 　　运用 $f'(x) = \frac{1}{x}$（定理 3.9）∎

例 3.38　求函数 $h(t) = \ln\sqrt{t^2 + 2}$ 的导数。

解答　利用对数性质（即定理 B.1）将 h 简化为 $h(t) = \frac{1}{2}\ln(t^2 + 2)$。然后，运用数乘法则及例 3.37 的结果，可得

$$h'(t) = \frac{1}{2}\left(\frac{2t}{t^2 + 2}\right) = \frac{t}{t^2 + 2}$$ 　　　∎

相关练习 习题 57~60、66

接下来考察三角函数的导数。先来计算正切函数 $\tan x$ 的导数。因为 $\tan x = \frac{\sin x}{\cos x}$，可以运用导数计算的除法则（即定理 3.7），得到

$$\frac{\mathrm{d}}{\mathrm{d}x}(\tan x) = \frac{1}{\cos^2 x} \qquad (3.23)$$

习惯上我们常把这个结果用反三角函数表示。常用的反三角函数有

$$\csc x = \frac{1}{\sin x}, \quad \sec x = \frac{1}{\cos x}, \quad \cot x = \frac{1}{\tan x} \qquad (3.24)$$

从左到右，分别称为余割函数、正割函数和余切函数。因为 $\cos^2 x = (\cos x)^2$，所以等式 (3.23) 可以写作

$$\frac{\mathrm{d}}{\mathrm{d}x}(\tan x) = \sec^2 x \qquad (3.25)$$

到此，我们已经推导出 3 个基本三角函数的导数，利用这些结果，下面我们来做一些练习——计算含有三角函数式的函数的导数。

例 3.39 求函数 $f(x) = x^2 - \tan x$ 的导数。

解答 利用式 (3.25)、幂函数求导法则和乘法法则，可得 $f'(x) = 2x - \sec^2 x$。 ■

例 3.40 求函数 $h(x) = \sin^2 x$ 的导数。

解答 把函数 h 写成复合函数形式 $h(x) = f(g(x))$，其中 $f(x) = x^2$，$g(x) = \sin x$。

$$\begin{aligned}
h'(x) &= f'(g(x))g'(x) &&\quad \text{链式法则} \\
&= f'(\sin x)(\cos x) &&\quad \text{运用 } g(x) = \sin x \text{ 和 } g'(x) = \cos x \\
&= 2\sin x \cos x &&\quad \text{运用 } f(x) = x^2 \text{ 和 } f'(x) = 2x
\end{aligned}$$ ■

例 3.41 求函数 $h(x) = \sec x$ 的导数。

解答 把函数 h 写成复合函数形式 $h(x) = (\cos x)^{-1} = f(g(x))$，其中 $f(x) = x^{-1}$，$g(x) = \cos x$。

$$\begin{aligned}
h'(x) &= f'(g(x))g'(x) &&\quad \text{链式法则} \\
&= f'(\cos x)(-\sin x) &&\quad \text{运用 } g(x) = \cos x \text{ 和 } g'(x) = -\sin x \\
&= \left(-\frac{1}{\cos^2 x}\right)(-\sin x) &&\quad \text{运用 } f(x) = x^{-1} \text{ 和 } f'(x) = -x^{-2} \\
&= \frac{\sin x}{\cos^2 x} = \sec x \tan x &&\quad \text{化简}
\end{aligned}$$ ■

此题中我们计算得到正割函数的导数 $(\sec x)' = \sec x \tan x$。余割函数 $\csc x$ 和余切函数 $\cot x$ 的导数将在习题 77 中计算。

相关练习 习题 67~74、77~80

提示、窍门和要点

本节中的诸多例子，再次论证了我对求导法则运用技巧的两点结论。

（1）要清楚何时用何种求导法则。这要求做题者先判断函数的类型（如两个函数的乘积形式），然后确定适用的求导法则（如乘法法则）。

（2）求导之前化简或变形函数表达式，通常有助于计算，譬如例 3.38 和例 3.41。

我们学到的所有求导法则，可以帮助我们快速计算函数的导数 $f'(x)$。不仅如此，反复运用这些法则，还可以计算导（函）数的导数！也就是高阶导数，这是 3.13 节的内容。

3.13　高阶导数

当我们对一个函数 f 求导后，就得到了另一个函数 f'。如果我们视 f' 为考察函数，对它求导，就得到 $(f')' = f''$。这样，我们对原来的函数 f 求了两次导，所以称 f'' 为 f 的二阶导数（由此，称 f' 为 f 的一阶导数）。类似地，可以继续定义更高阶导数，如 f'''（三阶导数）和 f''''（四阶导数），及一般形式 $f^{(n)}$（n 阶导数，其中 n 是一个自然数）。

高阶导数也有莱布尼茨求导符号。设 $y = f(x)$，一阶导数的莱布尼茨符号为 $f'(x) = \dfrac{\mathrm{d}y}{\mathrm{d}x}$。继续求导，用莱布尼茨求导符号表示为

$$\frac{\mathrm{d}}{\mathrm{d}x}\left(\frac{\mathrm{d}y}{\mathrm{d}x}\right) = \frac{\mathrm{d}^2 y}{\mathrm{d}x^2} \Rightarrow f''(x) = \frac{\mathrm{d}^2 y}{\mathrm{d}x^2}$$

由此不难得到 n 阶导（函）数的莱布尼茨符号：

$$f^{(n)}(x) = \frac{\mathrm{d}^n y}{\mathrm{d}x^n}$$

高阶导数定义完毕。请注意：**计算一阶导数 f' 的各种求导法则也适用于其他各阶导数 $f^{(n)}$ 的求解**，只需要将其中的 f 替换为相应阶的导函数。来看几个例子。

例 3.42 求函数 $f(x) = x^3$ 的 n 阶导数 $f^{(n)}(x)$。

解答 反复运用幂函数求导法则可得，对任意自然数 $n \geq 4$，有

$$f'(x) = 3x^2, \quad f''(x) = 6x, \quad f'''(x) = 6, \quad f^{(n)}(x) = 0。 \quad \blacksquare$$

例 3.43 求函数 $g(x) = \sqrt{x+1}$ 的二阶导数 $g''(x)$。

解答 将函数 g 改写为复合函数形式 $g(x) = (x+1)^{1/2}$。由链式法则得到 $g'(x) = \frac{1}{2}(x+1)^{-1/2}$，继续运用链式法则求导，得到

$$g''(x) = -\frac{1}{4}(x+1)^{-\frac{3}{2}} = -\frac{1}{4\sqrt{(x+1)^3}} \quad \blacksquare$$

相关练习 习题 36~41

除了求导法则可以拓展到高阶导数之外，导数的含义也可以。也就是说，$f''(a)$ 是 $f'(x)$ 在 $x = a$ 处的瞬时变化率，也是曲线 $f'(x)$ 在 $x = a$ 处的切线斜率。下面的例子将用速度阐述这些含义。

应用实例 3.44 在例 3.3 中，我们利用苹果下落的路程函数 $d(t) = 16t^2$ 求导得到它的瞬时速度 $s(t) = 32t$。请计算 $d''(t)$，并从物理角度对答案做出解释。

解答 由幂函数求导法则，$d'(t) = 32t$，因此 $d''(t) = 32$ 英尺 / 秒 ^{2}。注意到 $d'(t) = s(t)$，所以 $d''(t) = s'(t)$。由此可知，二阶导数 $d''(t)$ 就是苹果下落速度的瞬时变化率。 $\blacksquare$

诸位可能已经想到 $d''(t)$ 的物理名称：加速度。但加速度是速度的瞬时变化率，速度本身就是位移（不是路程）的瞬时变化率。我们将在第 5 章讨论速度与速率的微妙区别，以及它们的瞬时变化率。因此，对于 $d''(t)$ 是速度的瞬时变化率这一点，我们在那里再解释。也因为此含义，当 $d''(t) > 0$ 时，可预计速度将增大，而当 $d''(t) < 0$ 时，可预计速度将减小。

相关练习 习题 42~43

3.14 结束语

到此，我们学会了计算导数 $f'(x)$（和高阶导数），挖掘了其内

蕴的含义，并掌握了各种观察导数的方法。而所有这些的核心是定义式 (3.11)，即导数的定义。以莱布尼茨的观点，导数 $f'(a)$ 是割线斜率的极限，为无穷小量的比率。现在再回顾一遍这句话，你就会更理解我在第 1 章中的论断：**微积分是关于无穷小变量分析的数学**。

　　导数，作为一种分析无穷小变量的方式，其提出是数学史上里程碑式的迈进。在第 4 章中，我们将所学应用到现实世界中，以揭示导数在数学之外的世界具有同等重要的地位。

本章习题

1~6：应用式 (3.11) 计算 $f'(1)$。

1. $f(x) = (x-1)^2$

2. $f(x) = \dfrac{x^2}{2} + 5$

3. $f(x) = x^2 + 2x + 1$

4. $f(x) = \dfrac{1}{x^2}$

5. $f(x) = \dfrac{x+2}{x-2}$

6. $f(x) = \sqrt{x}$

7. 设极限 $\lim\limits_{\Delta x \to 0} \dfrac{\sqrt{16 + \Delta x} - 4}{\Delta x}$ 表示某个函数 $f(x)$ 在某点 $x = a$ 处的导数值 $f'(a)$，求所有可能的 $f(x)$ 和 a。

8. 计算习题 1 和习题 2 中函数在点 $(1, f(1))$ 处的切线方程。

9. 设 $y = 2x + 4$ 是函数 $f(x)$ 在 $x = 2$ 处的切线，求 $f'(2)$ 和 $f(2)$。

10. 平均速度　设 $d(t) = 16t$ 是路程函数，求在以下时间间隔内质点运动的平均速度。

(a) $1 \leqslant t \leqslant 2$；(b) $2 \leqslant t \leqslant 3$。

11. 瞬时速度　利用式 (3.6) 计算下列路程函数的瞬时速度 $s(a)$。

(a) $d(t) = 10$ （请对答案的合理性做出解释）

(b) $d(t) = t^2 + 1$

(c) $d(t) = t^3$

12. 瞬时速度　设 $d(t) = 4 - 2t$ 是路程函数。

(a) 不做任何计算，直接确定 $s(a)$。

(b) 利用式 (3.6) 验证 (a) 小问的答案。

13. 最大心率 回到应用实例 3.14。计算最大心率较简单的一个模型是 $H(t) = 220 - t$。

(a) 写出 $H(t)$ 在 $t = 20$ 处的切线方程。

(b) 写出 $M(t)$ 在 $t = 20$ 处的切线方程〔$M(t)$ 的方程见应用实例 3.14〕。

(c) 比较 (a)、(b) 两小问中的结果，简要讨论为何 $M(t)$ 比 $H(t)$ 更贴近现实。

14~15：确定 f 的不可导点。

14. 设函数 f 如图 2.10 所示。仅在其定义域的子集 $(0,100)$ 内考察。

15. 设 f 是第 2 章习题 2 中的函数。

16. 根据下方函数 f 的图像画出导函数 f' 的图像。

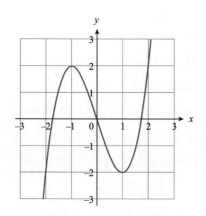

17. 根据下方函数 f 的图像画出导函数 f' 的图像。

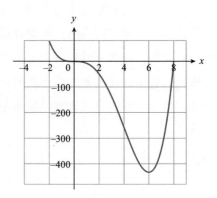

18. 根据下方函数 f 的图像画出导函数 f' 的图像。

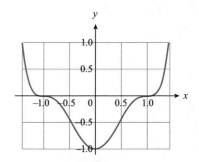

19~34：计算函数的导数。

19. $f(x) = \pi$

20. $g(x) = x^{50}$

21. $f(t) = 16t^{1/2}$

22. $h(s) = s^7 - 2s^3$

23. $f(x) = 4\sqrt{x} - 10\sqrt[3]{x}$

24. $h(s) = s^{3/2}(1 + s)$

25. $g(x) = \dfrac{1}{x+1}$

26. $h(t) = \sqrt{1-t}$

27. $g(x) = (x^2+7)(\sqrt{x}-14x)$

28. $f(x) = \dfrac{x-1}{x}$

29. $h(x) = \sqrt{\left(1+x^2\right)^2+1}$

30. $g(t) = t^{\pi}$

31. $h(x) = \dfrac{\sqrt{x}}{x+1}$

32. $f(x) = \left(x^3 + \dfrac{2}{x}\right)^3$

33. $f(s) = \dfrac{1}{(3s-7)^2}$

34. $g(t) = 15t^{4/5} - t(t^2+1)$

35. 设 $f(x) = \sqrt{x} + x$。

(a) 计算 f 在 $x=1$ 处的瞬时变化率。

(b) 相较于 $x=1$ 处，f 在 $x=2$ 处的增速更快还是更慢？请做出解释。

(c) 计算 $f(2) - f(1)$，并与 (b) 小问的答案进行比较。

(d) 运用导数的几何含义解释 (a) 小问的答案。

(e) 求函数曲线在点 $(1,2)$ 处的切线方程。

36~39：计算函数的二阶导数 $f''(x)$。

36. $f(x) = 2x^3 - 3x^2 - 12x$

37. $f(x) = 2 + 3x - x^3$

38. $f(x) = \sqrt{x+3}$

39. $f(x) = x\sqrt{x+3}$

40. 设函数 $f(x) = x^{4/3}$。函数 f 在 $x=0$ 处是否可导？是否二阶可导？简要说明你的答案。（此题说明，函数并非在定义域内的每点都存在任意阶导数。）

41. 若函数的导数处处为 0，即 $f'(x) = 0$，此函数 $f(x)$ 是什么样的？若函数的二阶导数处处为 0，即 $f''(x) = 0$，此函数 $f(x)$ 又是什么样的？简要说明你的答案。

42. 加速度的导数——"加加速度"　在物理学中，一个运动物体的位置函数为 $s(t)$，其加速度函数 $a(t)$ 的导数被称为"加加速度"（英文是 jerk）：$j(t) = a'(t)$。这个术语相当形象，因为加速度反映人体器官在加速运动时感受到的力，加加速度 $j(t)$ 则反映该作用力的变化快慢，是物体在运动中感受到的一股"急推"（jerk 一词的原意）。设游乐园里旋转飞椅的位置函数是 $s(t) = t^3 + t$，其中 s 的单位是英里，t 的单位是小时，求 $t=1$ 时刻飞椅的加加速度。其单位又是什么呢？

43. 失业状况 令 $U(t)$ 表示某国在 t 时刻的失业率。假设一位政客做出了如下声明："本国失业率下降的速度正在放缓。"请把这个情况用 U 或其各阶导数表述出来。

44. 学生贷款 假设某学生申请了一笔年利率为 r 的学生贷款，记 $C=f(r)$ 为偿还该贷款的总成本（以美元为单位）。请回答如下问题。

(a) $f(0.05)=10000$ 表达的是什么？

(b) $f'(0.05)=1000$ 又表达的是什么？

(c) 你期望 $f'(r)$ 对所有 $r>0$ 都是正的，还是负的？简要说明你的答案。

45. 重力加速度作为高度的函数 假设地球是一个完美的球体。一个人站在离地面高度为 h 的地方。重力作用把这个人拉向地球中心，大小等于 mg（即此人的重量），其中 m 表示此人的质量，g 表示重力加速度。根据牛顿万有引力定律（见第 2 章习题 35），有 $mg=F(R+h)$，由此得出重力加速度与离地高度 h（单位是米）的函数关系（与质量 m 无关）：

$$g(h)=\frac{GM}{(R+h)^2} \text{米/秒}^2$$

(a) 利用 $GM \approx 3.98 \times 10^{14}$ 和 $R \approx 6.37 \times 10^6$，计算 $g(0)$（一般情况下，重力加速度取标准值 $g=9.806$ 米/秒^2）。

(b) 计算 $g'(h)$ 和 $g'(0)$。

46. 利用单摆测量重力加速度 考虑一个长度为 l 米的单摆。单摆的摆动周期 T（以秒为单位）是单摆经历一次完整摆动所需要的时间。在一定的幅度内摆动时，周期 T 仅与摆长 l 有关：

$$T(g)=\frac{2\pi\sqrt{l}}{\sqrt{g}}$$

其中 g 是重力加速度，$g \approx 9.81$ 米/秒^2。

(a) 设 $l=1$，计算 $T(9.81)$。

(b) 从 $T(g)$ 的函数表达式中反解 g，求取 g 关于 T 的函数表达式 $g(T)$。有了这个函数 $g(T)$，就可以通过测量摆长 1 米的单摆的摆动周期，来计算重力加速度的值。请计

算 $g(2.006)$。

(c) 利用习题 45 中 $g(h)$ 的函数表达式，写出 $T(g(h))$。这个新表达式描述了单摆的摆动周期是如何随其离地高度而变化的。

(d) 取 $l=1$。记 $f(h)=T(g(h))$，请计算 $f'(0)$，并解释你的结果。

47. 音速　声音的传播速度 s 会随周边气温的变化而变化，一个较合理的模型是 $s(C)=20.05\sqrt{C+273.15}$ 米／秒，其中 C 表示气温，以摄氏度为单位。

(a) 设 $h(F)=s(C(F))$，其中 F 表示气温，以华氏度为单位。求 $h(F)$ 的函数表达式。〔提示：可先从附录 B 的式 (B.6) 中反解出 C 关于 F 的表达式。〕

(b) 计算 $h(68)$，并与光速 c（大约每秒 3 亿米）比较大小。对比结果可以解释一些日常现象，比如为何我们总是先看到烟花绽放后听到爆炸声。

(c) 利用链式法则及 $C(68)=20$ 和 $C'(68)=5/9$，计算 $h'(68)$。

48. 求函数 $f(x)=|x|$ 的导数 $f'(x)$。

49. 求函数 $f(x)=\dfrac{x}{|x|}$ 的导数 $f'(x)$。

50. 设 $h(x)=f(x)(g(x))^{-1}$。请运用乘法法则和链式法则推导除法法则（即定理 3.7）。

51. 求曲线 $f(x)=x^2+1$ 过原点的切线方程。

52. 设 $f(x)=xg(x^2)$，其中函数 g 可导。请用 g 和 g' 表示 f 的导数 $f'(x)$。

指数函数和对数函数相关的习题

53~60：计算函数的导数。

53. $f(x)=e^{4x}$

54. $f(x)=2^{-x^2}$

55. $g(t)=(t^2+1)e^{2t}$

56. $h(z)=\dfrac{e^z+e^{-z}}{2}$

57. $f(x)=\ln(x^2+5)$

58. $f(z)=e^{-z}\ln(3z)$

59. $h(t)=\ln\dfrac{t}{t^2+1}$

60. $g(t)=\ln\dfrac{1+e^t}{1-e^t}$

61. 从导数定义式 (3.12) 直接推导指数函数的求导法则：$(e^{rx})'=re^{rx}$。〔参见式 (3.14) 的

计算过程。〕

62. 把 $f(x) = \ln x$ 代入导数定义式 (3.12)，则得到

$$f'(x) = \lim_{h \to 0} \ln\left(1 + \frac{h}{x}\right)^{1/h}$$

请证明：令 $t = h/x$（这里视 x 为一给定正数），由极限的定义和 $g(h) = h/x$，结合极限运算法则 7，也可以推导出 $f'(x) = \frac{1}{x}$。

63. 冷却咖啡的微积分 假设一杯初始温度为 T_0（以华氏度为单位）的咖啡从咖啡机加热板上被取下，放置到餐桌上。此时室内温度为 T_a。根据"牛顿冷却定律"，咖啡温度 T 随时间 t（咖啡杯从加热板取下开始计时，以分钟为单位）变化的函数关系为

$$T(t) = T_a + ce^{-bt}$$

其中 c 和 b 是正常数。

(a) 通常情况下，有 $T_0 = 160$，$T(2) = 120$，$T_a = 75$。由此，证明：$c = 85$，$b \approx 0.318$。

(b) 计算 (a) 小问所得函数的 $T'(0)$，并用变化率对结果进行解释。

(c) 对 (a) 小问所得函数计算导数 $T'(t)$。

(d) 求 (a) 小问所得函数 $T(t)$ 的水平渐近线，并对结果进行解释。

64. 遗忘曲线 1885 年，心理学家艾宾浩斯做了一个关于记忆的有趣实验：他先记下一些无意义的音节（由 3 个字母拼成的单词，如 KAF），然后定期测试自己。观察随时间的推移，自己遗忘了多少内容。记 R 为 t 天后仍记得的单词占总数的百分比。艾宾浩斯的实验结果表明 R 与 t 的关系是

$$R(t) = a + (1-a)e^{-bt}$$

其中 $0 \leq a \leq 1$，$b > 0$ 且为常数。

(a) 计算 $\lim_{t \to \infty} R(t)$ 并解释你的结果。

(b) 一些研究表明，平均而言，我们会忘记前一天所学知识的 70%（假设我们没有复习所学）。由此结论，以及 $a = 0$ 的条件，写出 $R(t)$ 的函数表达式。

(c) 计算 (b) 小问中函数 $R(t)$ 的导数 $R'(1)$，并用变化率对结

果进行解释。

65. 风能 风能是一种清洁的可再生能源。但利用风力发电，最理想的是有高速强风。所幸，设计风力涡轮机的工程师们发现，下面这个函数可以准确预测风速达到 v（单位为米 / 秒）的概率：

$$P(v) = av\mathrm{e}^{-bv^2}$$

其中 $a > 0$ 和 $b > 0$ 是部分依赖于所处位置的两个参数。

(a) 证明 $P'(v) = a\mathrm{e}^{-bv^2}(1 - 2bv)$。

(b) 用变化率阐述 $P'(0) = a$ 的意义。

66. 设 $f(x) = x^n$，其中 n 是实数。做恒等变形：$x^n = \mathrm{e}^{\ln x^n}$。运用链式法则证明：$f'(x) = nx^{n-1}$。这就完成了对定理 3.4 中 $x > 0$ 情形的证明。

三角函数相关的习题

67~74: 计算函数的导数。

67. $f(x) = 4x^3 - 3\sin x$

68. $f(x) = \sqrt{x}\cos x$

69. $f(x) = \dfrac{x}{1 - \tan x}$

70. $f(z) = \sin z - z$

71. $g(x) = \cos x + (\cot x)^2$

72. $h(t) = \dfrac{\sin t}{t}$

73. $g(t) = \dfrac{\cos t}{1 + \sin t}$

74. $h(z) = z^4 \sin^2 z$

75. 利用定义式 (3.12) 和恒等式 (B.24) 证明：$(\cos x)' = -\sin x$。

76. 运用除法法则（定理 3.7）证明：$(\tan x)' = \sec^2 x$。

77. 运用链式法则（定理 3.6）证明：$(\csc x)' = -\csc x \cot x$，$(\cot x)' = -\csc^2 x$。

78. 附录 B 习题 59 中，把直线的斜率表示为其相对于 x 轴倾角 θ 的正切值：$m = \tan\theta$。把这一思路应用到函数 f 在点 $(a, f(a))$ 的切线上，可得

$$f'(a) = \tan\theta$$

其中 $-\dfrac{\pi}{2} < \theta < \dfrac{\pi}{2}$。请计算函数 $f(x) = x^3$ 在 $a = 0$ 和 $a = \pm 1$ 处各自的倾角值 θ，并解释你的结果。

79. 参考附录 B 习题 60。

(a) 用乘法法则（定理 3.5）证明：

$$A'(n) = \frac{r^2}{2}\left[\sin\left(\frac{2\pi}{n}\right) - \frac{2\pi}{n}\cos\left(\frac{2\pi}{n}\right)\right]$$

(b) 计算极限 $\lim\limits_{n \to \infty} A'(n)$ 并解释你的结果。

80. 利用单摆测量时间 考察一个摆长为 l 的单摆。将单摆以初始角度 $\theta_0 > 0$ 从静止状态释放 t 秒后形成的摆角记为 θ（见下图）。当单摆的摆角较小时，理想状态（例如不考虑空气阻力）下

$$\theta(t) = \theta_0 \cos\left(\sqrt{\frac{g}{l}}\, t\right)$$

(a) 确定三角函数 $\theta(t)$ 的振幅和周期，并用单摆的运动来解释这两个量。

(b) 典型的落地式大摆钟含一个摆长为 1 米、振幅为 3° 的单摆，请写出此单摆的 $\theta(t)$ 方程。

(c) 验证 (b) 小问所得函数的周期大约是 2 秒。［30 次完整的摆动（即从最高位移处出发再回到起始处往复摆动一次）耗时 1 分钟，因而这个摆钟是一个有用的计时设备。］

(d) 下面这个公式比习题 46 中给出的单摆周期计算公式更为精确：

$$T(\theta_0) = 2\pi \sqrt{\frac{l}{g}} \left(1 + \frac{1}{16}\theta_0^2\right)$$

注意，这个周期依赖于振幅 θ_0。请根据 (b) 小问所设信息计算 $T(\theta_0)$。

(e) 根据 (b) 小问所设信息计算 $T'(\theta_0)$，并用变化率对结果进行解释。

第 4 章　导数的应用

本章概览

在纸面上画一条连续的曲线, 你会发现这条曲线有最大 y 值和最小 y 值。这当然算不上什么深刻的见识。不过, 想象一下, 要是曲线表示的是公司的产品收益变化情况, 或者 2000 年以来的世界人口总数变化情况, 又或者检测到某种病毒之后的感染人数变化情况, 在这些情况下曲线的极值和现实世界就有着重要的联系。接下来本章将逐步给出计算极值的 "套路" 方法。首先从相对简单些的导数应用——相关变化率开始, 然后将以更多事实来揭示导数到底能赋予我们什么信息。我们会利用这些结果抵达 "宏伟的大结局": 最优化理论。

4.1　相关变化率

当需要将两个或多个量的即时变化率联系起来时, 就会遇到一类微积分问题——相关变化率。经常遇到的是时间变化率, 即 dy/dt。问题通常是给定某一时刻的若干变量的变化率, 求剩下那一个变量在该时刻的变化率。

事实上, 前面我们已经讨论过一个相关变化率问题: 3.10 节里 "会长大的正方形" 问题。当时我们就已经确定, 如果正方形的边长 x 随时间增加, 也就是说, x 其实是变量 $x(t)$, 那么正方形的面积 A 的时间变化率是

$$\frac{\mathrm{d}A}{\mathrm{d}t} = 2x \frac{\mathrm{d}x}{\mathrm{d}t} \tag{4.1}$$

式 (4.1)[即 3.10 节里的式 (3.19)] 就是这个相关变化率问题中把不同变化率联系起来的方程式。

在 3.10 节我们做了不少计算才得到式 (3.19)。不过, 既然我们已

经学过导数的链式法则,那么下面有更快捷的方法来得到这一结果(这种新的求导方法将有力支撑本节里余下的计算)。首先,注意到正方形的面积 $A = x^2$。然后就有

$$\frac{\mathrm{d}A}{\mathrm{d}t} = \frac{\mathrm{d}A}{\mathrm{d}x}\frac{\mathrm{d}x}{\mathrm{d}t} \qquad \text{链式法则}$$

$$= \frac{\mathrm{d}}{\mathrm{d}x}\left(x^2\right)\frac{\mathrm{d}x}{\mathrm{d}t} \qquad \text{运用 } A = x^2$$

$$= 2x\frac{\mathrm{d}x}{\mathrm{d}t} \qquad \text{幂函数求导法则}$$

现在让我们用上述方法来求解第一个相关变化率问题。

例 4.1 如果一个正方形的边长以 0.1 米 / 秒的恒定变化率增长,那么当这个正方形的边长为 1 米时它的面积增长有多快?

解答 根据式 (4.1) 得 $\frac{\mathrm{d}A}{\mathrm{d}t} = 2 \times 1 \times 0.1 = 0.2$(米 / 秒)。 ■

有些问题最好通过一个又一个例子来学习,相关变化率就属于这样的问题。所以,我们继续看几个例子吧。

应用实例 4.2 给一个气球充气,充气的时候气球始终保持球体形状。气球的体积 V 和半径 r 的关系式为

$$V(r) = \frac{4}{3}\pi r^3$$

假设充气过程使气球的半径 r 以 0.1 厘米 / 秒的恒定速度变化,那么当气球的半径为 6 厘米时它的体积将以多快的速度变化?

解答 照搬例 4.1 的解法:

$$\frac{\mathrm{d}V}{\mathrm{d}t} = \frac{\mathrm{d}V}{\mathrm{d}r}\frac{\mathrm{d}r}{\mathrm{d}t} \qquad \text{链式法则}$$

$$= \frac{\mathrm{d}}{\mathrm{d}r}\left(\frac{4}{3}\pi r^3\right)\frac{\mathrm{d}r}{\mathrm{d}t} \qquad \text{运用 } V = \frac{4}{3}\pi r^3$$

$$= 4\pi r^2\frac{\mathrm{d}r}{\mathrm{d}t} \qquad \text{数乘法则和幂函数求导法则}$$

代入已知条件:

$$\frac{\mathrm{d}V}{\mathrm{d}t}=4\pi\times6^2\times0.1\approx45.2\text{（厘米}^3\text{/秒）}$$ ■

上面两个例子都给出了方程表达式，我们再将那些变量的变化率关联起来。下面这个例子的难度提升一档，要求我们给出变量关系的方程式。

应用实例 4.3　交通摄像头正在跟踪一辆驶向交叉路口的汽车（见图 4.1）。假设摄像头距离路口 A 点 300 米。当汽车距离路口 A 点 400 米且以 20 米 / 秒的速度行进的时候，汽车与摄像头之间的距离将以多快的速度变化？

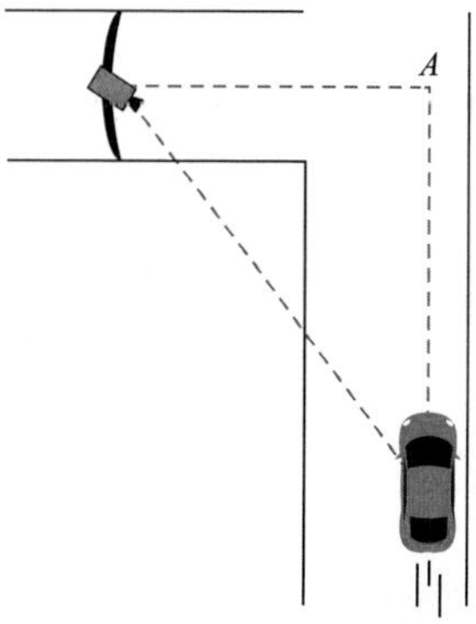

图 4.1　汽车行进的示意图

解答

记 y 为汽车与路口的距离，t 为时间；我们以米为单位度量 y，以秒为单位度量 t。汽车和交通摄像头之间的距离是图 4.1 中三角形的斜边，这个距离标记为 z（度量单位也是米），根据勾股定理得到：

$$z=\sqrt{300^2+y^2}=\sqrt{90000+y^2}$$

求 z 关于时间的导数：

$$\begin{aligned}\frac{\mathrm{d}z}{\mathrm{d}t}&=\frac{\mathrm{d}z}{\mathrm{d}y}\frac{\mathrm{d}y}{\mathrm{d}t} && \text{链式法则}\\&=\left[\frac{1}{2}\left(90000+y^2\right)^{-\frac{1}{2}}(2y)\right]\frac{\mathrm{d}y}{\mathrm{d}t} && \text{运用 } z=\sqrt{90000+y^2}\\&=\frac{y}{\sqrt{90000+y^2}}\frac{\mathrm{d}y}{\mathrm{d}t} && \text{化简} \qquad (4.2)\end{aligned}$$

当 $y=400$ 时有 $z=\sqrt{90000+(400)^2}=\sqrt{250000}=500$。因为在 $y=400$ 的时刻汽车以 20 米 / 秒的速度行进，我们知道 $\frac{\mathrm{d}y}{\mathrm{d}t}=-20$（取负数的原因是汽车到路口的距离在减小）。将这些值代入式 (4.2) 就得到

$$\frac{\mathrm{d}z}{\mathrm{d}t} = \frac{400}{500} \times (-20) = -16 \text{（米／秒）} \qquad \blacksquare$$

这个例子跟前面例子的不同点在于**数学建模**部分——需要通过标记相关变量并给出它们的关联方程将问题的已知信息翻译成数学语言。从中等到高等难度的相关变化率问题会要求数学建模，而在简单一些的相关变化率问题（比如例 4.2）中，变量和主方程是已知的。下面的步骤有助于解决更难的相关变化率问题。

> **要点 4.1：如何构建相关变化率问题**
>
> （1）（如果还没有图，那就）画图来描述现实情况，标记变化的量。
>
> （2）（用数学语言）记下已知哪些变化率，要求的是哪个变化率。注意：如果一个量是增加的，那么它的变化率应该是正的；如果量在减少，那么它的变化率应该是负的。可以使用问题给定的度量单位来判断哪些变化率是已知的。例如，"米／秒"是形如 $\mathrm{d}x/\mathrm{d}t$ 的变化率，其中 x 度量距离，t 度量时间。
>
> （3）利用你掌握的专业知识（如几何学公式）和画的图写出主方程，把所标记的变量关联起来。
>
> （4）通过莱布尼茨链式法则对主方程（通常关于 t）求导，从而得到相关变化率方程。

应用实例 4.4　一个咖啡机很有特点，它在放咖啡豆的容器正上方有一个锥形盛水容器。锥形容器的底部有一个孔，水以 2 英寸³/时的速度通过此孔滴下来冲泡咖啡［见图 4.2(a)］。如果锥形容器的底部半径是 2 英寸，高 6 英寸，那么容器中水的深度为 1 英寸时水深的变化速度是多少呢？

解答　按照要点 4.1 的步骤，首先针对上述情形画图［见图 4.2(b)］。水从倒立锥体的底部滴落，所以剩余的水形成的锥体的底面半径和高度均在变化。因此这两个量都是变量，分别用图 4.2(b) 中的 r 和 h 标记。

下一步，识别问题描述中已知的和要求的变化率。

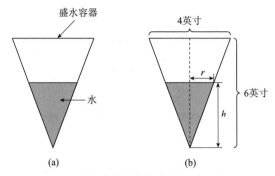

图 4.2　锥形盛水容器中水深的示意图

要求的变化率：在 $h = 1$ 时刻的 $\dfrac{\mathrm{d}h}{\mathrm{d}t}$。

已知的变化率：$\dfrac{\mathrm{d}V}{\mathrm{d}t} = -2$ 英寸 ^{3}/ 时（V 代表体积，−2 是因为体积在减小）。

变化率所涉及的变量是 V 和 h，因此我们还需要一个锥体体积关于它的高度的表达式。这里用到几何学知识：

$$V = \frac{1}{3}\pi r^2 h \tag{4.3}$$

其中 r 是锥体半径。我们并没有 r 的变化率，因此需要设法消去 r。再观察图 4.2(b) 就有了答案：相似三角形。图中表示充满水的三角形与更大一些的锥形容器的三角形相似（"相似"取几何学术语里的意思，"相似"是因为这两个三角形的内角完全相等）。根据几何学知识我们知道，当两个三角形彼此相似的时候它们的边长具有相同的比值。在此使用上述事实，得到

$$\frac{2r}{h} = \frac{4}{6} \Rightarrow \frac{r}{h} = \frac{1}{3} \Rightarrow r = \frac{h}{3} \tag{4.4}$$

代入式 (4.3)，得到

$$V = \frac{1}{3}\pi\left(\frac{h}{3}\right)^2 h = \frac{\pi h^3}{27} \tag{4.5}$$

现在取导数：

$$\frac{\mathrm{d}V}{\mathrm{d}t} = \left[\frac{\pi}{27}\left(3h^2\right)\right]\frac{\mathrm{d}h}{\mathrm{d}t} = \left(\frac{\pi h^2}{9}\right)\frac{\mathrm{d}h}{\mathrm{d}t}$$

最后代入已知变化率，求 $h=1$ 时刻的 $\frac{\mathrm{d}h}{\mathrm{d}t}$，得到

$$-2 = \left(\frac{\pi \times 1^2}{9}\right)\frac{\mathrm{d}h}{\mathrm{d}t} \Rightarrow \frac{\mathrm{d}h}{\mathrm{d}t} = -\frac{18}{\pi} \approx -5.7 \text{（英寸／时）}$$ ■

上述例子还有个棘手的地方，在求解其他相关变化率问题时也可能会遇到类似麻烦：限制方程。式 (4.4) 就是个限制方程，这个方程在问题涉及的变量（当前例子中的 r 和 h）之间强制建立特定的关系，而你可以利用这一关系消去数学模型中的一个变量。

相关练习 习题 21~28

超越函数的相关变化率实例

应用实例 4.5 你和朋友登上了一个逆时针旋转的摩天轮［见图 4.3(a)］，摩天轮转动时你离地面的高度也在改变。假定在摩天轮最高点你距离地面 502 英尺，在最低点距离地面 2 英尺，而且摩天轮以每分钟 $\pi/3$ 弧度的恒定角速度旋转，那么在你距离地面 377 英尺高向上抬升的时刻，你离地面高度的变化率等于多少？

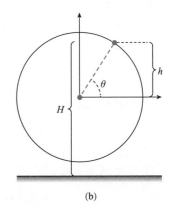

(a)   (b)

图 4.3 摩天轮上的某处距离地面高度的示意图

解答　按照要点 4.1 的步骤，首先把这个情形画成图，标记相关变量〔见图 4.3(b)〕。接下来，识别问题描述中要求的变化率和已知的变化率。

要求的变化率：在高度 $H = 377$ 英尺时刻的 $\dfrac{\mathrm{d}H}{\mathrm{d}t}$。

已知的变化率：$\dfrac{\mathrm{d}\theta}{\mathrm{d}t} = \dfrac{\pi}{3}$（因为摩天轮逆时针旋转，所以变化率取正值）。

变化率涉及 H 和 θ。从图 4.3(b) 中看到 H 可以分解成

$$H = 2 + r + h$$

其中 r 是摩天轮的半径。计算该半径为

$$r = \frac{1}{2} \times (502 - 2) = 250 \text{（英尺）}$$

也就是摩天轮直径 500 英尺的一半。因为 $\sin\theta = \dfrac{h}{r}$，所以 $h = r\sin\theta = 250\sin\theta$，我们的 H 表达式变成

$$H = 252 + 250\sin\theta \tag{4.6}$$

关于 t 求导数，有

$$\frac{\mathrm{d}H}{\mathrm{d}t} = \frac{\mathrm{d}H}{\mathrm{d}\theta}\frac{\mathrm{d}\theta}{\mathrm{d}t} = (250\cos\theta)\frac{\mathrm{d}\theta}{\mathrm{d}t} \tag{4.7}$$

在 $H = 377$ 的时刻，根据式 (4.6) 得到 $\sin\theta = \dfrac{377 - 252}{250} = \dfrac{1}{2}$，所以 $\theta = 30°$ 或 $120°$。实例中提示我们考虑向上抬升的情形，因此选择 $\theta = 30°$。利用这一点和式 (4.7) 中的已知变化率推导出

$$\frac{\mathrm{d}H}{\mathrm{d}t} = (250\cos 30°)\left(\frac{\pi}{3}\right) = \frac{250\pi\sqrt{3}}{6} \approx 227 \text{（英尺 / 分）} \quad ■$$

相关练习　习题 50~51

提示、窍门和要点

相关变化率完美地刻画了微积分的动态思维方式。要解决这类动态问题，我的建议是标记变化的量。如果你先想象一下问题中的运动，比如水的滴落、汽车朝路口行驶等，那么这一步是最容易完成的。我

们周遭的世界在不停息地变化，所以我们将会遇到涉及许多个不同学科的相关变化率问题，包括物理、生命科学以及人文社会科学。最后，再奉上 3 个要点。

（1）相关变化率问题里的函数是**隐函数**——我们知道函数值依赖于某个变量（通常是 t），但是并不知晓确切的依赖方式。相对不同的是，像 $f(x) = x^2$ 这样的函数是**显函数**——我们确切地知道函数值如何由输入求到。

（2）用莱布尼茨链式法则对隐函数求导。一般地，如果 $z = f(x)$ 且 x 是 t 的一个隐函数，那么

$$\frac{dz}{dt} = \frac{dz}{dx}\frac{dx}{dt} = f'(x)\frac{dx}{dt} \tag{4.8}$$

可得，$\dfrac{dz}{dt}$ 就是"通常"的导数［即 $z = f'(x)$］乘 $\dfrac{dx}{dt}$。

（3）对隐函数求导的过程称为**隐式求导**。

下面基于我们对求导的应用的认识来探讨最优化理论。4.2 节将函数图像的升降和它的导函数联系起来，从而建立最优化理论的基础。再后面将讨论这种方法是怎么帮助我们找到函数极大值和极小值的。

4.2 线性主部

从导数的几何视角可以看出，如果可微函数 f 的图像是上升的，那么它的导数（即 f 图像的切线的斜率）取正值。不过，反之是否正确呢？即如果一个区间内 $f'(x) > 0$，可以推导出 f 的图像在此区间内是上升的吗？

如果我们简化这个问题，就可以取得进展。如果 $f'(a) > 0$，可以推导出 $y = f(x)$ 的图像在 $x = a$ 附近是上升的吗？回忆一下 $f'(a) = \dfrac{\Delta y}{\Delta x}$ 在 $\Delta x \to 0$ 时的极限值。当 Δx 接近于 0 的时候，可预计 $f'(a)$ 应当逼近 $\dfrac{\Delta y}{\Delta x}$：

$$\text{当 } \Delta x \approx 0 \text{ 时，} \quad f'(a) \approx \frac{\Delta y}{\Delta x} \tag{4.9}$$

两端同时乘 Δx，得到：

$$\text{当 } \Delta x \approx 0 \text{ 时，} \quad \Delta y \approx f'(a)\Delta x \tag{4.10}$$

这一逼近说明，x 值偏离 $x = a$ 做出的微小改变将导致 y 值改变，此时 y 的改变量 Δy 大约为 $f'(a)\Delta x$。令变化量为

$$\Delta x = x - a, \quad \Delta y = f(x) - f(a)$$

代入式 (4.10) 求 $f(x)$ 得到如下结果。

> **定义 4.1（线性主部）**　令 f 在点 a 可导，对于点 a 附近的 x，逼近式
>
> $$f(x) \approx f(a) + f'(a)(x - a) \tag{4.11}$$
>
> 称为函数 f 在点 a 的**线性逼近式**。方程右边的线性函数
>
> $$L(x) = f(a) + f'(a)(x - a) \tag{4.12}$$
>
> 称为函数 f 在点 a 的**线性主部**。

函数 $L(x)$ 恰好是 f 在 $x = a$ 处的切线方程 [①]。为什么 $L(x)$ 称为 f 的"线性主部"？可以看到，式 (4.11) 表明对于 a 邻域的 x 值，f 的图像大致就是切线在 $x = a$ 附近的图像。换句话说，$x = a$ 处的导数在 $x = a$ 附近将函数线性化，因此我们将 $L(x)$ 看作 $f(x)$ 被线性化的函数。

例 4.6　计算 $f(x) = \sqrt{x}$ 在 $x = 1$ 处的线性主部，然后画出 $f(x)$ 与所求得的函数在区间 $[0,2]$、$[0.5,1.5]$、$[0.9,1.1]$ 上的图像，并对所见进行评述。

解答

$$L(x) = f(1) + f'(1)(x-1) \qquad \text{运用式 (4.12) 并取 } a=1$$

$$= 1 + \frac{1}{2}(x-1) \qquad\qquad \text{运用 } f(1) = 1 \text{ 和 } f'(1) = \frac{1}{2}$$

---

① 经过点 $(a, f(a))$ 且斜率为 $f'(a)$ 的直线；使用点斜式方程导出式 (4.12)。

$$= \frac{1}{2}(x+1) \qquad\qquad 化简 \qquad\qquad (4.13)$$

图 4.4 刻画了 $L(x)$ 和 $f(x)$。注意，当我们放大图像去看（从左至右看图）离 $x=1$ 更近的 x 值时，f 的图像更像 $x=1$ 处的切线。 ■

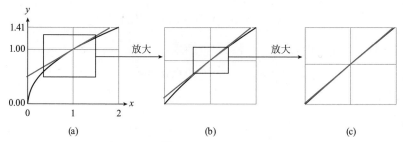

(a)　　　　　　　　(b)　　　　　　　　(c)

图 4.4　从左至右：对 $f(x)=\sqrt{x}$ 及其在点 $(1,1)$ 处的切线的函数图像进行放大

相关练习 习题 1~4

结果说明，针对我们先前提出的"如果 $f'(a)>0$，可以推导出 $y=f(x)$ 的图像在 $x=a$ 附近是上升的吗？"这一问题，答案是：确实如此。4.3 节我们将体会这一发现如何推动我们去认识最优化理论。不过在那之前，我们先讨论线性主部的两种应用。毕竟本章的主题就是导数的应用。

非线性函数的逼近值

求非线性函数的逼近值时线性逼近式 (4.11) 特别有用。如图 4.5 所示，式 (4.11) 用 $x=a$ 处切线的值 $L(x)$ 来逼近 f 在 x 点的取值 $f(x)$。因为 L 是线性函数，所以数值 $L(x)$ 更容易计算。而且，x 越接近于 a，逼近关系 $f(x)\approx L(x)$ 就越准确。举例如下。

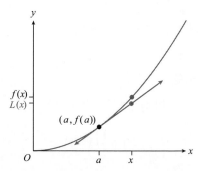

图 4.5　当 x 靠近 a 时，$x=a$ 处切线的值 $L(x)$ 很好地逼近函数值 $f(x)$

例 **4.7**　令 $f(x) = \sqrt{x}$ 。

（1）计算 $x = 1$ 处的线性逼近式。

（2）利用上一步得到的线性逼近式来估算 $\sqrt{1.05}$ 。将估算值与 $\sqrt{1.05}$ 的真实值进行比较。

解答　（1）根据式 (4.11) 和式 (4.13)，对于 1 附近的 x 有 $\sqrt{x} \approx \frac{1}{2}(x+1)$ 。

（2）将 $x = 1.05$ 代入线性逼近式得到 $\sqrt{1.05} \approx \frac{1}{2}(1.05+1) = 1.025$ 。

$\sqrt{1.05} = 1.0247\cdots$ ，与我们的估算值 1.025 小数点后两位都一样。　■

相关练习　习题 5~8

导数 $f'(a)$ 的线性化阐释

到目前，我们考虑的是 x 靠近 a 的情形，也就是 $\Delta x \approx 0$ 。但要是不追求那么精确，在逼近式 (4.10) 中考虑 $\Delta x = 1$（不得不说这是 x 的一个不小的偏移量），那么结果是，对于 $\Delta x = 1$ ， $\Delta y \approx f'(a)$ 。于是得到对 $f'(a)$ 的新的阐释，如下。

> **要点 4.2：$f'(a)$ 的线性化阐释**
>
> 如果 $f'(a) > 0$ ， a 的单位增长导致 $f(x)$ 增长大约 $f'(a)$ ；如果 $f'(a) < 0$ ， a 的单位增长导致 $f(x)$ 减少大约 $f'(a)$ 。

应用实例 **4.8**　为了追求最大化营收，航空公司定期修订航线成本。假设某航空公司的研发团队发现从波士顿到纽约的航班的利润 R（单位是美元）可以由函数

$$R(x) = x(x+90) = x^2 + 90x$$

来刻画，其中 x 代表售出的机票数量（ $0 \leqslant x \leqslant 100$ ）。

（1）计算 $R'(x)$ 。

（2）假定航空公司已经出售 50 张机票，计算 $R'(50)$ ，用导数的线性化阐释来解释这一结果。

（3）将你算出的答案与真实利润增量 $R(51) - R(50)$ 进行比较。

解苦

（1）根据幂函数求导法则，有 $R'(x) = 2x + 90$。因为 $R(x)$ 以美元为单位，x 以机票张数为单位，所以 $R'(x)$ 的单位是美元 / 张。

（2）$R'(50) = 190$ 美元 / 张。根据导数的线性化阐释，可以认为，当航空公司卖出 50 张机票时，多卖一张机票利润就大约增加 190 美元。

（3）$R(51) = 7191$ 美元，$R(50) = 7000$ 美元，所以 $R(51) - R(50) = 191$ 美元，仅仅比上述得到的估算值多 1 美元。　■

相关练习 习题 33

超越函数的线性逼近实例

在求超越函数的逼近值时线性主部特别有用。

例 4.9　令 $f(x) = e^x$。

（1）计算 f 在 $x=0$ 处的线性逼近式，并画出结果。

（2）用线性逼近式估算 $e^{0.1}$，将估算结果与 $e^{0.1}$ 的真实值进行比较。

解答

（1）因为 $f(0) = 1$, $f'(x) = e^x$，且 $f'(0) = 1$，由式 (4.11) 知对靠近 0 的 x 有 $e^x \approx 1 + x$。两个函数如图 4.6 所示。

（2）真实值为 $e^{0.1} = 1.105\cdots$，我们的线性逼近式给出 $e^{0.1} \approx 1.100$（与真实值的小数点后两位均一致）。　■

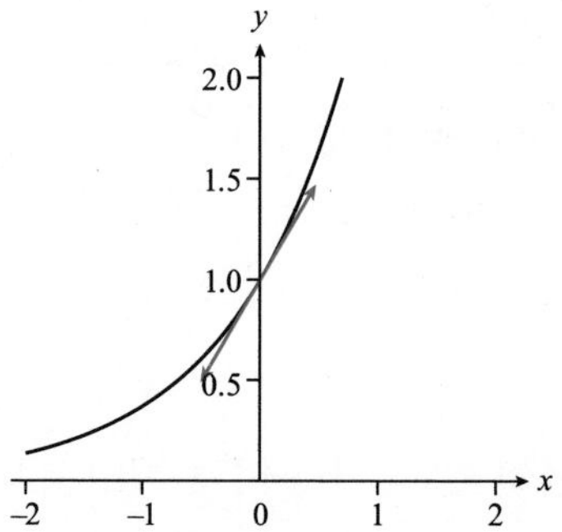

图 4.6 $f(x) = e^x$ 在 $x=0$ 附近的线性逼近式 $L(x) = 1 + x$

例 4.10　说明对靠近 0 的 x 有

$$\sin x \approx x \text{ 和 } \cos x \approx 1 \tag{4.14}$$

解答　令 $f(x) = \sin x$ 和 $g(x) = \cos x$。在式 (4.11) 中取 $a = 0$ 推

导　出　　$\sin x \approx f(0) + f'(0) x$ ，

$\cos x \approx g(0) + g'(0) x$ 。　因　为

$f(0) = \sin 0 = 0$ ，　$g(0) = \cos 0 = 1$ ，

$f'(0) = \cos 0 = 1$, $g'(0) = -\sin 0 = 0$,

我们得到

$$\sin x \approx 0 + 1 \cdot x = x$$

$$\cos x \approx 1 + 0 \cdot x = 1$$

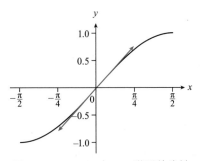

图 4.7　$f(x){=}\sin x$ 在 $x{=}0$ 附近的线性
逼近式 $L(x){=}x$

图 4.7 展示了 $f(x){=}\sin x$ 在 $x{=}0$ 附近
的线性逼近式 $L(x){=}x$。

相关练习　习题 49(a)、62~63

4.3　函数单调性的判定

线性化方法算是我们对最优化理论的第一次接触，用这个方法我们可以测试 f 的图像在特定的 x 值附近是上升的还是下降的。下面的定理将这一结果拓展到 x 值的区间上的情形。

定理 4.1　令 f 在区间 (a,b) 上可微。

（1）如果对区间 (a,b) 中的所有 x 有 $f'(x) > 0$ ，那么 f 在此区间上是单调递增的。

（2）如果对区间 (a,b) 中的所有 x 有 $f'(x) < 0$ ，那么 f 在此区间上是单调递减的。

考虑 $f(x) = x^2$ 的例子。因为 $f'(x) = 2x$ ，上述定理表明在 $x < 0$ 的情形下，因为 $f'(x) = 2x < 0$ ，所以 f 的图像是下降的；在 $x > 0$ 的情形下 $f'(x){=}2x > 0$ ， f 的图像是上升的［见图 4.8(a)］。你可以设想这一点如何帮助我们建立最优化理论：如果当我们跨过一个特定的 x 值［如图 4.8(a) 中的 $x = 0$ ］的时候一个函数的图像从下降转变为上升，那么该特定值可能就是函数最小值的位置。注意到我的用词"可能"——图像可能在后面再次改变方向，可能得到一个更低的 y 值点。图 4.8(b) 描述了某个函数的图像可能具有的更一般的扭曲和转向。

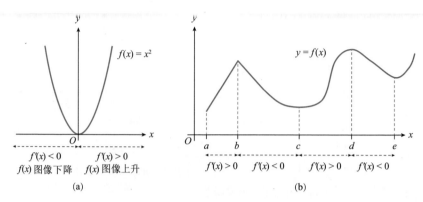

图 4.8 利用 f' 的符号判断函数图像是上升还是下降

请注意 f' 的符号如何辅助我们判断（根据定理 4.1）图像的上升部分与下降部分，还有在满足 $f'(x)=0$（例如 $x=c$）或 $f'(x)$ 不存在（例如 $x=b$）的 x 值处图像如何从上升切换成下降（或者反过来）。这些 x 值对于决定 f 图像的极大值与极小值很关键，这就解释了下述定义。

定义 4.2（临界数、临界值、临界点 ①） 令 f 为一个函数，c 属于 f 的定义域，其中 c 不是 f 定义域的端点。

如果 $f'(c)=0$ 或者 $f'(c)$ 不存在，那么 c 称为 f 的一个临界数。

如果 c 是 f 的一个临界数，那么称 $f(c)$ 为 f 的一个临界值。

如果 c 是 f 的一个临界数，那么称 $(c, f(c))$ 为 f 的一个临界点。

例如，因为 $f'(0)=0$，所以 $x=0$ 是 $f(x)=x^2$ 的一个临界数，图 4.8(b) 中 b、c、d 都是图所描述的函数的临界数。应用我们刚刚学到的新术语和观察所得，现在可以将判定函数何处单调递增或单调递减的流程描述如下。

---

① 译者注：原文中的"critical"也有"关键"的意思。本书中的临界数、临界值、临界点也理解为关键数、关键值、关键点。

要点 4.3：单调性判定

要给出函数 f 单调递增或单调递减的区间，流程如下。

（1）找到临界数，在数轴上把它们画出来。

（2）计算介于任意相邻两个临界数之间的区间上代表值 x 处的导数 $f'(x)$。

（3）运用定理 4.1 来判定 f 的单调递增区间和单调递减区间。

本节余下的内容用于帮助读者熟练掌握这一流程。4.4 节再来看这一技术如何引导我们向最优化理论"攀登"。

例 4.11　求函数 $f(x) = x^3 - 3x$ 的单调递增区间与单调递减区间。

解答　按照要点 4.3 的流程求解。

（1）从导函数 $f'(x) = 3x^2 - 3$ 开始。没有导函数不存在的 x 值。令 $f'(x) = 0$ 得到 $3x^2 - 3 = 0$，解为 $x = \pm 1$。因此，临界数只有 $x = -1$ 和 $x = 1$。

（2）现在在数轴上画出临界数：

$$\underset{\displaystyle -1 \qquad\quad 1}{\longrightarrow}$$

这些临界数把实数轴划分成 3 个区间，在每个区间选择任意一个数，代入 $f'(x)$。选 $x = -2$、$x = 0$、$x = 2$ 分别得到

$$f'(-2) = 9 > 0,\quad f'(0) = -3 < 0,\quad f'(2) = 9 > 0$$

把数轴更改一下（为了后面引用方便，我称下面这个图为"符号图"）：

$$f(x):\quad \underset{\displaystyle -1 \qquad\qquad 1}{+\,+\,+ \quad\; -\,-\,- \quad\; +\,+\,+}$$

（3）根据定理 4.1 可知，$f(x)$ 在 $(-\infty, -1)$ 与 $(1, \infty)$ 上是单调递增的，在 $(-1, 1)$ 上是单调递减的。　■

例 4.11 和例 3.11 是一样的。这个结果可以使我们更好地理解

相关联的图 3.9——只要 $f'(x)$ 的图像（图 3.9 的第二行子图）位于 x 轴下方，那么 f 的图像（图 3.9 的第一行子图）是下降的。这一结论把"下方"换成"上方"，同时将"下降"换成"上升"也是成立的。

例 4.12 求 $f(x) = \sqrt[3]{x^2} - x$ 的单调递增区间与单调递减区间。

解答 还是用要点 4.3 的流程。

（1）将 f 改写为 $f(x) = x^{\frac{2}{3}} - x$，那么

$$f'(x) = \frac{2}{3}x^{-\frac{1}{3}} - 1 = \frac{2 - 3x^{\frac{1}{3}}}{3x^{\frac{1}{3}}}$$

注意到 $f'(0)$ 不存在，因此 $x = 0$ 是一个临界数。令 $f'(x) = 0$ 得到 $2 - 3x^{\frac{1}{3}} = 0$，解为 $x = \frac{8}{27}$。所以，$x = 0$ 和 $x = \frac{8}{27}$ 是仅有的两个临界数。

（2）在数轴上画出临界数，然后选择所得到的区间内各自的代表值，代入 $f'(x)$。分别选择 $x = -1$、$x = \frac{1}{27}$、$x = 1$，得到

$$f'(-1) = -\frac{5}{3} < 0, \quad f'\left(\frac{1}{27}\right) = 1 > 0, \quad f'(1) = -\frac{1}{3} < 0$$

符号图如下：

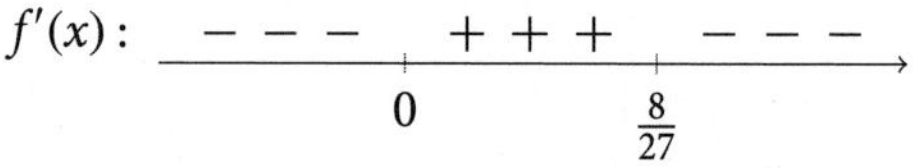

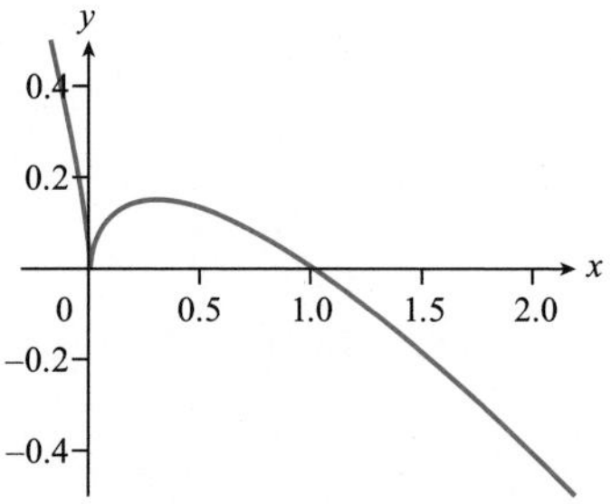

（3）根据定理 4.1 推断，$f(x)$ 在 $(-\infty, 0)$ 和 $\left(\frac{8}{27}, \infty\right)$ 上是单调递减的，在 $\left(0, \frac{8}{27}\right)$ 上是单调递增的。图 4.9 给出了该函数的图像。

图 4.9 $f(x) = x^{2/3} - x$

相关练习 习题 9~12[只有 (a)~(c)]、31、38(a)

超越函数的单调性

由定理 4.1 可知，如果 $b > 1$，那么指数函数 b^x 对于所有 x 都是单调递增的；如果 $0 < b < 1$，那么该函数对于所有 x 都是单调递减的。

类似的论述用在对数函数 $\log_b x$ 上也成立［在习题 44(a) 的引导下你可给出全部证明；一样地，现阶段跳过这个问题的"无极值"部分］。现在我们再看看更复杂些的例子。

例 4.13　求 $f(x) = e^{2x} + e^{-x}$ 的单调递增和单调递减区间。

解答　注意到

$$f'(x) = 2e^{2x} - e^{-x} = \frac{2e^{3x} - 1}{e^x}$$

没有哪个 x 值使得 $f'(x)$ 不存在（分母永不为 0）。令 $f'(x) = 0$ 得到

$$e^{3x} = \frac{1}{2} \Rightarrow x = -\frac{\ln 2}{3} \approx -0.23$$

这个值是唯一的临界数。选择测试点 $x = -1$ 和 $x = 0$，得到如下的符号图。

$$f'(x): \underset{-\frac{\ln 2}{3}}{\underline{\quad - - - - - \quad + + + + +\quad}}$$

根据定理 4.1 我们可以推断，f 在 $\left(-\infty, -\dfrac{\ln 2}{3}\right)$ 上是单调递减的，在 $\left(-\dfrac{\ln 2}{3}, \infty\right)$ 上是单调递增的。图 4.10(a) 显示了 f 的图像的一部分。∎

例 4.14　求 $g(x) = \sqrt{x}\ln x$ 的单调递增和单调递减区间。

解答　首先注意到该函数的定义域是 $(0, \infty)$。然后，使用乘法法则计算导函数：

$$g'(x) = \left(\frac{1}{2}x^{-\frac{1}{2}}\right)\ln x + \frac{\sqrt{x}}{x} = \frac{2 + \ln x}{2\sqrt{x}}$$

因为 $x > 0$，所以分母始终是正数。令 $g'(x) = 0$ 得到 $x = e^{-2}$（由 $2 + \ln x = 0$ 求得）。这个值是唯一的临界数。选择测试点 $x = e^{-3}$ 和 $x = 1$，得到如下符号图。

$$g'(x): \underset{e^{-2}}{\underline{\quad - - - - - \quad + + + + +\quad}}$$

由定理 4.1 我们可这样下结论，f 在 $\left(0, e^{-2}\right)$ 上是单调递减的，在

$\left(e^{2},\infty\right)$ 上是单调递增的。图 4.10(b) 展示了 g 的图像的一部分。 ▇

现在将我们所学到的知识用在三角函数上。显然 $\sin x$ 和 $\cos x$ 的图像具有许多上升区间，也具有许多下降区间。不过由于正弦函数和余弦函数的周期性，那么多上升、下降区间都不过是这两个函数限制在区间 $[0,2\pi)$ 内的对应特点的简单复制。让我们再处理一个稍微复杂些的例子。

例 4.15　令 $f\left(x\right)=2\cos x+\cos^{2}x$，其中 $0\leqslant x\leqslant2\pi$。求其单调递增（子）区间和单调递减（子）区间。

解答　注意到

$$f'\left(x\right)=-2\sin x-2\cos x\sin x=-2\sin x\left(1+\cos x\right)$$

临界数只存在于 $f'\left(x\right)=0$ 处，所以推导出 $\sin x=0$ 或者 $\cos x=-1$。根据 $\sin x=0$ 可推导出 $x=0$ 和 $x=2\pi$（我们关注的区间是 $[0,2\pi]$），根据 $\cos x=-1$ 可推导出 $x=\pi$。所以，临界数有 0、π、2π。选择测试点 $x=\dfrac{\pi}{2}$ 与 $x=\dfrac{3\pi}{2}$，得到如下的符号图。

$$f'(x): \quad \underline{\;-\;-\;-\;-\;-\;-\;\;\;+\;+\;+\;+\;+\;}$$
$$0 \qquad\qquad \pi \qquad\qquad 2\pi$$

根据定理 4.1 我们断定，f 在 $\left(0,\pi\right)$ 上单调递减，在 $\left(\pi,2\pi\right)$ 上单调递增。图 4.10(c) 展示了 f 的图像的一部分。 ▇

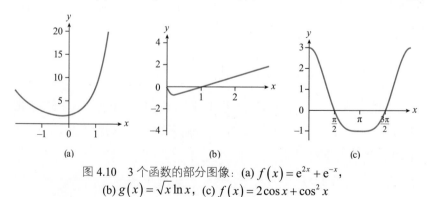

图 4.10　3 个函数的部分图像：(a) $f\left(x\right)=e^{2x}+e^{-x}$，
(b) $g\left(x\right)=\sqrt{x}\ln x$，(c) $f\left(x\right)=2\cos x+\cos^{2}x$

相关练习　习题 53~56[只有 (a)~(b)]、58(a)、59~61[只有 (a)~(b)]

4.4　最优化理论：极值

4.3 节的内容帮助我们用微积分找到函数图像的"峰"和"谷"，接下来介绍其数学术语。

定义 4.3　令 f 为一个函数，c 为 f 定义域中的数。

（1）如果对于 c 附近的 x 值有 $f(c) \geqslant f(x)$，那么称 f 在 c 处具有**极大值**。

（2）如果对于 c 附近的 x 值有 $f(c) \leqslant f(x)$，那么称 f 在 c 处具有**极小值**。

这两种中的任何一种情形，我们称 $f(c)$ 为对应的极值。

例如，回顾图 4.8(b)，函数在 $x = b$ 和 $x = d$ 处具有极大值，图像在 $f(b)$ 和 $f(d)$ 附近看上去像一座"峰"。同时，函数在 $x = a$、$x = c$ 和 $x = e$ 处具有极小值，图像在 $f(a)$、$f(c)$ 和 $f(e)$ 附近看上去像一个"谷"。注意到这些 x 值包括临界数和区间端点。这一点并不意外，因为我们可以用单调递增 / 单调递减判定法来定位极值。下面的定理描述细节。

定理 4.2（一阶导数判定法）　令 f 为一个函数，c 是 f 的临界数。

（1）如果跨过 $x = c$ 时 f' 的符号从正变成负，那么 f 在 $x=c$ 处具有极大值。

（2）如果跨过 $x = c$ 时 f' 的符号从负变成正，那么 f 在 $x=c$ 处具有极小值。

（3）如果跨过 $x = c$ 时 f' 的符号不变，那么 f 在 $x=c$ 处没有极值。

图 4.11 描绘了上述定理。函数 f 的极大值是该函数最大值的一个很可能的候选值（而极小值是该函数最小值的一个很可能的候选值），本节剩下的内容是求极值。（4.5 节我们寻求最值。）

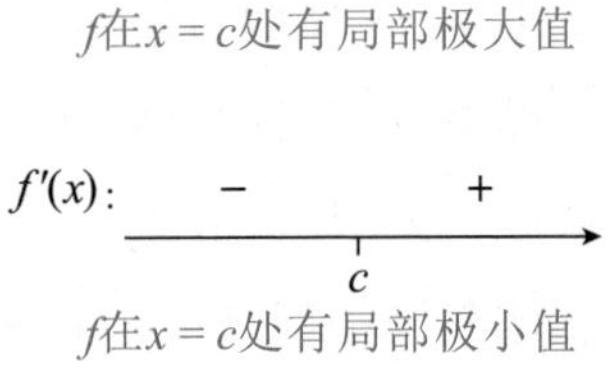

$f'(x)$:　$+$　　$-$

f 在 $x = c$ 处有局部极大值

$f'(x)$:　$-$　　$+$

f 在 $x = c$ 处有局部极小值

图 4.11　函数极值的判定方法

例 4.16 求 $f(x)=x^4-8x^3$ 的极值。

解答 因为 $f'(x)=4x^3-24x^2=4x^2(x-6)$，所以临界数只有 $x=0$ 与 $x=6$。选择测试点 $x=-1$、$x=1$、$x=7$，得到下面的符号图。

$$f'(x): \underline{\quad -\;-\;- \quad\underset{0}{\Big|}\quad -\;-\;- \quad\underset{6}{\Big|}\quad +\;+\;+ \quad}\longrightarrow$$

因为跨过 $x=6$ 时 f' 的符号变成正号，所以根据定理 4.2 我们知道 $f(6)$ 是极小值。因为跨过 $x=0$ 时 $f'(x)$ 符号不变，所以根据定理 4.2 我们知道函数在 $x=0$ 处没有极值。 ■

相关练习 习题 9~12［只有 (d)］、37(a)

超越函数的极值

例 4.17 求例 4.13 与例 4.14 中的函数 f 与函数 g 的极值。

解答

（1）我们已经计算得到例子中 $f'(x)$ 的符号图，使用定理 4.2 可以得知 f 在 $x=-\dfrac{\ln 2}{3}$ 处有一个极小值。因为没有端点，我们断定这个值是 f 的唯一极值。图 4.10(a) 确认了这些结论。

（2）类似地，把定理 4.2 应用到例子中已经求得的 $g'(x)$ 的符号图，我们得知函数 g 在 $x=\mathrm{e}^{-2}$ 处取得极小值。因为关注的区间是 $(0,\infty)$，不含端点，我们得出结论，$x=\mathrm{e}^{-2}$ 是 g 在该区间上的唯一极值。图 4.10(b) 确认了这些结论。 ■

相关练习 习题 39~42［只有 (c)］、43(a)、44(a)

例 4.18 给定例 4.15 中的函数和区间，求函数 f 的极值。

解答 把定理 4.2 应用到例子中已经求得的 $f'(x)$ 的符号图，我们得知 f 在 $x=\pi$ 处取得极小值。因为 $x=0$ 和 $x=2\pi$ 都在关注的区间内，下面来分析它们。符号图表明函数的图像在区间 $(0,\pi)$ 上单调递减，因此，$x=0$ 一定是 f 的局部极大值。类似地，因为符号图表明函数图像在区间 $(\pi,2\pi)$ 上单调递增，我们断言 $x=2\pi$ 也一定是 f 的局部

极大值。图 4.10(c) 确认了这些结果。　■

相关练习　习题 53~56［只有 (c)］

提示、窍门和要点

　　一阶导数判定法（定理 4.2）帮助我们将临界数按照是否是极值进行分类。不过，读者可能好奇，是否有其他 x 值是极值的可能候选值。下面的定理回答了这个问题。

　　定理 4.3（费马定理）　假定 f 在 c 处达到极大值或极小值，其中 c 不是 f 定义域的端点，那么 c 是 f 的临界数。

　　从以上定理可以得出一些重要结论。

　　（1）上述定理并没有表明，如果 c 是临界数，那么 f 在 c 处取到极值。比如例 4.16 中 $x=0$ 是临界数，然而它不是函数的极值。

　　（2）费马定理的"逆否命题"（如果 c 不是 f 的临界数，那么 f 在 c 处取不到极值）也是成立的。可以看出，在不是临界数的地方搜索极值是徒劳无益的。

　　（3）c 不是定义域的端点。因此需要单独考察端点。

　　费马定理的基本含义是函数图像的"峰"和"谷"一定出现在临界数的地方或者出现在给定区间的端点处。我们这次探讨最优化理论的最后一步是找到函数图像的绝对最高"峰"和绝对最低"谷"，费马定理的这个论断给我们做了很好的准备。

4.5　最优化理论：最值

　　现在我们做好了充分准备，研究函数中最大和最小的 y 值（最值，也称绝对最值）。与定义 4.3 相似，下面是这一概念的数学术语描述。

　　定义 4.4　令 f 为定义在区间 I 上的一个函数，c 为区间 I 中的一个数。

　　（1）如果对于区间 I 中的所有 x 值有 $f(c) \geqslant f(x)$，那么称 f 在 c 处具有最大值，且称 $f(c)$ 为区间 I 上的最大值。

（2）如果对于区间 I 中的所有 x 值有 $f(c) \leqslant f(x)$，那么称 f 在 c 处具有最小值，且称 $f(c)$ 为区间 I 上的最小值。

当区间 I 是全体实数的时候，我们直接称 $f(c)$ 为最小值或最大值。

注意到这里使用"对于区间 I 中的所有 x 值"，对应定义 4.3 中的语句"对于 c 附近的 x 值"。这意味着我们考察的是所关注区间 I 内的所有 x 值，并找到达到绝对最大（小） $f(x)$ 值的 x 值。例如，再次参考图 4.8(b)，函数在所画出的区间 $[a,e]$ 内的最小值是 $f(a)$，在这一区间内的最大值是 $f(d)$。

现在利用我们建立的求极值的理论来求最值。当 f 在所关注区间内只有一个临界数时，那么极值就等于最值。

定理 4.4　假设 f 在区间 I 上连续且在 I 内仅有一个临界数。如果 c 是一个极大值点，那么 $f(c)$ 就是 f 在区间 I 上的最大值。类似地，如果 c 是一个极小值点，那么 $f(c)$ 就是 f 在区间 I 上的最小值。

太棒了。可要是 f 在区间 I 内有多个临界数呢？根据 4.4 节的内容，我们知道函数图像的"峰"和"谷"要么出现在临界数的地方，要么出现在给定区间的端点处。所以，要确定最值我们只需要找到最高的"峰"和最低的"谷"。要点 4.4 的流程正是这样做的。

要点 4.4：如何求定义在闭区间 $[a,b]$ 上的连续函数的最值

（1）求区间 (a,b) 内的临界数。

（2）计算相应的临界值，还有 $f(a)$ 和 $f(b)$。

（3）最大值就是步骤（2）中求得的数里最大的；最小值就是步骤（2）中求得的数里最小的。

例 4.19　求函数 $f(x) = \left(x^2 - 1\right)^3$ 在区间 $\left[-\sqrt{2}, \sqrt{2}\right]$ 上的最值。

解答　首先，注意到 $f(x)$ 是多项式，在第 2 章我们说明过此类函数是连续的。因为 $\left[-\sqrt{2}, \sqrt{2}\right]$ 是一个闭区间，所以就可以用要点 4.4 的流程求最值。

（1）求临界数，先用链式法则对 f 求导：

$$f'(x) = 3(x^2-1)^2(2x) = 6x(x^2-1)^2$$
$$= 6x[(x-1)(x+1)]^2$$
$$= 6x(x-1)^2(x+1)^2$$

随之可见仅有的临界数是 $x=-1$、$x=0$、$x=1$。

（2）计算对应的临界值，还有 $f(-\sqrt{2})$ 与 $f(\sqrt{2})$。

$f(-1)=0$，$f(0)=-1$，$f(1)=0$，$f(-\sqrt{2})=1$，$f(\sqrt{2})=1$

（3）比较这几个值，我们发现 $f(-\sqrt{2})=f(\sqrt{2})$，它俩是 f 在 $[-\sqrt{2},\sqrt{2}]$ 上的最大值。（正如这个例子所示，可能出现多个最大值。）因为 $f(0)$ 是其中最小的数，所以它是 f 在 $[-\sqrt{2},\sqrt{2}]$ 上的最小值。图 4.12(a) 展示了 f 的图像。　■

应用实例 4.20　你可能已经注意到，在你所居住的房子里卧室从边长看几乎是正方形。我们通过计算来考虑它的原因。开工了，先假想你要在房子里再增修一个矩形房间，而你的经费够修 20 米长的墙。

（1）求房间的面积 A 关于宽度 x（单位为米）的函数。

（2）$A(x)$ 在哪些区间上是单调递增的？在哪些区间上是单调递减的？

（3）求 $A(x)$ 的临界数，并按照极大值、极小值，或者不属于这两者进行分类。

（4）边长多少时房间的面积最大？

解答

（1）令 y 为新房间的长度（单位为米），已知 $x+y=20$。注意，这一点蕴含 $0<x<20$ 且 $0<y<20$。（因为 x 与 y 是距离，所以它们不可能是负数。另外，如果 $x=0$ 或者 $x=20$，那就没有房间了，

只有一面 20 米长的墙，没人能住在里面生活。）因为卧室面积为 $A = xy$ ，那么替换 $y = 20 - x$ 得到函数

$$A(x) = x(20 - x) = 20x - x^2, 0 < x < 20$$

（2）$A'(x) = 20 - 2x$ 。令 $A'(x) = 0$ ，得到唯一解 $x = 10$ 。因此，选择测试点 $x = 1$ 与 $x = 15$ 得到如下的符号图。

$$A'(x): \underline{\quad + + + + + \quad | \quad - - - - - \quad}$$
$$10$$

从定理 4.1 可以推断 $A(x)$ 在区间 $(0,10)$ 上单调递增，在区间 $(10,20)$ 上单调递减。

（3）不存在 x 值使得 $A'(x)$ 不存在。又因为 $A'(x) = 0$ 仅在 $x = 10$ 处有解，所以 $x = 10$ 是唯一的临界数。最后，因为 A' 跨过 $x = 10$ 时符号从正号变成负号，所以根据定理 4.2 知道， $x = 10$ 是 $A(x)$ 的一个极大值。

（4）因为 $A(x)$ 在所有 $x < 10$ 处单调递增，在所有 $x > 10$ 处单调递减，所以在 $x = 10$ 处得到的不仅仅是极大值，还是 $A(x)$ 的最大 y 值。图4.12(b) 展示了 $A(x)$ 的图像。这个临界值是 $A(10) = 10 \times (20 - 10) = 10^2 = 100$

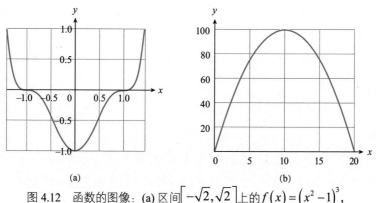

图 4.12 函数的图像: (a) 区间 $\left[-\sqrt{2}, \sqrt{2}\right]$ 上的 $f(x) = (x^2 - 1)^3$,
(b) 当 $0 < x < 20$ 时的 $A(x) = 20x - x^2$

（米 ^{2} ）。因此，面积最大时房间的边长为 10 米。 ■

超越函数的最值实例

例 4.21　求 $f(x) = xe^{-x}$ 在区间 $[0,3]$ 上的最值。

解答　f 是连续函数，且给定区间为闭区间，所以我们按照要点 4.4 的流程处理。首先求 $f'(x)$ ：

$$f'(x) = e^{-x} - xe^{-x} = \frac{1-x}{e^x}$$

　　我们发现，f 的临界数仅在 $f'(x) = 0$ 时存在，得到 $x = 1$ 。相对应的临界值是 $f(1) = e^{-1}$ 。区间端点处的 y 值是 $f(0) = 0$ 与 $f(3) = 3e^{-3}$ 。我们得到结论，f 在 $x = 1$ 处有最大值，在 $x = 0$ 处有最小值。图 4.13(a) 展示了 f 图像的相关部分。 ■

例 4.22　求 $g(x) = x - 2\ln(x^2+1)$ 在区间 $[0,10]$ 上的最值。

解答　因为 g 在 $[0,10]$ 上是连续的，我们还是按照要点 4.4 的流程处理。首先计算

$$g'(x) = 1 - 2\left(\frac{2x}{x^2+1}\right) = 1 - \frac{4x}{x^2+1}$$

可得仅在 $g'(x) = 0$ 处存在 g 的临界数，得到

$$\frac{4x}{x^2+1} = 1 \Rightarrow x^2 - 4x + 1 = 0$$

利用平方根公式得到两个解 $x = 2 - \sqrt{3}$ 与 $x = 2 + \sqrt{3}$ 。因为

$$g(0) = 0,\ g(2-\sqrt{3}) \approx 0.1,\ g(2+\sqrt{3}) \approx -1.7,\ g(10) \approx 0.8$$

所以判断 g 在 $x = 2 + \sqrt{3} \approx 3.7$ 处有最小值，在 $x = 10$ 处有最大值。图 4.13(b) 展示了 g 图像的相关部分。 ■

相关练习　习题 39~42［只有 (d)］、45(b)、46(a)、53~56［只有 (d)］

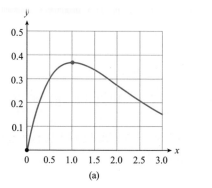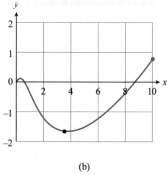

图 4.13　以下函数图像的相关部分：(a) $f(x) = xe^{-x}$, $0 \leqslant x \leqslant 3$；
(b) $g(x) = x - 2\ln(x^2 + 1)$, $0 \leqslant x \leqslant 10$。深色点标记最小值的位置，
浅色点标记最大值的位置

提示、窍门和要点

　　本节我们介绍了两项最优化理论的结果：要点 4.4 和定理 4.4。要点 4.4 的基础在于这样一个直觉：连续函数的图像可以一笔画成（第 2 章讨论过），因此，若区间包含端点，则函数一定有最值。下面的定理确认了这一直觉是对的。

> **定理 4.5（最值定理）**　假设 f 是区间 $[a,b]$ 上的一个连续函数，那么 f 在区间 $[a,b]$ 上既有最大值又有最小值。

　　太棒了！可要是 f 在非闭区间上连续，那么定理 4.4 可能有用。如果区间 I 内只有一个临界数且函数还是一个连续函数，那么对极值分类的时候局部情形和绝对情形是一样的。在应用实例 4.20 中我们就是这样做的[1]。此外，那个例子与本章前面的相关变化率问题一样也要通过数学建模来确定合适的函数以及求最大值的区间，所以应用实例 4.20 也很特别。4.6 节关注最优化理论的类似应用。

---

[1]　不过还有其他流程来处理我们研究的两种方法所忽略的情形。4.6 节我们会讨论这样一些流程。

4.6　最优化理论的应用

本节旨在隆重展示4.5节构建的最优化理论在现实中的各种应用。就这样吧，让我和你一起通过几个例子来学习。

应用实例 **4.23**　当人感冒的时候，身体的免疫系统向病毒做出反应，最终形成浓浓的痰液堆积在喉咙后方。咳嗽将气体通过气管推送出去，帮助排出痰液。如果我们把气管假想成圆柱体（真实情况差不多是这样的），那么咳嗽时空气冲过气管的速度用公式

$$v(r) = k(r_0 - r)r^2, \frac{r_0}{2} \leqslant r \leqslant r_0$$

能很好地逼近，其中 $k > 0$ 是常数，$r_0 > 0$ 是气管的原始半径。假设 $r_0 = 1$ 厘米（差不多是通常成年人气管的半径），求 $v(r)$ 的最大值。实验表明，咳嗽时 $r \approx \frac{2}{3}r_0$，在你的解答中解释这个 r 值。

解答

因为 $v(r) = k(1-r)r^2$ 是闭区间上定义的连续函数（它是个多项式），我们使用要点 **4.4** 的流程。首先求该区间内的临界数。根据乘法法则：

$$v'(r) = k(-1)r^2 + k(1-r)(2r) = kr(2-3r)$$

因此，根据 $v'(r) = 0$ 得到 $r = 0$ 或者 $r = 2/3$。因为 0 不在指定区间内，所以拒绝 $r = 0$ 作为临界数。下一步，计算临界值、$v\left(\frac{1}{2}\right)$ 与 $v(1)$：

$$v\left(\frac{1}{2}\right) = \frac{k}{8}, \ v\left(\frac{2}{3}\right) = \frac{4k}{27}, \ v(1) = 0$$

最后，我们寻找这几个 y 值中的最大值（因为我们的目的是找最大值）。因为 $\frac{4}{27} > \frac{1}{8}$，我们判断在关注的区间上 $v(r)$ 的最大值在 $r = \frac{2}{3} = \frac{2}{3}r_0$ 处。这一点和实验发现相吻合，也就意味着，在咳嗽的时候气管似乎收缩到这个半径，就可以使气体冲过气管的速度达到最大。　∎

最优化理论在产品设计上和节省通勤时间方面也非常有用。这里

有两个例子。

应用实例4.24 考虑图4.14描述的盛苏打水的柱状易拉罐。如果易拉罐由铝制作而成，容积为21.65英寸³，那么它在各维度的长度应当取多少才可以使制造这种易拉罐的铝材消耗最少？

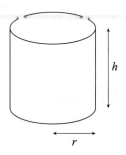

图4.14　柱状易拉罐示意图

解答

　　这次跟前面不一样的是我们要给出取极小值的函数（含有它的定义区间）。一个关键的观察所得：铝材用量取决于易拉罐的表面积。所以，要使得铝材消耗最少，就应当使柱状易拉罐的表面积最小。参见图4.14，易拉罐的表面积 S 等于顶部、侧面与底部的面积之和：

$$S = \pi r^2 + 2\pi rh + \pi r^2 = 2\pi r^2 + 2\pi rh \qquad (4.15)$$

其中，r 和 h 的单位均是英寸。易拉罐体积为21.65英寸³，且柱体体积 $V = \pi r^2 h$，那么有

$$\pi r^2 h = 21.65 \qquad (4.16)$$

用这个方程求解 h，代入式 (4.15) 得到

$$S(r) = 2\pi r^2 + 2\pi r\left(\frac{21.65}{\pi r^2}\right) = 2\pi r^2 + \frac{43.3}{r}$$

　　现在需要求 r 的区间。大多数东西当尺寸小于半英寸时都很难用人手握住，所以可假设 $r \geqslant 0.5$。类似地，不大可能有人会买高度小于 1 英寸的听装苏打水。根据式 (4.16)，当 $h \geqslant 1$ 时有 $r \leqslant 2.63$。不妨再放宽一些，假设 $r \leqslant 3$。这样我们就得到了函数和区间：

$$S(r) = 2\pi r^2 + \frac{43.3}{r}, \ 0.5 \leqslant r \leqslant 3$$

　　现在应用要点4.4的流程。我们首先求得区间内的临界数：

$$S'(r) = 4\pi r - \frac{43.3}{r^2}, \ 则 \ S'(r) = 0 \Rightarrow r^3 = \frac{43.3}{4\pi}$$

因此 $r=\sqrt[3]{\dfrac{43.3}{4\pi}}\approx 1.5$（英寸）是唯一的临界数。继续流程的第二步，因为

$$S\left(\sqrt[3]{\dfrac{43.3}{4\pi}}\right)\approx 43,\ S(0.5)\approx 88,\ S(3)\approx 71$$

且第一个数是三者中最小的，所以我们判断 $S(r)$ 的最小值位于临界数 $r\approx 1.5$ 英寸处。根据式 (4.16)，易拉罐对应的高度是

$$h=\dfrac{21.65}{\pi r^{2}}\approx 3$$

因此，该易拉罐大约在直径为 3 英寸、高度为 3 英寸的时候制作的铝材耗用最少。 ◼

应用实例 4.25 假 设你从家里（图 4.15 中的 A 点）出发，沿着一条直路开车 5 英里到公司（C 点）。某天你发现，可以先沿着侧路 AB 行驶一段距离再到点 C，

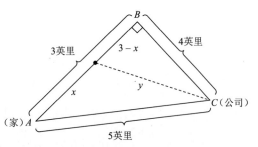

图 4.15　应用实例 4.25 相关的可能路径的刻画

且 $AB=3$ 英里、$BC=4$ 英里。假设汽车在公路 AB 上的燃油效率为 30 英里 / 加仑，从 AB 到 C 的侧路上的燃油效率为 20 英里 / 加仑，那么为了使行程的燃油成本最低，应当沿着侧路 AB 行驶多远呢？

解答 沿着公路 AB 行驶 x 英里然后行驶 y 英里到 C 点，则油耗的加仑数为

$$g=\dfrac{x}{30}+\dfrac{y}{20}$$

根据所考察场景的几何学关系可得

$$y^{2}=4^{2}+(3-x)^{2}$$

所以，我们可以把 g 表示成 x 的函数：

$$g(x) = \frac{x}{30} + \frac{\sqrt{16+(3-x)^2}}{20} \tag{4.17}$$

现在需要指出 x 的区间。正如图 4.15 表明的，$0 \leq x \leq 3$。现在按照要点 4.4 的流程处理。根据链式法则：

$$g'(x) = \frac{1}{30} + \frac{1}{20}\left[\frac{1}{2}\left[16+(3-x)^2\right]^{-\frac{1}{2}}\left[2\times(3-x)\right]\times(-1)\right]$$
$$= \frac{1}{30} + \frac{x-3}{20\sqrt{16+(3-x)^2}} \tag{4.18}$$

设 $g'(x) = 0$，化简得到

$$\frac{x-3}{20\sqrt{16+(3-x)^2}} = -\frac{1}{30} \Rightarrow 3-x = \frac{2}{3}\sqrt{16+(3-x)^2}$$

两端同时平方并化简得到

$$(3-x)^2 = \frac{64}{5} \Rightarrow x = 3 \pm \frac{8}{\sqrt{5}}$$

但是 $3+\frac{8}{\sqrt{5}} \approx 6.6$ 与 $3-\frac{8}{\sqrt{5}} \approx -0.6$ 均位于区间 $[0,3]$ 之外，所以我们拒绝这两个临界数。然后根据流程，只计算 $g(0)$ 与 $g(3)$：

$$g(0) = 0.25, \quad g(3) = 0.3$$

因为两者中 $g(0)$ 更小，所以节省燃油的路线是全程取道公路 AC 上班，那样会消耗 0.25 加仑燃油。∎

附录 C 中的应用实例 C.3 使用最优化理论来描述如何用公平的方式最优地分摊一个可分量（例如披萨）。

现在我们已经完成了几个最优化理论问题。就像我们见到的一样，有些问题就是比其他问题要难一些。特别地，上面两个例子包含一些棘手的最优化理论问题的共性特征。

（1）你需要确定优化的方程，这个方程称为**目标函数**。

（2）目标函数的变量之间存在关系，这些关系称为**限制条件**。

（3）关注区间是未知的，需要你根据问题建模的具体物理场景来确定。

求出目标函数、限制条件（如果存在）、变量区间是多数最优化理论问题中很难的部分。这有点儿类似在 4.1 节里的有些相关变化率问题中我们不得不完成的数学建模。与要点 4.1 类比，这里有一个相对直接的流程可以帮助你解决最优化理论问题。

要点 4.5：如何求解闭区间上的最优化理论问题

（1）如果可以，那么画个图，识别问题中的变量。这一步可以使问题变得形象、直观、可视。

（2）查看关键词，找到目标函数的线索。例如，"使面积最小"表明目标函数是面积，那下一步就应当是识别问题中表述的面积。

（3）（如果存在限制条件，那就）找到限制条件。这些条件可能来自你画的图，或者仔细推敲变量的文字描述（例如，"最多"指明了可能的最大值）。

（4）如果存在限制条件，那么使用这些条件和你画的图来找到定义域区间。

（5）如果定义域是闭区间且目标函数是连续的，那么使用要点 4.4 的流程找到最大值或最小值。

（6）回答问题，确认结束。有些习题问的是实际最小值，有些习题问的是最小值解对应的各维度长度。确认你给出了合理的解答（如果使用了计量单位，也要包括进去）。

我鼓励你使用上述流程来完成下面推荐的习题。

相关练习　习题 29~30、32、34~36

超越函数的最优化问题

附录 B 的习题 19 把橄榄球的高度当作时间的函数来讨论（忽略空气阻力）。让我告诉你怎样求橄榄球的最大投程（美国国家橄榄球联盟的普通四分卫选手对此非常感兴趣）。

应用实例 4.26　假设我们向空中投掷一个充分重的物体（即不是一根羽毛那样），投掷物的初始速度是 v_0（单位为米 / 秒），投掷的对

地仰角是 θ（其中 $0 \leqslant \theta \leqslant \pi/2$）。记 R 为物体回到投掷初始高度前飞跃的水平距离（单位为米）（R 称为投掷物的投程）。忽略空气阻力，可得

$$R(\theta) = \frac{v_0^2}{g}\sin(2\theta), \ 0 \leqslant \theta \leqslant \frac{\pi}{2}$$

这里 $g \approx 10$ 米 / 秒 ^{2}，表示重力加速度。

（1）求 R 的临界数。

（2）用微积分知识找到使投程最大的投掷角度 θ，以及最大投程。

解答

（1）因为

$$R'(\theta) = 2 \times \frac{v_0^2}{g}\cos(2\theta) = \frac{2v_0^2}{g}\cos(2\theta)$$

是连续函数，所以临界数仅存在于 $R'(\theta) = 0$ 处，推导出 $\cos(2\theta) = 0$。因为余弦函数在区间 $\left[0, \frac{\pi}{2}\right]$ 内只有一次（在 $\frac{\pi}{2}$ 处）取零值，所以唯一的临界数是 $\theta = \frac{\pi}{4}$。

（2）按照要点 4.4 的流程，我们计算：

$$R(0) = 0, \ R\left(\frac{\pi}{4}\right) = \frac{v_0^2}{g}, \ R\left(\frac{\pi}{2}\right) = 0$$

可得 R 在 $\theta = \frac{\pi}{4}$ 处有最大值。所以，投掷角度为 45° 时将达到最大投程。（再次声明，我们忽略了空气阻力。）另外，最大投程是 $\frac{v_0^2}{g}$。注意这个值是投掷初始速度的二次函数。所以，一个橄榄球四分卫选手若能将其投掷速度提升至原有的 x 倍，那么最大投程就会增加到原来的 x^2 倍。■

在附录 C 中，应用实例 C.4 用最优化理论来确定价值资产的最优持有时间（涉及指数函数）；应用实例 C.5 用最优化理论来确定使得血流在血管分叉点的阻力最小的角度。

相关练习 习题 47、49、58~60

提示、窍门和要点

首先，我大声宣告：最优化问题是最难的微积分问题之一。解决了前面那些实例后，你应该也有所感受：最优化问题要用到迄今为止讲过的所有知识。另外，很多问题都包括了数学建模这一步骤，你需要自己确定目标函数和区间。我的建议是：别灰心；练习，练习，再练习。

最优化理论是我们学习微积分的里程碑。既然我们已经探讨过这套理论了，那么我就要开始向第 5 章过渡了。为此我回到 3.13 节的内容：高阶导数。特别地，我们发现二阶导数可以帮助求极值。另外，二阶导数起作用的方式还引出新的发现：f' 度量函数图像的曲率。

4.7 二阶导数反映的函数信息

回忆一下，$f'(a)$ 是 f 的图像在点 $(a,f(a))$ 处的切线的斜率。我们需要给出 $f''(a)$ 与此类似的阐释。为此我们先回看它本来的意思——旨在刻画 $f'(x)$ 如何改变。将定理 4.1 中每一处 f 替换成 f'，得到下面的定理，给了我们新的发现。

定理 4.6 设 f 在区间 (a,b) 上是二阶可微的。

（1）如果对区间 (a,b) 中的所有 x 有 $f''(x)>0$，那么 f' 在此区间上是单调递增的。

（2）如果对区间 (a,b) 中的所有 x 有 $f''(x)<0$，那么 f' 在此区间上是单调递减的。

图 4.16 描述了这一定理。在图 4.16(a) 中，$f''(x)=2$，总是正值。该定理蕴含着随着 x 值的增大，$f'(x)$ 是单调递增的（即 f 图像的切线越来越陡）。在图 4.16(b) 中，$f''(x)=-\left(\dfrac{1}{4}\right)x^{-\frac{3}{2}}$，当 $x>0$ 时总是负值。则该定理蕴含着随着 x 值的增大，$f'(x)$ 是单调递减的（即 f 图像的切线越来越平缓）。

现在回忆我们的线性化方法，f 在 $x=a$ 附近与其在 $x=a$ 处的函数图像的切线不可区分。我们可以把定理 4.6 中的 "f' 在此区间上

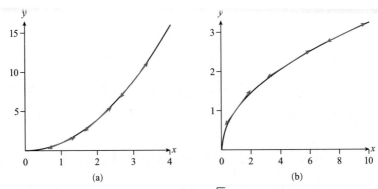

图 4.16 (a) $f(x) = x^2$（向上凹）和 (b) $g(x) = \sqrt{x}$（向下凹）的图像，并画有几条切线

是单调递增的"替换成" f 的图像在此区间上向上弯曲"［就像图 4.16(a) 中那样］。由此引出下面的新术语，并重新表述了定理 4.6。

定义 4.5（凹性）　令 f 为定义于区间 I 上的函数。

（1）如果 f 的图像位于它在区间 I 各处的切线的上方，那么称 f 在区间 I 上是上凹的。

（2）如果 f 的图像位于它在区间 I 各处的切线的下方，那么称 f 在区间 I 上是下凹的。

定理 4.7（凹性的判定）　令 f 是定义在区间 I 上的函数。

（1）如果对区间 I 中的所有 x 有 $f''(x) > 0$，那么 f 在区间 I 上是上凹的。

（2）如果对区间 I 中的所有 x 有 $f''(x) < 0$，那么 f 在区间 I 上是下凹的。

就像图 4.16(a) 与图 4.16(b) 所示的那样，图像的上凹部分看起来形如"∪"，而图像的下凹部分看起来形如"∩"。所以，我们的第一个结论就是，f'' 度量函数图像的弯曲程度：当 $f''(x) > 0$ 时向上弯曲成"∪"形，当 $f''(x) < 0$ 时向下弯曲成"∩"形。

f'' 的符号反映 f 的图像如何弯曲的信息，f'' 的数值则是对弯曲程度本身的度量。在图 4.17 中刻画了这一点，图中包含了 3 条抛物线。看到 $f''(x) = \dfrac{1}{2}$，$g''(x) = 2$，$h''(x) = 4$，且从 f 到 g 再到 h 抛物线的图像弯得越来越"厉害"。所以，我们的第二个结论是：$f''(x)$ 的绝对值越大，则图像越弯曲。将这一信息与 f' 所反映的信息（函数 f 图像的斜率或者陡的程度）进行比较。

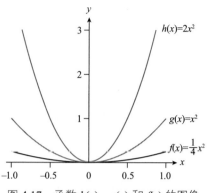

图 4.17　函数 $h(x)$、$g(x)$ 和 $f(x)$ 的图像的弯曲情况

最后再进一步将 f'' 与 f' 类比。本章我们学习到跨越时使 $f'(x)$ 改变符号的那些 x 值是有意义的（它们定位了 f 图像的极值点），类似地，跨越时使 $f''(x)$ 改变符号的那些 x 值也是有意义的（它们是 f 图像改变凹性的位置）。这一概念也很重要，有一个专门的称谓。

定义 4.6（拐点）　如果函数 f 的图像在跨越 $x = c$ 时改变凹性，那么称 f 在 $x = c$ 处具有拐点。

我们用在 f' 上的符号图技术也可以用来求拐点。首先，求 $f''(x)$，确定它等于 0 或者不存在的地方。我们不妨称这些 x 值为"候选拐点"。这些 x 值本质上是 f' 的临界数。然后，使用符号图来判断一些点的值，从而考察跨越每个候选拐点的时候 $f''(x)$ 是否改变符号。如果改变了符号，那么由定理 4.7 我们得知其凹性发生了改变，可得知哪一个候选拐点真正成为拐点。

例 4.27　考察例 3.13 里的函数 $f(x) = x^3 - 3x$。

（1）f 在哪些区间上是上（下）凹的？

（2）求拐点。

解答

（1）根据幂函数求导法则，$f'(x) = 3x^2 - 3$，$f''(x) = 6x$。因为当 $x > 0$ 的时候 $f''(x) > 0$，所以根据定理 4.7 我们得知，当 $x > 0$ 的时候 f 的图像是上凹的。类似地，因为当 $x < 0$ 的时候 $f''(x) < 0$，所以我们判断，当 $x < 0$ 的时候 f 的图像是下凹的。

（2）唯一的"候选拐点"是 $x=0$ ，这是满足 $f''(x)=6x=0$ 或者不存在的唯一 x 值。因为对于 $x<0$ 有 $f''(x)<0$ ，对于 $x>0$ 有 $f''(x)>0$ ，所以当跨越 $x=0$ 时 $f''(x)$ 改变了符号。因此， $x=0$ 是唯一的拐点。∎

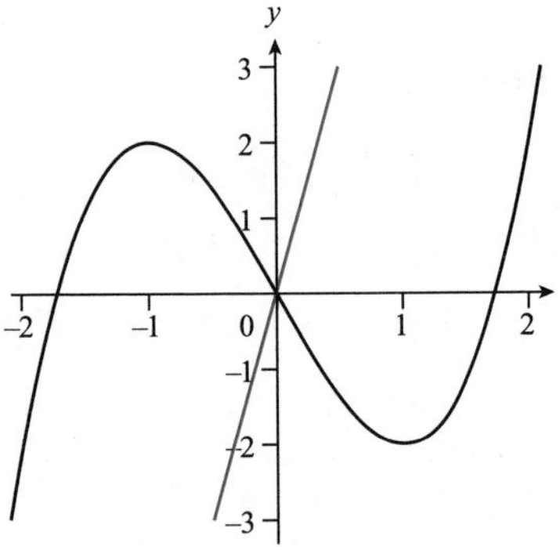

图 4.18 描述了我们的结果。注意，当跨越 $x=0$ 时 f 的图像从"∩"形切换到"∪"形， f'' 也在此改变符号。

图 4.18 $f(x)=x^3-3x$ 与 $f''(x)=6x$（蓝色线）

还注意到， f 在 $x=-1$ 处具有极大值，在 $x=1$ 处具有极小值。在这两点， $f''(-1)<0, f''(1)>0$ 。这就暗示，在二阶导数与极值之间可能存在某种联系。下面的定理刻画了这种联系的细节。

> **定理 4.8（二阶导数判定法）** 假设 f'' 在一个包含 c 的区间上是连续的，且 $f'(c)=0$ 。
> （a）如果 $f''(c)>0$ ，那么 f 在 $x=c$ 处具有极小值。
> （b）如果 $f''(c)<0$ ，那么 f 在 $x=c$ 处具有极大值。

这个定理的用途在于它使得求极值时不再必须画符号图了（先前我们用定理 4.2 的一阶导数判定法是有此要求的）。现在，定理 4.8 转而要求计算 $f''(x)$ ，即将满足 $f'(x)=0$ 的临界数代入 $f''(x)$ 。不过，该定理的弱项在于它的假设条件：它要求 f'' 在 $x=c$ 附近是连续的，且 $f'(c)=0$ 。相比而言，一阶导数判定法的应用范围更广。结论：如果容易计算二阶导数（例如 f 是多项式）且满足二阶导数判定法的假设条件，就用这个判定；否则，要求极值的话就采用一阶导数判定法。

相关练习 习题 17~20、37(b)、38(b)

超越函数的凹性与拐点

例 4.28 对例 4.13 和例 4.14 中的函数 f 与 g 求凹性区间及拐点，其中，

$$f(x) = \mathrm{e}^{2x} + \mathrm{e}^{-x}, \quad g(x) = \sqrt{x}\ln x。$$

解答

　　前文已经计算得到 $f'(x) = 2\mathrm{e}^{2x} - \mathrm{e}^{-x}$。为了考察 f 的凹性，注意对任意 x 有

$$f''(x) = 4\mathrm{e}^{2x} + \mathrm{e}^{-x} = \frac{4\mathrm{e}^{3x} + 1}{\mathrm{e}^{x}} > 0$$

　　根据定理 4.7 得到，f 在所有 x 处是上凹的，因此没有拐点。这和图 4.10(a) 吻合。

　　前面已经计算得到 $g'(x) = \dfrac{2 + \ln x}{2\sqrt{x}}$。要考察 g 的凹性，我们先用商的求导法则计算 g''：

$$g''(x) = \frac{\dfrac{1}{x}\left(2\sqrt{x}\right) - \dfrac{\ln x + 2}{\sqrt{x}}}{4x} = -\frac{\ln x}{4x^{\frac{3}{2}}}$$

　　因为（根据 g 的定义域）我们只考虑 $x > 0$，仅有的潜在候选拐点存在于 $g''(x) = 0$ 处，推导出 $\ln x = 0$，解为 $x = 1$。用 $x = 0.5$ 与 $x = 2$ 测试得到如下的符号图。

$$g''(x): \quad \underset{\overset{\uparrow}{1}}{\underline{+\ +\ +\ +\ +\qquad -\ -\ -\ -\ -}}\longrightarrow$$

　　根据定理 4.7 得知，g 在区间 $(0,1)$ 内上凹，在区间 $(1,\infty)$ 内下凹。因此，$x = 1$ 是唯一的拐点。这和图 4.10(b) 吻合。　■

　　在附录 C 中的应用实例 C.6 考察阻滞增长方程，该方程是刻画增长的一种数学模型，应用广泛。

　　例 4.29　令 $f(x) = 2\cos x + \cos^2 x$，其中 $0 \leqslant x \leqslant 2\pi$（与例 4.15 中的函数和定义域相同）。求 f 的凹性区间及拐点。

解答　先前已经计算得到 $f'(x) = -2\left(\sin x + \sin x\cos x\right)$。据此可计算得到

$$f''(x) = -2\left(\cos x + \cos^2 x - \sin^2 x\right)$$

　　不存在 $f''(x)$ 未定义的 x 值，所以仅有的候选拐点存在于

$f'(x)=0$ 处。令 $f''(x)=0$，得到

$$\cos x + \cos^2 x - \sin^2 x = 0$$

根据附录 B 中的式 (B.22)，代入 $\sin^2 x = 1 - \cos^2 x$，得到

$$2\cos^2 x + \cos x - 1 = 0$$

这是个隐式二次方程。令 $z = \cos x$，这个替换将方程变换成 $2z^2 + z - 1 = 0$，分解成 $(2z-1)(z+1)=0$。然后解得 $z = -1$ 与 $z = \dfrac{1}{2}$，即 $\cos x = -1$ 与 $\cos x = \dfrac{1}{2}$。这两个方程在区间 $[0, 2\pi]$ 内的解是

$$x = \frac{\pi}{3}, \ x = \pi, \ x = \frac{5\pi}{3}$$

选择测试点 $x = \dfrac{\pi}{4}$、$x = \dfrac{\pi}{2}$、$x = \dfrac{3\pi}{2}$，推导出下面的符号图。

根据定理 4.7 得知，f 在区间 $\left(0, \dfrac{\pi}{3}\right)$ 与 $\left(\dfrac{5\pi}{3}, 2\pi\right)$ 上是下凹的，在区间 $\left(\dfrac{\pi}{3}, \pi\right)$ 与 $\left(\pi, \dfrac{5\pi}{3}\right)$ 上是上凹的。所以，$x = \dfrac{\pi}{3}$ 与 $x = \dfrac{5\pi}{3}$ 是其两个拐点。这和图 4.10(c) 吻合。∎

相关练习 习题 52~56[只有 (e)]、61

4.8 结束语

现在我们已经完成了微分学的学习。本章很好地刻画了微积分的动态思维方式，以及第 3 章的标题（导数：变化率的定量描述）。

第 5 章我们回过头来讨论第 1 章谈到的三大难题中的最后一个："曲线下面积问题"。解决这个问题会引出微积分的"终极大特征"：积分。尽管积分源自纯几何问题（计算曲线下方的面积），故与导数毫无关系，可我们还是会发现积分与导数的紧密联系。关联两者的结果（微积分基本定理）是微积分成就的"皇冠"。

本章习题

1~4：求函数在指定 a 值处的线性主部。

1. $f(x)=(x-1)^2, a=1$

2. $f(x)=\sqrt{x}, a=1$

3. $f(x)=\dfrac{1}{x}, a=1$

4. $f(x)=x^3, a=2$

5~8：使用线性化方法逼近下述数值；将答案与真实值进行比较。

5. $\sqrt{10}$

6. $(1.01)^6$

7. $\dfrac{1}{\sqrt{3}}$

8. $\sqrt[3]{2}$

9~12：确定函数在哪些区间上是 **(a)** 单调递增的、**(b)** 单调递减的，然后求函数的 **(c)** 临界数和 **(d)** 极值。

9. $f(x)=2x^3+3x^2-36x$

10. $f(x)=x+\dfrac{1}{x}$

11. $f(x)=x^4-2x^3-x^2+2x$

12. $f(x)=\dfrac{x^2}{x+3}$

13~16：求函数在指定区间上的 **(a)** 最大值、**(b)** 最小值对应的 x 值。

13. $f(x)=x^3-3x+1, [0,3]$

14. $f(x)=x^4-2x^2+3, [-2,3]$

15. $f(x)=(x^2-1)^3, [0,1]$

16. $f(x)=\dfrac{x}{x^2+1}, [0,2]$

17~20：求 f 在哪些区间内是 **(a)** 上凹的、**(b)** 下凹的，然后 **(c)** 给出 f 的所有拐点。

17. $f(x)=2x^3-3x^2-12x$

18. $f(x)=2+3x-x^3$

19. $f(x)=2+2x^2-x^4$

20. $f(x)=x\sqrt{x+3}$

21. 饮料中的立方体冰块开始融化。假设冰块的边长以 2 英寸 / 分的变化率减小，那么当冰块的边长是 1/3 英寸的时候它的体积减小的速度有多快？

22. 假设有一个盛满水的圆柱形水箱，半径为 20 厘米。现在它的圆形底部被钻了一个小孔，水开始以 25 厘米³/ 秒的速度漏出，那么水箱中水位线下降得有多快？

23. 同上述习题 22，条件换成假设水箱的半径是 1 米，水漏出的速度是 3 升 / 秒。

24. 一名棒球手在一垒位置。击球手击球，然后在一垒的棒球手开始冲向二垒。假设棒球手以 15 英尺／秒的速度奔跑，棒球场是边长 90 英尺的正方形，当这位棒球手跑到一垒与二垒的中点时，求他与三垒的距离的变化率。

25. 人们想把谷仓中的谷物运走。现场一条传送带以 15 厘米³／秒的速度把谷物装进卡车。假设谷堆的形状总是底面直径与高度相等的圆锥体，那么当谷堆高 3 厘米的时候它的高度以多快的速度改变？

26. 公园里有个小孩子把手里拽着的气球放了出去。气球以 5 米／秒的速度上升。当气球到达空中 50 米高的时候，一条狗在它下方跑，狗以 10 米／秒的速度做直线运动。2 秒后狗与气球之间的距离改变有多快？

27. 你和一位兄弟刚刚结束家庭聚会，在同一时刻你俩从同一地点出发各回各家。你以 30 英里／时的速度向北行驶，而你的兄弟以 40 英里／时的速度向东行驶。请计算 1 小时后你俩之间的距离的改变速度。

28. 假设有盏路灯高 18 英尺，一位 6 英尺高的女士从灯下走过并远离。如果她的步行速度是 5 英尺／秒，那么她的影子变长的速率有多快？

29. 水陆铁人两项赛 水陆铁人两项赛是一种先游泳后跑步的赛事。假设玛丽亚参加了这一赛事。有一条直直的河，河宽 2 英里。玛丽亚从河的北岸出发，而终点在河的南岸偏东 6 英里处。她游泳的速度为 5 英里／时，跑步的速度为 10 英里／时。为了使完成水陆铁人两项赛耗时最少，玛丽亚应当先游向南岸哪个位置？

30. 棒球门票收入最大化 芬威公园——美国历史最悠久的棒球场，能容纳大约 38000 名观众。假设平均一张票卖 100 美元（票价分不同的档次），按照这个价格卖，整个赛季平均上座有 25000 人。现在假设波士顿红袜棒球队做了一份问卷调查，发现平均票价每降低 10 美元，则平均上座人数将增加 1000 人。

(a) 求平均售价 p 关于平均上座人数 x 的线性函数。

(b) 售出 x 张票所获取的收入为 $R(x) = xp(x)$。用 (a) 小问的答案来确定得到最大收入的平均票价。

31. 亚马逊网站的平均营收 亚马逊网站售卖许多商品，此处用 $R(x)$ 标记卖出 x 套某种商品（例如洗发水）的营业收入。亚马逊还经常通过调整商品价格来增加收入，并更关注所卖商品的平均收入指标 $\bar{R}(x) = R(x)/x$。

(a) 计算 $\bar{R}'(x)$。

(b) 说明 $\bar{R}(x)$ 的临界数是 $x = 0$ 并计算满足 $R'(x) = \bar{R}(x)$ 的 x 值；解释第二个临界数条件。

32. 血流速度的最大化 当血液流经一段几乎呈圆柱形的动脉血管时，它的速度非常接近 $v(r) = k(R^2 - r^2)$。其中 k 是常数，R 是血管的半径，r 是距血管中轴的距离。这个关于 v 的方程就是泊肃叶定律。试说明靠近血管中轴的地方血流速度最大。

33. 重力加速度 回到第 3 章习题 45，请用导数的线性化阐释来解释 $g'(0)$。

34. 令 x 与 y 是和为 100 的两个数，求两者乘积 xy 的最大值。两者乘积是否存在最小值？请简单说明。

35. 回到例 4.24，假设圆柱体易拉罐的体积是 V。试说明当 $h = 2r$（即易拉罐的高度等于它的直径）时所用铝材最少。

36. 一段金属丝总长 10 米，现将其截为两段。一段弯成正方形，另一段做成各边长相等的三角形（即等边三角形）。另用 A 标记所得形状的面积之和，试求 A 的最小值。

37. 考虑一般二次多项式为 $f(x) = ax^2 + bx + c$（$a \neq 0$）。

(a) 证明：如果 $a > 0$，那么 f 在 $x = -\dfrac{b}{2a}$ 处有极小值；如果 $a < 0$，那么 f 在 $x = -\dfrac{b}{2a}$ 处有极大值。

(b) 证明：如果 $a < 0$，那么 f 是下凹的；如果 $a > 0$，那么 f 是上凹的。

38. 考察一般三次多项式 $g(x) = ax^3 + bx^2 + cx + d$（其中 $a \neq 0$），令 $D = b^2 - 3ac$。

(a) 证明：如果 $D > 0$，那么 g 有两个临界数；如果 $D = 0$，那

么 g 有一个临界数；如果 $D<0$ ，那么 g 没有临界数。

(b) 证明： g 仅有的潜在候选拐点 是 $x=-\dfrac{b}{3a}$ ， 且 仅 当 $D\geqslant0$ 时 g 具有拐点。

指数函数和对数函数相关的习题

39~42： (a) 求函数的单调递增或 单调递减区间, (b) 求临界数, (c) 求极值点（如果有的话）, (d) 求函数在区间 [1,2] 上的最值, (e) 求凹性区间及同区间内的拐 点（如果存在拐点的话）。

39. $f(x)=xe^{-x}$

40. $g(x)=e^{x}-x$

41. $h(t)=t^{2}-8\ln t$

42. $f(z)=\dfrac{2\ln z}{z^{2}}$

43. 令 $f(x)=b^{x}$ 为指数函数。

(a) 已知 $f'(x)=(\ln b)b^{x}$ 。如果 $b>1$ ，那么在所有 x 处 f 是 单调递增的；如果 $0<b<1$ ， 那么在所有 x 处 f 是单调递 减的。请解释其原因并解释 为什么 f 没有极值。

(b) 已知 $f''(x)=(\ln b)^{2}b^{x}$ ，请解 释为什么 f 在所有 x 处是上 凹的。由此解释为什么 f 没

有拐点。

44. 令 $g(x)=\log_{b}x$ 是对数函数。

(a) 已知 $g'(x)=\dfrac{1}{x\ln b}$ ，在 $0<b<1$ 和 $b>1$ 的情形下，请分别给 出函数的单调递增区间与单 调递减区间。解释为什么 g 没有极值。

(b) 已 知 $g''(x)=-\dfrac{1}{x^{2}\ln b}$ ， 在 $0<b<1$ 和 $b>1$ 的 情 形 下， 请分别求出函数的凹性区间。 解释为什么 g 没有拐点。

45. 考 虑 函 数 $f(x)=x^{n}e^{-x}$ ， 其 中 n 是正整数。说明： (a) 唯一 的非零临界数是 $x=-\dfrac{1}{n}$ ， (b) f 在临界数处取得最大值。

46. 钟形曲线 形如

$$f(x)=\dfrac{1}{b\sqrt{2\pi}}e^{-\frac{(x-a)^{2}}{2b^{2}}}$$

的函数被称为**正态分布**，其中 $b>0$ ， a 为常数。正态分布在 统计学中广泛应用于描述人的 身高、学生考试分数，甚至 IQ 分数等。

(a) 说明 f 在 $x=a$ 处取得最大值。

(b) 说明 f 在 $x=a-b$ 与 $x=a+b$ 处具有拐点。

(c) 请用已有的结果画出 $a>0$ 条

件下函数 f 的草图。这时你就会明白为什么 f 的图像经常被称作"钟形曲线"。

47. 宇宙微波背景辐射　宇宙起源的主流解释是大爆炸理论，这种理论猜测我们的宇宙曾是一个微小的高密度、高温度的"奇点"，然后随着"大爆炸"发生迅速膨胀扩张变成我们现今认识的宇宙。大爆炸余留的热量被称作宇宙微波背景辐射（CMBR）。CMBR 的温度保持为大约 2.7 开尔文的常值，但还是存在细微的波动。CMBR 的辐射能量 R 的分布随着它发射的光的波长而变化，这一关系可以很精确地建模并刻画成函数

$$R(\lambda) = \frac{a}{\lambda^5} \frac{1}{e^{\frac{b}{2.725\lambda}} - 1}$$

其中 λ、a、b 都是已知常数。

(a) 让我们简化一下，假设 $a = 1$，$b = 5.45$。计算 $R'(\lambda)$。

(b) R 仅有的临界数约为 0.4。由此说明，R 在 $x \approx 0.4$ 处达到最大值。

48. 冈珀茨生存曲线　函数
$$G(t) = e^{\frac{a}{b}(1 - e^{bt})}$$

的图像被称为冈珀茨生存曲线，其中 a 与 b 均为正常数，t 为非负实数。这类曲线用作数学模型，刻画我们在年龄 0 时成功出生后存活至年龄 t（单位为年）的概率。现简化假设，令 $a = b$ 且 $b = 0.085$（这个数据来自某些种族的经验数据）。

(a) 写出给定参数下的函数 $G(t)$，然后计算 $G(0)$ 并阐释其意义。

(b) 计算 $\lim_{t \to \infty} G(t)$ 并阐述结果的意义。

(c) 说明对所有 t（这里 $t \geqslant 0$）都有 $G'(t) < 0$ 并阐释这一结果的意义。

(d) 说明对所有 t（这里 $t \geqslant 0$）都有 $G''(t) > 0$ 并阐释这一结果的意义。

49. 题干同第 3 章习题 65，导数 $P'(v)$ 与 $P'(0)$ 已经在第 3 章中算出。

(a) 请使用线性化方法说明在 v 接近 0 时 $P(v) \approx av$。

(b) 请确定在 $b = \dfrac{1}{2}$ 的某区域内最可能的风速是多少。

三角函数相关的习题

50. 假设你和朋友去公园发射玩具火箭。火箭点火后，你走开了 20 英尺远。火箭发射了，当火箭高度角等于 45° 时，它的高度角正以每秒 3° 的速率增大。求在那一时刻火箭的高度改变得有多快？

51. 一座灯塔距离海岸线（近似为直线）1 英里远。灯塔在夜间的光打在海岸线上成一个光点，并且灯塔以每分钟 5 圈的速度旋转。当光线与海岸线和灯塔连线的夹角成 30° 的时候，光点的移动速度有多快？

52. 令 $f(x) = \sin x, g(x) = \cos x$。我们知道 $f'(x) = g(x)$ 和 $g'(x) = -f(x)$。试说明 $f''(x) = -f(x)$ 和 $g''(x) = -g(x)$（因此，正弦函数和余弦函数均满足微分方程 $y'' + y = 0$）。

53~56： 求 **(a)** 指定区间内的单调递增区间与单调递减区间，**(b)** 临界数，**(c)** 指定区间内的极值（如果存在的话），**(d)** 指定区间内的最值，**(e)** 凹性区间及拐点（如果存在的话）。

53. $f(x) = 2\cos x + \sin^2 x$，$[0, \pi]$

54. $g(x) = 4x - \tan x$，$[-\pi/3, \pi/3]$

55. $h(t) = 2\cos t + \sin(2t)$，$[0, \pi/2]$

56. $g(s) = s + \cot(s/2)$，$\left[\dfrac{\pi}{4}, \dfrac{7\pi}{4}\right]$

57. $f(x) = \sin x$ 与 $g(x) = \cos x$ 均具有周期 2π：对所有 x 都有 $f(x) = f(x + 2\pi)$ 和 $g(x) = g(x + 2\pi)$。试利用这一特点证明 f'、f''、g'、g'' 都是周期为 2π 的函数。因此通过微积分求出的 f 与 g 的特征（例如临界数、极值等）只需要针对区间 $[0, 2\pi)$ 内的 x 值确定。

58. 用微积分高效地搬箱子 想象在地面上有一个质量为 m（单位为千克）的沉重的箱子，还有根绳子系在上面。假设你试图通过拉绳子来拖动箱子，绳子与地面成 θ 夹角，那么关于需要的力 F（单位是牛顿）的一个简单模型为

$$F(\theta) = \frac{\mu m g}{\cos\theta + \mu\sin\theta}, 0 \leqslant \theta \leqslant \frac{\pi}{2}$$

其中，$g \approx 9.8$ 米 / 秒^2 是重力加速度，$0 \leqslant \mu \leqslant 1$ 是**静态摩擦系数**。

(a) 说明 F 在指定区间内的唯一临界数存在于 $\tan\theta = \mu$ 处。

(b) 说明当 $\tan\theta - \mu$ 时，

$$F(\theta) = \frac{\mu mg}{\sqrt{1+\mu^2}}$$

(c) 解释

$$\frac{\mu mg}{\sqrt{1+\mu^2}} \leqslant \mu mg \leqslant mg$$

的原因，利用这一点和 (a) 小问的结果来论证 F 在 $\tan\theta = \mu$ 时取最小值。（如果箱子由硬纸板制作而成，地板是木制的，那么 $\mu \approx 0.5$ 且 $\theta \approx 27°$。）

59. 行星轨道的形状 牛顿万有引力定律（第 2 章习题 35）的一个标志性成就是解释了为什么太阳系中的行星在围绕太阳的椭圆轨道上运行。根据牛顿的结论，可以说明将太阳置于平面的原点（见右上图），行星到太阳的距离 r 几乎可以用角度版本的椭圆方程（即用极坐标表示的椭圆方程）建模并刻画：

$$r(\theta) = \frac{a(1-e^2)}{1+e\cos\theta}$$

其中 $0 \leqslant \theta \leqslant 2\pi$ 是行星所处位置与 x 轴之间的夹角，$0 \leqslant e < 1$ 是轨道的**离心率**，$a > 0$ 是椭圆

半长轴的长度。

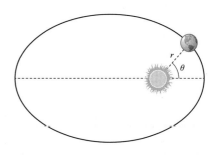

(a) 计算 $r(0)$ 与 $r(\pi)$，解释为什么 $r(\pi) > r(0)$。

(b) 说明 $\theta = \pi$ 是 r 在区间 $[0, 2\pi]$ 的唯一临界数。

(c) 对于地球轨道，$e \approx 0.017$，$a \approx 9.3 \times 10^7$ 英里。请利用 (b) 小问的结果计算地球距离太阳最近和最远的地方（分别称为**近日点**和**远日点**）。

60. 反射定律 一条光线从点 A 射出，以入射角 θ_i 抵达镜面，然后被镜面以反射角 θ_r 反射回来，最终到达点 B（见下图）。点 A、点 B 距镜面的距离均为 a。

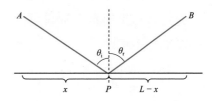

(a) 令 t_1 和 t_2 分别标记光线穿越距离 AP 和 PB 的时间。如果记光速为 c，那么试说明

$$t_1(x) = \frac{\sqrt{a^2 + x^2}}{c},$$

$$t_2(x) = \frac{\sqrt{a^2 + (L-x)^2}}{c}$$

(b) 令 $t(x) = t_1(x) + t_2(x)$ 为光线传播总耗时。说明 $t(x)$ 在区间 $0 \leqslant x \leqslant L$ 内唯一的临界数是 $x = \dfrac{L}{2}$。

(c) 利用 (b) 小问的结果以及事实 $\sqrt{2a^2 + L^2} < a + \sqrt{a^2 + L^2}$，说明 $t(x)$ 在 $x = \dfrac{L}{2}$ 处取得最小值。

(d) 说明 $x = \dfrac{L}{2}$ 的方程等价于 $\sin\theta_i = \sin\theta_r$。

61. 折射定律 右上图显示光从一种介质中的点 A 射出，并在这种介质中以速度 v_1 传播，在距离 A 点 x 处光抵达与另一种介质接触的交界面，最终到达点 B，光在这种介质中以速度 v_2 传播。入射角 θ_1 与折射角 θ_2 通过斯涅耳定律关联起来：

$$\frac{\sin\theta_1}{\sin\theta_2} = \frac{v_1}{v_2}$$

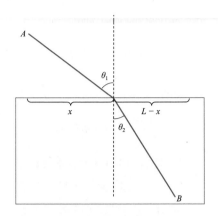

下面我们用最优化理论来推导这个定律。

(a) 如果点 A 位于界面以上 a 个长度单位，点 B 位于界面以下 b 个长度单位，那么请说明光从点 A 传播到点 B 总共用时为

$$t(x) = \frac{\sqrt{x^2 + a^2}}{v_1} + \frac{\sqrt{(L-x)^2 + b^2}}{v_2},$$

$$0 \leqslant x \leqslant L$$

(b) 说明当

$$\frac{x_c}{v_1\sqrt{x_c^2 + a^2}} = \frac{L - x_c}{v_2\sqrt{(L-x_c)^2 + b^2}}$$

时，在所关注的区间内存在唯一的临界数 $x = x_c$。

(c) $t(x)$ 的二阶导数为

$$t''(x) = \frac{a^2}{v_1(x^2 + a^2)^{\frac{3}{2}}} + \frac{b^2}{v_2\left[(L-x)^2 + b^2\right]^{\frac{3}{2}}}$$

请解释为什么可以判断 $t(x)$

在 $[0,L]$ 上是上凹的。

(d) 利用 (b) 和 (c) 小问的结果以及本章的一些定理来论证 $x = x_c$ 处 $t(x)$ 取到最小值。

(e) 用 $\sin\theta_1$ 与 $\sin\theta_2$ 重写 (b) 小问的方程，从而推导出斯涅尔定律。

62. 说明在 x 靠近 0 附近 $\tan x \approx x$。

63. 题干同附录 B 习题 60。

(a) 解释为什么对于很大的 n 有
$$\sin\left(\frac{2\pi}{n}\right) \approx \frac{2\pi}{n}。$$

(b) 用 (a) 小问的结果和习题中的 $A(n)$ 公式来论证对于很大的 n 有 $A(n) \approx \pi r^2$。

第 5 章 积分：变化量的累加

本章概览

　　艾萨克·牛顿研究微积分的前身大约一年之后，也就是 1666 年，一位名叫戈特弗里德·莱布尼茨的德国绅士刚刚取得律师资格证。可是莱布尼茨很快对法律感到失望，转而对数学兴致渐高。他集中攻关第 1 章中提到的促使微积分诞生的第三个难题：曲线下面积问题。莱布尼茨的工作导出了定积分的概念，这是微积分的第三根支柱。1693 年他取得了突破——用公式刻画并证明了一个结论，现在称之为微积分基本定理。这个定理把积分与导数联系起来，把曲线下方图形的面积问题与切线的斜率问题联系起来，并统一了微积分的全部内容。本章首先回归到微积分开场的地方，即瞬时速度问题，然后一步一步介绍到微积分基本定理。

5.1 距离视为面积

　　在第 3 章的开头，我们试图去说明一个掉落的苹果具有瞬时速度是什么意思。很快，我们就得到了答案：$s(t) = d'(t)$，即苹果掉落的瞬时速度是距离函数的导数。现在我们可以迅速地计算导函数，所以如果已知 $d(t)$ 就很容易算得 $s(t)$。但是，要反过来算我们该怎么做呢？也就是说：已知一个物体的瞬时速度函数，我们如何才能计算它的距离函数呢？要解决这样一个有难度的数学问题，我们用屡试不爽的办法：简化问题。

　　我们想象一辆汽车正沿着高速公路以 $s(t) = 60$ 千米 / 时的恒定速度（这就是所做的简化）行驶，这样问题就简单多了。根据公式"距离 = 速度×时间"，可知汽车 1 小时行驶了 60 千米，2 小时行驶了 120 千米，一般形式描述为 t 小时行驶了 $60t$ 千米。这就是汽车的距离函数：

$d(t) = 60t$。问题得解！

可如果 $s(t)$ 不是恒定的呢？那样的话，因为速度 $s(t)$ 随时间改变，所以用"距离 = 速度 × 时间"计算行不通。本书第 3 章里的老朋友——掉落的苹果就恰好是这样一个实例。苹果在坠落的过程中，由于重力加速度的作用它越落越快。著名的伽利略比萨斜塔实验（伽利略从塔上丢落不同质量的球体去观察球体是否同时着地）表明重力以 32 英尺 / 秒² 的恒定加速度（与物体的质量无关）来加速物体。按照我们采用的记号，$s'(t) = 32$。照搬上面汽车实例中的推理，类似地，得到结论：$s(t) = 32t$ 是苹果坠落 t 秒时刻的瞬时速度（假设苹果从静止状态开始坠落）。问题：

怎样用函数 $s(t)$ 计算 $d(t)$？其实大约在伽利略出生前 200 年的时候（大概 14 世纪 50 年代），巴黎学者尼克尔·奥里斯姆就已经知道答案：计算 $s(x)$ 函数图像以下介于 $x = 0$ 和 $x = t$ 之间的面积。

图 5.1(a) 刻画了奥里斯姆的方法，图中阴影（三角形）区域就是上述求面积的区域。记这块区域（函数图像以下直到 x 值为 t 的区域）的面积为 $A(t)$，可知 $A(t) = \frac{1}{2} t \times 32t = 16t^2$。这就是伽利略用实验得出来的距离函数［回忆式 (3.2)］。

虽然奥里斯姆把距离当作面积（本节的标题就来自于此）是有效的方法，但是我们还是不明白背后的原理。正因如此，尚不

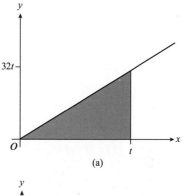

(a)

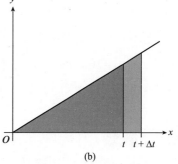

(b)

图 5.1　$s(x) = 32x$ 的函数图像，显示 (a) $s(x)$ 以下介于 $x = 0$ 与 $x = t$ 之间的部分［文中记为 $A(t)$］和 (b) 浅蓝色梯形区域［等于 $A(t + \Delta t) - A(t)$］

清楚是否可以使用同样的方法用其他 $s(t)$ 函数来计算 $d(t)$。不过现在暂时不要放弃奥里斯姆的方法。通常，问题在于图 5.1(a) 内所隐藏的静态思维。图 5.1(b) 展示了相对更加动态的一种思维方式，图中假想苹果在已经坠落 t 时间后再继续坠落一段时间 Δt。面积的改变量（浅蓝色阴影区域）等于

$$\Delta A = A(t + \Delta t) - A(t)$$
$$= \frac{1}{2}\Big[32t + 32(t + \Delta t)\Big](\Delta t)$$
$$= 32t(\Delta t) + 16(\Delta t)^2$$

这里使用了梯形面积公式：$A = \frac{1}{2}(h_1 + h_2)b$，其中 h_1 与 h_2 分别是梯形的两个底的长度，b 是梯形的高。由此可得，

$$\frac{\Delta A}{\Delta t} = 32t + 16(\Delta t)，\text{ 所以 } A'(t) = \lim_{\Delta t \to 0} \frac{\Delta A}{\Delta t} = 32t$$

这就是 $s(t)$ 啊！故

$$A'(t) = s(t) \tag{5.1}$$

既然 $s(t) = d'(t)$，那么可以说 $A'(t) = d'(t)$。因此，函数 $A(t)$ 和 $d(t)$ 在任意点均具有相同的切线斜率。这样的两个函数一定相等或者相差一个常数平移，即 $A(t) = d(t) + C$，其中 C 是一个实数（本章习题 14 引导给出证明）。考虑苹果坠落 0 秒时下落距离为 0，即 $A(0) = d(0) = 0$，我们最终得到 $A(t) = d(t)$。既然已经算得 $A(t) = 16t^2$，那么我们就通过计算曲线下方的面积推导出了苹果掉落的距离函数 $d(t) = 16t^2$。

应用实例 5.1　月球表面的重力加速度大约是 1.6 米 / 秒 ^{2}。假设航天员在月球上从静止状态释放一个苹果，试计算苹果掉落的距离函数。

解答

已知 $s'(t) = 1.6$，推导出 $s(t) = 1.6t$，进而推导出

$$d(t) = \frac{1}{2}t \times 1.6t = 0.8t^2$$

例 5.2 一个物体的瞬时速度函数为 $s(x) = 1 + 2x$（见图 5.2）。

（1）计算 $A(t)$，即 $s(x)$ 图像下方且区间为 $[0, t]$ 的图形面积。

（2）计算 $A'(t)$，然后通过重复计算来验证式 (5.1)。

（3）计算该物体的距离函数。

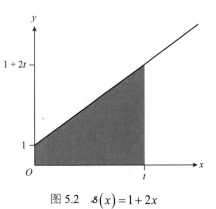

图 5.2 $\quad s(x) = 1 + 2x$

解答

（1）$A(t)$ 是图 5.2 中梯形阴影区域的面积，所以

$$A(t) = \frac{t}{2}\big[1 + (1 + 2t)\big] = t(1 + t) = t + t^2$$

（2）模仿先前的做法，如果在图 5.2 中假想时间 t 有小增量 Δt，那么额外增加的面积是高度为 Δt、底边边长为 $s(t) = 1 + 2t$ 和 $s(t + \Delta t) = 1 + 2(t + \Delta t)$ 的梯形面积。因此

$$\Delta A = \frac{1}{2}\big\{(1 + 2t) + [1 + 2(t + \Delta t)]\big\}(\Delta t) = (1 + 2t)(\Delta t) + (\Delta t)^2$$

由此可得

$$A'(t) = \lim_{\Delta t \to 0} \frac{\Delta A}{\Delta t} = \lim_{\Delta t \to 0} \frac{(1 + 2t)(\Delta t) + (\Delta t)^2}{\Delta t}$$

$$= \lim_{\Delta t \to 0} (1 + 2t + \Delta t) = 1 + 2t = s(t)$$

（3）现在知道 $A'(t) = s(t)$。根据与前面一样的论述可导出 $A(t) = d(t)$。使用第（1）小问的结果，我们得出 $d(t) = t + t^2$。∎

相关练习 习题 1~3

提示、窍门和要点

前面的例子和本章末习题 3 的要点是：物体的逐段的线性速度为 $s(x)$，它的距离函数 $d(t)$ 就是速度函数图像下由 $x = 0$ 与 $x = t$ 围成的图形的面积 $[$ 假定 $d(0) = 0]$。相比本节开头我们只能计算常函数

$s(x)$ 的行驶距离（还记得汽车的例子吗？），这已是进步。但是距离能够计算任意函数 $s(x)$ 的 $d(t)$，还差"十万八千里"。我们将在后文解决这个一般性的问题。现在，首先介绍一些在求曲线下方面积时用到的新记号，并讨论其新的视角与洞见。

5.2 莱布尼茨的积分符号

数学家是"懒虫"，因为他们能不多写一个字就不多写一个字。所以，要引入更好的符号来简记"$s(x)$ 图像下由 $x=0$ 与 $x=t$ 围成的图形的面积"。前面我们把它标记成 $A(t)$，但是这个记号没有用到 s 或者 $x=0$，即面积 $A(t)$ 所指图形的左边界。回到式 (5.1) 可取得进展。利用线性化处理的结果即式 (4.10)，可知式 (5.1) 蕴含

$$当 \Delta x \approx 0 时有 \Delta A \approx s(x) \, \Delta x \tag{5.2}$$

当 $\Delta x \to 0$ 时，考虑 x 的无穷小变量（正如第 1 章讨论的那样）。回忆莱布尼茨引入记号 $\mathrm{d}x$ 来标记那个无穷小变量。随着 Δx 越来越接近 0，线性化方法的线性逼近效果越来越好，$s(x)$ 下方图形的右边界的无穷小改变 $\mathrm{d}x$ 会导致该图形面积的无穷小改变

$$\mathrm{d}A = s(x) \, \mathrm{d}x \tag{5.3}$$

我们把式 (5.3) 具象化为矩形面积，其中矩形的宽度是无穷小量 $\mathrm{d}x$，高度是 $s(x)$ [见图 5.3(a)]。在莱布尼茨看来，$s(x)$ 图像下的面积 $A(t)$ 就是随着 x 覆盖 0 到 t 时那些无穷小的面积 $\mathrm{d}A$ 之和 [见图 5.3(b)]：

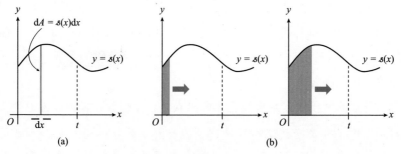

图 5.3　(a) 莱布尼茨无穷小宽度的矩形中的一个和 (b) 用莱布尼茨矩形
面积累加的方式扫过曲线下方的图形

$$A(t) = x\text{从}0\text{到}t\text{时 }dA\text{之和} = x\text{从}0\text{到}t\text{时 }s(x)dx\text{之和}$$

讨厌烦琐的数学家们很快便用 "S" 代替 "求和"，随着时间的推移这个符号演变成 $\int$：

$$A(t) = Ss(x)dx(x\text{从}0\text{到}t)$$
$$= \int s(x)dx(x\text{从}0\text{到}t)$$

现在我们把边界 $x = 0$ 与 $x = t$ 添加进积分符号 $\int$，于是有了新符号：

$$A(t) = \int_0^t s(x)dx \tag{5.4}$$

公式右侧称为 $s(x)$ 的定积分，函数 $s(x)$ 称为被积函数，0 与 t 分别称为积分下限与积分上限。

例 5.3 将图 5.1(a) 中阴影区域的面积表示为定积分。

解答 $\int_0^t 32x dx$。 ∎

例 5.4 将图 5.2 中阴影区域的面积表示为定积分。

解答 $\int_0^t (1 + 2x)dx$。 ∎

提示、窍门和要点

我所阐释的内容是微积分动态思维方式的又一次完美刻画，除此之外，还有一个重要结论：积分是微小改变量（事实上是无穷小改变量）的累加，这也是本章标题的来源。从式 (5.2) 到式 (5.4) 的衍化就是为了描述这种思维方式的每一个步骤。

最后还有一个刻画更精细的结论：定积分是非常微小的矩形面积之和。图 5.3 进一步刻画了这一结论。

5.3 微积分基本定理

好吧，现在我们回过头来对式 (5.1) 进行一般化推广。我们的目标是：计算函数 $f(x)$ 的图像下方介于 $x = a$ 与 $x = t$ 之间的图形面积。

用式 (5.4) 中的记号，我们所求的是

$$A(t) = \int_a^t f(x)\,\mathrm{d}x$$

$s(x)$ 有两种核心性质：它是连续的、非负的函数（在 5.4 节里我们会进一步推广这些结果）。形象地说就是，我们在求图 5.4 中阴影区域的图形的面积。跟我们先前所做的一样，考察 t 的微小改变 Δt 对 $A(t)$ 的影响：

$$A(t+\Delta t) - A(t) = \int_a^{t+\Delta t} f(x)\,\mathrm{d}x - \int_a^t f(x)\,\mathrm{d}x = \int_t^{t+\Delta t} f(x)\,\mathrm{d}x \qquad (5.5)$$

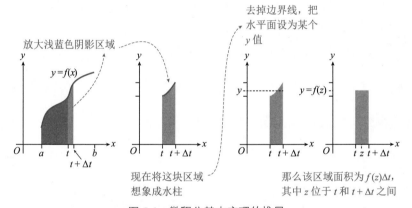

图 5.4　微积分基本定理的推导

该方程最右端的积分就是图 5.4 最左边的图中浅蓝色阴影区域的面积。先前关于这一点的分析中我们利用了阴影区域的梯形属性［回忆图 5.1(b)］，但是在图 5.4 中就不再是那样子了。不过不要紧，动态思维方式可以帮大忙。

让我们把浅蓝色阴影区域假想成水柱，即图 5.4 中的第二幅图。当我们移除"柱顶"（f 的图像），水面会定在某个 y 值。正如我在图中描述的那样，那个 y 值是某个 x 值 z 的输出：$y = f(z)$，其中 $t \leqslant z \leqslant t+\Delta t$。结论：浅蓝色阴影区域的面积相当于宽为 Δt、长为 $f(z)$ 的矩形的面积（见图 5.4 中的最后一幅图）。所以，式 (5.5) 就

变成

$$A(t + \Delta t) - A(t) = f(z)\Delta t \tag{5.6}$$

两端同时除以 Δt 再取极限，得到

$$\lim_{\Delta t \to 0} \frac{A(t + \Delta t) - A(t)}{\Delta t} = \lim_{\Delta t \to 0} f(z) \tag{5.7}$$

式 (5.7) 等号左端就是 $A'(t)$，要计算等号右端，回忆一下 $t \leqslant z \leqslant t + \Delta t$。因此，当 $\Delta t \to 0$ 时，z 逼近 t。可得到以下结论：

$$A'(t) = f(t) \tag{5.8}$$

这样我们就推广了式 (5.1)! 从式 (5.5) 推到式 (5.7)，我们的论述很直观。在后文中我会指明怎样修正我们的论述从而解释结论允许对某些 x 值可能出现 $f(x) < 0$ 的情形。所以请允许我穿越一点儿时光，现在就告诉你这一扩展的结果，即我们现今称作"**微积分基本定理**"的发现。这里附上莱布尼茨 1693 年发表的这一定理的形式化描述。

定理 5.1（微积分基本定理）假设 $f(x)$ 在区间 $[a,b]$ 上是连续的，定义函数 $A(t)$ 为

$$A(t) = \int_a^t f(x)\mathrm{d}x \tag{5.9}$$

其中 $a \leqslant t \leqslant b$。那么 $A(t)$ 在区间 $[a,b]$ 上是连续的，在区间 (a,b) 上是可导的，且 $A'(t) = f(t)$。

你兴许会想："这就是微积分基本定理？！我看这不像是什么顶要紧的根本。"一会儿在"提示、窍门和要点"部分我会解释这个定理为什么会成为微积分的基本定理。不过现在，让我们暂且欣然接受这个定理。

例 5.5 考虑区间 $[0,5]$ 上的 $f(x) = 1$，令 t 为区间内的值。

（1）说明

$$\int_0^t 1\mathrm{d}x = t \tag{5.10}$$

（2）在这一具体情况下验证定理 5.1。

解答

（1）积分 $\int_0^t 1 \mathrm{d}x$ 求的是宽为 t、长为 1 的矩形的面积，即 $t \times 1 = t$。

（2）$f(x) = 1$ 是连续函数（特别地，在 $[0,5]$ 上连续）。刚计算的 $A(t) = t$ 也是一个连续函数（特别地，在 $[0,5]$ 上连续）。因为由幂函数求导法则得 $A'(t) = 1$，所以 A 是可导的（特别地，在 $(0,5)$ 上可导），且 $A'(t) = f(t)$。 ■

例 5.6　考虑区间 $[0,5]$ 上的 $f(x) = x$，令 t 为区间内的值。

（1）说明

$$\int_0^t x \mathrm{d}x = \frac{t^2}{2} \tag{5.11}$$

（2）在这一具体情况下验证定理 5.1。

解答

（1）积分 $\int_0^t x \mathrm{d}x$ 求的是底边为 t、高为 t 的三角形（类似于图 5.1 的阴影区域）的面积，该面积等于 $\frac{1}{2} t \cdot t = \frac{t^2}{2}$，验证了式 (5.11)。

（2）$f(x) = x$ 是连续函数（特别地，在 $[0,t]$ 上连续）。刚计算的 $A(t) = \frac{t^2}{2}$ 也是一个连续函数（特别地，在 $[0,t]$ 上连续）。因为由幂函数求导法则得 $A'(t) = t$，所以 A 是可导的（特别地，在 $(0,t)$ 上可导），且 $A'(t) = f(t)$。 ■

相关练习 习题 6~9

提示、窍门和要点

图 5.5 使你开始思考为何定理 5.1 如此重要。假定 f 是连续的，这个定理的工作流程是：(1) 对 $f(x)$ 积分求得 $A(t)$；(2) 对 $A(t)$ 求导求得 $f(t)$。注意到 $f(t)$ 与 $f(x)$ 是同一函数。这是一个重大揭示：微分与积分互为逆运算！

因此，定理 5.1 用一个简单的方程将微积分的两大"支柱"——

微分与积分联系在一起。

　　第 1 章的第 3 个，也是最后一个难题——"曲线下面积"问题现在变成了"计算定积分"问题。除了具体地揭示微分运算与积分运算之间的互逆关系，定理 5.1 还说明了该曲线下方面积的问题和导函数相关，而我们已经花了两章内容来介绍导数！这就表明了一个有趣

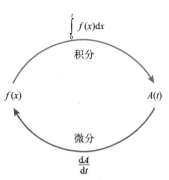

图 5.5　微分与积分互为逆运算

的想法：可能可以用导函数来计算定积分。我们把定理 5.1 叫作微积分基本定理，事实上暗示了这一情况，这留待 5.4 节我们再探索。在此之前，提一个深刻的洞察：黎曼求和——你很可能会在微积分课本上看到，这是另一种定义定积分的方式。好了，现在回到微积分基本定理。

5.4　原函数和求值定理

　　为了计算 $A(t)$ 我们一直在画 f 的图像，然后用几何学公式求曲线下方图形的面积。不过微积分基本定理（定理 5.1）表明还有另外一种办法。根据这个定理，如果 f 是连续的，那么 $f(t) = A'(t)$。换句话讲，给定 f 我们就知道了 $A'(t)$ 的导数。然后为了求 $A(t)$，唯一需要做的就是对求导进行"反向操作"。这个过程被称作"反求导"。

> **定义 5.1**　假设 $F'(x) = f(x)$，那么称 F 为 f 的原函数。

　　一般情况下，F 是求导后等于 $f(x)$ 的函数。例如，$f(x) = 2x$，那么它的一个原函数是 $F(x) = x^2$，因为 $F'(x) = 2x = f(x)$；还有个原函数等于 $F(x) = x^2 + 5$，而最一般的原函数是 $F(x) = x^2 + C$，其中 C 是任意常实数。

　　现在使用原函数的观点，从定理 5.1 可以导出一个更快计算 $A(t)$ 的方法。先假设 F 是该定理中函数 f 的一个原函数，即有 $F'(t) = f(t)$。我们还知道 $A'(t) = f(t)$［其中 A 由式 (5.9) 定义］，所

以 $F'(t) - A'(t)$。根据习题 14（将 d 替换成 t）得出 $A(t) = F(t) + C$。将此式代入式 (5.9) 可推导出

$$\int_a^t f(x)\,\mathrm{d}x = F(t) + C \tag{5.12}$$

当 $t = a$ 时有 $\int_a^a f(t)\,\mathrm{d}t = F(a) + C$。等式左端的积分表达式就是 f 图像下方图形的面积，且介于 $x = a$ 与 $x = a$ 之间，于是等于 0。因此，$0 = F(a) + C$，于是 $C = -F(a)$。在式 (5.12) 中利用这一结论，并记 $t = b$，就可导出定理 5.1 的下述推论。

定理 5.2（求值定理） 假设 f 在 $[a,b]$ 上是连续的，且 F 是 f 的一个原函数，即 $F'(x) = f(x)$，那么有

$$\int_a^b f(x)\,\mathrm{d}x = F(b) - F(a) \tag{5.13}$$

例 5.7 根据幂函数求导法则可知 $\left(x^3\right)' = 3x^2$。利用这一结果计算

$$\int_0^1 \left(3x^2\right)\,\mathrm{d}x$$

解答

这里 $f(x) = 3x^2$，在区间 $[0,1]$ 上是连续的。另外，$\left(x^3\right)' = 3x^2$ 说明 $F(x) = x^3$ 是 f 的一个原函数。从定理 5.2 可推导出

$$\int_0^1 \left(3x^2\right)\,\mathrm{d}x = F(1) - F(0) = 1^3 - 0^3 = 1 \qquad \blacksquare$$

例 5.8 根据幂函数求导法则可知 $\left(\sqrt{x}\right)' = \dfrac{1}{2\sqrt{x}}$。利用这一结果计算

$$\int_1^4 \left(\frac{1}{2\sqrt{x}}\right)\,\mathrm{d}x$$

解答

这里 $f(x) = \dfrac{1}{2\sqrt{x}}$，在区间 $[1,4]$ 上是连续的。另外，$\left(\sqrt{x}\right)' = \dfrac{1}{2\sqrt{x}}$ 说明 $F(x) = \sqrt{x}$ 是 f 的一个原函数。从定理 5.2 可推导出

$$\int_{1}^{4}\left(\frac{1}{2\sqrt{x}}\right)dx = F(4) - F(1) = \sqrt{4} - \sqrt{1} = 1 \qquad \blacksquare$$

相关练习 习题 10~12、27

提示、窍门和要点

首先，你必须了解下面这些事。

我们经常使用简写 $\left[F(x)\right]_{a}^{b}$ 表示 $F(b) - F(a)$，这样式 (5.13) 就变成

$$\int_{a}^{b}f(x)dx = \left[F(x)\right]_{a}^{b}$$

（1）将式 (5.13) 中的 x 替换成 t（或者其他任何字母）不会导致任何改变。正因如此我们将 x 称为**哑变量**。

（2）定理 5.2 也被称作"微积分基本定理，第 2 部分"。

现在说说主要结论：求值定理将曲线下方图形的面积问题转化成一个新问题，即求 f 的原函数问题。事实上，若知道 f（f 在 $[a,b]$ 上是连续的）的一个原函数 F，那么求值定理表明 $f(x)$ 的图像下方介于 $x = a$ 与 $x = b$ 之间的图形的面积，即式 (5.13) 等号的左端就直接等于 $F(b) - F(a)$。鉴于此，本章余下内容将花费大量篇幅讨论原函数。5.5 节将讨论原函数的性质，并开始着手积累原函数公式的知识库。

5.5　不定积分

原函数的视角非常有用。但是像" $F(x) = x^2$ 是 $f(x) = 2x$ 的一个原函数"这样的写法就显得太冗长了（还记得数学家讨厌烦琐吗？）。首先我们处理一下这类句式中反复出现的"一个"。

定理 5.3　假设 F 是 f 的一个原函数（即 $F' = f$），那么 $F(x) + C$ 也是 f 的一个原函数，其中 C 是任意常数。

证明非常简单：$\left(F(x) + C\right)' = F'(x) = f(x)$。现在我们把语句泛用一下，像" $F(x) = x^2 + C$ 是 $f(x) = 2x$ 的原函数"这样叙述。最后，用下面的记号来精简我们的描述。

定义 5.2（不定积分） 令 F 为 f 的一个原函数，也就有 $F' = f$。记

$$\int f(x)\mathrm{d}x = F(x) + C \tag{5.14}$$

且称等式左端为 f 的**不定积分**。

注意到此处又用到符号 $\int$。定积分得到的是一个数（f 图像下方图形的面积），而不定积分得到的是一个函数（f 的最一般形式的原函数）。

既然不定积分成了原函数的新记号，那么求不定积分也就是函数求导的逆操作：

$$F'(x) = f(x) \Leftrightarrow \int f(x)\mathrm{d}x = F(x) + C \tag{5.15}$$

例如：

$$\left(x^2\right)' = 2x \Leftrightarrow \int 2x\mathrm{d}x = x^2 + C$$

最后的等式简明扼要地表达了"$F(x) = x^2 + C$ 是 $f(x) = 2x$ 的原函数"这种长句子。

式 (5.15) 的等价表达使我们得到大量的原函数；把我们在前两章已经算出的导数结果直接拿来，按照从右向左的顺序读写，再在合适的位置上添加不定积分符号和"$+C$"。例如，回顾例 5.7 与例 5.8 的第一句话有：

$$\int 3x^2\mathrm{d}x = x^3 + C, \ \int\left(\frac{1}{2\sqrt{x}}\right)\mathrm{d}x = \sqrt{x} + C$$

这些结果源自幂函数求导法则（定理 3.4），所以我们可以根据式 (5.15) 的方法写出幂函数积分法则：

$$\left(x^m\right)' = mx^{m-1} \Leftrightarrow \int mx^{m-1}\mathrm{d}x = x^m + C$$

将 $m-1$ 替换成 n 求 x^n 的不定积分，可以得到使用起来更简便的公式。这就得到了下述定理。

定理 5.4（幂函数积分法则）

$$\int x^n \mathrm{d}x = \frac{x^{n+1}}{n+1} + C, \quad n \neq -1 \tag{5.16}$$

留意这里的要求 $n \neq -1$，定理 5.8 将会讨论，$\dfrac{1}{x}$ 的积分结果是对数函数。定理 5.4 的一个特别具有技巧性的实例是 $n = 0$ 的情形。在此情况下，根据式 (5.16) 推导出

$$\int 1\mathrm{d}x = x + C \tag{5.17}$$

例 5.9　计算 $\int x^2 \mathrm{d}x$。

解答　在式 (5.16) 中令 $n = 2$ 得到：$\int x^2 \mathrm{d}x = \dfrac{x^3}{3} + C$。 ■

例 5.10　计算 $\int_0^1 x^2 \mathrm{d}x$。

解答　我们已经算出 x^2 的一族原函数 $\left(\dfrac{x^3}{3} + C \right)$，可任选一个来使用求值定理。选 $C = 0$，有 $F(x) = \dfrac{x^3}{3}$ 为 $f(x) = x^2$ 的一个原函数。因此，根据求值定理：

$$\int_0^1 x^2 \mathrm{d}x = \left[\frac{x^3}{3} \right]_0^1 = \frac{1}{3}$$

■

例 5.11　计算 $\int \dfrac{1}{x^2} \mathrm{d}x$。

解答　因为 $\dfrac{1}{x^2} = x^{-2}$，在式 (5.16) 中代入 $n = -2$ 得到

$$\int \frac{1}{x^2} \mathrm{d}x = \frac{x^{-1}}{-1} + C = -\frac{1}{x} + C$$

■

例 5.12　计算 $\int \sqrt{x} \mathrm{d}x$。

解答　记 $\sqrt{x} = x^{\frac{1}{2}}$，在式 (5.16) 中代入 $n = \dfrac{1}{2}$ 得到

$$\int \sqrt{x} \mathrm{d}x = \frac{x^{\frac{3}{2}}}{\frac{3}{2}} + C = \frac{2x^{\frac{3}{2}}}{3} + C$$

■

相关练习 **习题 17~19、41、50**

提示、窍门和要点

当使用求值定理时，F 可取 f 的任意一个原函数，例 5.10 描述了这一事实。F 不一定是最一般的原函数，即 $F(x)+C$，正因如此，在使用求值定理时我们总是选取 f 的 $C=0$ 的那个原函数[①]。

到现在为止，我们只学习了一次对一个函数求积分。5.6 节我们将学习如何对函数的组合（例如两个函数的和与差）求积分。

5.6 积分的性质

就像第 3 章的求导法则一样，不定积分与定积分满足各种各样的性质，有利于它们的计算。前几个性质基本可以照搬我们讨论过的求导法则：加法法则、减法法则、数乘法则（定理 3.3）。

定理 5.5（积分的性质） 假定 f 与 g 在 $[a,b]$ 上是连续的，令 c 为常实数，那么以下法则成立。

加法法则：$\displaystyle\int_a^b \left[f(x)+g(x)\right]\mathrm{d}x = \int_a^b f(x)\mathrm{d}x + \int_a^b g(x)\mathrm{d}x$

减法法则：$\displaystyle\int_a^b \left[f(x)-g(x)\right]\mathrm{d}x = \int_a^b f(x)\mathrm{d}x - \int_a^b g(x)\mathrm{d}x$

数乘法则：$\displaystyle\int_a^b \left[cf(x)\right]\mathrm{d}x = c\int_a^b f(x)\mathrm{d}x$

另外，把定积分换成不定积分，这些法则仍然成立。

这些结果可以用原函数与定理 3.3 证明。本章的习题 13 将引导给出对其中一个法则的证明。

除了上述法则，下面还有些法则对定积分成立。

定理 5.6（定积分的其他性质） 假定 f 与 g 在 $[a,b]$ 上是连续的，令 c 为常实数，那么，

[①] 使用任何其他不定积分，例如 $F(x)+7$，不会改变求值定理的结果，因为 $[F(b)+7]-[F(a)+7]=F(b)-F(a)$，使用 $F(x)$（即 $C=0$）的结果一样。

1. $\displaystyle\int_a^c f(x)\mathrm{d}x = \int_a^b f(x)\mathrm{d}x + \int_b^c f(x)\mathrm{d}x$;

2. $\displaystyle\int_a^b f(x)\mathrm{d}x = -\int_b^a f(x)\mathrm{d}x$;

3. $\displaystyle\int_a^a f(x)\mathrm{d}x = 0$;

4. 如果对 $[a,b]$ 内任意 x 有 $f(x) \leqslant g(x)$，那么

$$\int_a^b f(x)\mathrm{d}x \leqslant \int_a^b g(x)\mathrm{d}x \text{。}$$

性质 1 告诉我们可以把计算曲线下方图形的面积拆分成计算两个不同图形的面积然后求和。重要的是，尽管我们把上述等式中的 b 看成 a 与 c 之间的数，但是这并不是必须的。性质 2 告诉我们积分的上下限交换就是对定积分的原值乘 -1。f 图像下面位于 $x = a$ 与 $x = a$ 之间的面积为 0，性质 3 仅仅反映这一事实（我们已经用过这个结论）。最后，性质 4 说的是，如果 f 的图像持平或低于 g 的图像，那么 f 图像下方的面积就小于或等于 g 图像下方的面积。下面我们通过两个例子来描述这些性质。

例 5.13 计算 $\int (x^2 - x)\mathrm{d}x$ 。

解答

$$\int (x^2 - x)\mathrm{d}x = \int x^2 \mathrm{d}x - \int x \mathrm{d}x \qquad \text{定理 5.5 减法法则}$$

$$= \frac{x^3}{3} - \frac{x^2}{2} + C \qquad \text{式 (5.16)} \qquad \blacksquare$$

例 5.14 计算 $\displaystyle\int_0^9 \left(3\sqrt{x} + 9x^2\right)\mathrm{d}x$ 。

解答 首先，找到 $f(x) = 3\sqrt{x} + 9x^2$ 的原函数：

$$\int \left(3\sqrt{x} + 9x^2\right)\mathrm{d}x = 3\int x^{\frac{1}{2}}\mathrm{d}x + 9\int x^2\mathrm{d}x \quad \text{定理 5.5 加法法则和数乘法则}$$

$$= 3\left(\frac{2}{3}x^{\frac{3}{2}}\right) + 9\left(\frac{x^3}{3}\right) + C \qquad \text{式 (5.16)}$$

$$= 2x^{\frac{3}{2}} + 3x^3 + C \qquad\qquad 化简$$

令 $C = 0$ ，使用求值定理的结论：

$$\int_0^9 \left(3\sqrt{x} + 9x^2\right)\mathrm{d}x = \left[2x^{\frac{3}{2}} + 3x^3 \right]_0^9 = 2241 \qquad ■$$

相关练习 习题 20~23、28~29、49

现在我们或许可以对遇到的函数的常规组合进行积分了，不过不是所有函数组合。在 5.9 节我们会来讨论这一点，不过正如 5.7 节要说的，定理 5.5 的减法法则使我们不得不重新阐述定积分到底算出了什么值。

5.7 带符号的净面积

考虑积分 $\int_0^1 (-1)\mathrm{d}x$ 。到现在为止，我们计算的积分所定义的图形面积都是以 x 轴作为图形底部边界，但是 x 轴实际上位于函数 $f(x) = -1$ 的上方，在这种情况下，我们把定积分理解成 $f(x)$ 图像下方面积就行不通了。因此，当 f 的图像下降到 x 轴下方时我们就需要重新阐释定积分的意义。于是定理 5.5 登场了，数乘法则蕴含着

$$\int_0^1 (-1)\mathrm{d}x = (-1)\int_0^1 1\mathrm{d}x = -1$$

这里实际上在讲 $\int_0^1 (-1)\mathrm{d}x$ 等于 -1 乘 $f(x) = 1$ 图像下方图形的面积。这也是有人称 $\int_0^1 (-1)\mathrm{d}x$ 为"负面积"的原因。但是并不存在这样的负面积，所以我会像图 5.6 描述的那样，把 $\int_0^1 (-1)\mathrm{d}x = -1$ 解释成"在 x 轴下方存在 1 单位的面积"。

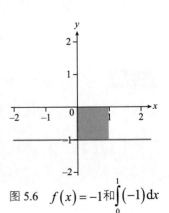

图 5.6　$f(x) = -1$ 和 $\int_0^1 (-1)\mathrm{d}x$

刚刚的做法很容易就可以推广。也就是说，如果 $f(x)$ 在区间 $[a,b]$ 内的取值正负皆有，那么

$$\int_a^b f(x)\,\mathrm{d}x = A_+ - A_- \tag{5.18}$$

其中，A_+ 代表位于 x 轴上方的面积之和，A_- 代表位于 x 轴下方的面积之和。因此，一般地讲，定积分得到的是带符号的面积净值。这里面"净值"这个词描述了式 (5.18) 中的减法运算；"带符号的面积"描述了结果，即我们先前认为曲线下方图形的面积是负数的可能情形。

例 5.15 使用求值定理与式 (5.18) 计算 $\int_0^2 (x-1)\,\mathrm{d}x$ 。

解答

利用定理 5.5 中的减法法则、式 (5.16)、求值定理：

$$\int_0^2 (x-1)\,\mathrm{d}x = \int_0^2 x\,\mathrm{d}x - \int_0^2 1\,\mathrm{d}x = \left[\frac{x^2}{2}\right]_0^2 - [x]_0^2 = 2 - 2 = 0$$

图 5.7 刻画了我们的解答。x 轴下方的深蓝色阴影区域的面积是 $\dfrac{1}{2}$，所以 $A_- = \dfrac{1}{2}$。x 轴上方的浅蓝色阴影区域的面积也是 $\dfrac{1}{2}$。所以 $A_+ = \dfrac{1}{2}$。因此，根据式 (5.18)

$$\int_0^2 (x-1)\,\mathrm{d}x = A_+ - A_- = \frac{1}{2} - \frac{1}{2} = 0 \quad \blacksquare$$

现在我们已经介绍了与积分相关的所有基础知识。在 5.8 节我们会把所有学到的知识应用到超越函数上。不过如果你想跳过这部分，可以直接翻到 5.9 节，在 5.9 节中我们将讨论利用链式法则得到的一种非常有用的积分技巧，称作 $u-$代换。

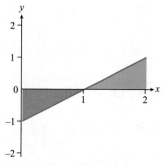

图 5.7 函数 $f(x)=x-1$ 的图像，还有 f、x 轴和区间 [0,1] 围成的区域（深蓝色阴影区域），以及它们和区间 [1,2] 围成的类似区域（浅蓝色阴影区域）

5.8 超越函数的积分（选读）

我们从指数函数的积分法则开始。回顾定理 3.8，用式 (5.15) 的观点看，即可得到下述积分法则。

定理 5.7

$$\int b^x \mathrm{d}x = \frac{b^x}{\ln b} + C, \ \int e^x \mathrm{d}x = e^x + C \tag{5.19}$$

现在用同样的方法来计算 1/x 的积分，式 (5.16) 并未包含这一结果。我们需要对定理 3.9 进行推广：

$$\frac{\mathrm{d}}{\mathrm{d}x}\big(\ln|x|\big) = \frac{1}{x} \tag{5.20}$$

在式 (5.15) 中代入这一结果得到下述积分法则。

定理 5.8

$$\int \frac{1}{x}\mathrm{d}x = \ln|x| + C \tag{5.21}$$

下面通过若干实例描述前面两个定理。

例 5.16 计算 $\int 3e^x \mathrm{d}x$。

解答 $\int 3e^x \mathrm{d}x = 3\int e^x \mathrm{d}x$ 　定理 5.5 数乘法则
$= 3e^x + C$ 　式 (5.19)

例 5.17 计算 $\int \left(x^2 + 2^x\right)\mathrm{d}x$。

解答 $\int \left(x^2 + 2^x\right)\mathrm{d}x = \int x^2\mathrm{d}x + \int 2^x\mathrm{d}x$ 　定理 5.5 加法法则
$= \frac{1}{3}x^3 + \frac{2^x}{\ln 2} + C$ 　式 (5.16) 与式 (5.19)

例 5.18 计算 $\int \frac{x^2+1}{2x}\mathrm{d}x$。

解答 首先化简：$f(x) = \frac{x^2+1}{2x} = \frac{x}{2} + \frac{1}{2x}$。然后，

$\int \frac{x^2+1}{2x}\mathrm{d}x = \frac{1}{2}\int x\mathrm{d}x + \frac{1}{2}\int \frac{1}{x}\mathrm{d}x$ 　定理 5.5 加法法则与数乘法则

$= \frac{x^2}{4} + \frac{1}{2}\ln|x| + C$ 　式 (5.16) 与式 (5.21)

相关练习 习题 42~43、52

现在我们转向讨论三角函数的积分。应用式 (5.15)、式 (3.15)、式 (3.23) 推导出下述定理。

定理 5.9

$$\int \cos x\,dx = \sin x + C, \quad \int \sin x\,dx = -\cos x + C, \quad \int \sec^2 x\,dx = \tan x + C$$

另外，将例 3.41 的结果和第 3 章习题 77 的结果用于式 (5.15)，导出下面适用于三角函数倒数的法则。

定理 5.10

$$\int \sec x \tan x\,dx = \sec x + C, \quad \int \csc^2 x\,dx = -\cot x + C,$$

$$\int \csc x \cot x\,dx = -\csc x + C$$

例 5.19　计算 $\displaystyle\int_0^\pi (\sin x + \cos x)\,dx$ 。

解答　先求 $f(x) = \sin x + \cos x$ 的原函数：

$$\int (\sin x + \cos x)\,dx = \int \sin x\,dx + \int \cos x\,dx \qquad \text{定理 5.5 加法法则}$$

$$= -\cos x + \sin x + C \qquad \text{定理 5.9}$$

然后，使用求值定理：

$$\int_0^\pi (\sin x + \cos x)\,dx = \left[-\cos x + \sin x\right]_0^\pi$$

$$= (-\cos \pi + \sin \pi) - (-\cos 0 + \sin 0)$$

$$= 1 - (-1) = 2$$

相关练习　习题 54~55、59~60

5.9　换元积分法

至此我们已经推演出了函数求和、求差、常数倍乘的积分法则，还有几个像式 (5.16) 那样的特殊函数的特殊积分法则。这和第 3 章的求导法则的推演是并驾齐驱的。沿着这一路线继续，我们将推演与求导的乘法法则类似的积分法则，称作**分部积分**。

为了切入该内容，我们把式 (5.15) 的等价表示应用到链式法则（定理 3.6）上：

$$\frac{\mathrm{d}}{\mathrm{d}x}\Big[F\big(g(x)\big)\Big] = F'\big(g(x)\big)g'(x) \Leftrightarrow$$

$$\int F'\big(g(x)\big)g'(x)\mathrm{d}x = F\big(g(x)\big) + C \tag{5.22}$$

我之后将解释为什么这里使用 F 而不是 f。等式中的被积函数是混乱的。通过引入 $u = g(x)$ 让它看起来简单一些。于是有

$$\int F'\big(g(x)\big)g'(x)\mathrm{d}x = \int F'(u)g'(x)\mathrm{d}x \tag{5.23}$$

现在回顾式 (5.3)，可得

$$\mathrm{d}u = g'(x)\mathrm{d}x$$

将其代入式 (5.23)，得

$$\int F'\big(g(x)\big)g'(x)\mathrm{d}x = \int F'(u)\mathrm{d}u$$

最后，令 $F' = f$ 推导出下面的定理。

定理 5.11（换元积分法） 假设 f 在区间 I 上是连续的，$g(x)$ 是可微的且具有值域 I，那么对于 $u = g(x)$，有

$$\int f\big(g(x)\big)g'(x)\mathrm{d}x = \int f(u)\mathrm{d}u \tag{5.24}$$

该技巧经常被叫作 u 代换。现在来举几个例子。

例 5.20 计算 $\int 2x\big(x^2+1\big)^{100}\mathrm{d}x$。

解答

被积函数包含复合函数 $\big(x^2+1\big)^{100}$，它的"内函数"是 x^2+1。因此，尝试设 $u = g(x)$：

$$u = x^2 + 1 \Rightarrow \mathrm{d}u = 2x\mathrm{d}x$$

将这些式子代入积分得到

$$\int 2x\big(x^2+1\big)^{100}\mathrm{d}x = \int u^{100}\mathrm{d}u$$

利用式 (5.16)，取 $n = 100$，求积分得到 $\dfrac{u^{101}}{101} + C$。尽管如此，我们的计算还没有结束，因为我们最终应当给出一个函数，它的变量与开始的被积函数的变量相同。因此，需要将 $u = x^2 + 1$ 代入积分结果

$$\int 2x\left(x^2+1\right)^{100}\mathrm{d}x=\frac{\left(x^2+1\right)^{101}}{101}+C$$

■

例 5.21　计算 $\displaystyle\int_0^2 x\left(x^2+4\right)^3\mathrm{d}x$。

解答

这里 $u=x^2+4$ 似乎是合理的选择，它是复合函数 $\left(x^2+4\right)^3$ 的内函数。令 $u=x^2+4$，$\mathrm{d}u=2x\mathrm{d}x$。两端同时除以 2 得到 $\frac{1}{2}\mathrm{d}u=x\mathrm{d}x$。根据式 (5.24) 与式 (5.16) 推导出

$$\int x\left(x^2+4\right)^3\mathrm{d}x=\int u^3\left(\frac{1}{2}\mathrm{d}u\right)=\frac{1}{2}\int u^3\mathrm{d}u=\frac{u^4}{8}+C=\frac{\left(x^2+4\right)^4}{8}+C\quad(5.25)$$

现在我们就找到了 $x\left(x^2+4\right)^3$ 的一个原函数。然后根据求值定理（定理 5.2）导出

$$\int_0^2 x\left(x^2+4\right)^3\mathrm{d}x=\left[\frac{\left(x^2+4\right)^4}{8}\right]_0^2=480$$

■

例 5.22　计算 $\displaystyle\int\frac{x}{\sqrt{1+x^2}}\mathrm{d}x$。

解答

和前一个例子的推理类似，合理的选择是 $u=x^2+1$，那么 $\mathrm{d}u=2x\mathrm{d}x$。两端同时除以 2 得到 $\frac{1}{2}\mathrm{d}u=x\mathrm{d}x$。然后，根据式 (5.24) 与式 (5.16) 推出

$$\int\frac{x}{\sqrt{1+x^2}}\mathrm{d}x=\frac{1}{2}\int u^{-\frac{1}{2}}\mathrm{d}u=u^{\frac{1}{2}}+C=\sqrt{1+x^2}+C$$

■

例 5.23　计算 $\displaystyle\int\sqrt{x+1}\mathrm{d}x$。

解答

u 唯一可行的选择为 $x+1$。令 $u=x+1$，有 $\mathrm{d}u=1\mathrm{d}x$，应用式 (5.24) 得到

$$\int\sqrt{x+1}\mathrm{d}x=\int 1\cdot\sqrt{x+1}\mathrm{d}x=\int\sqrt{u}\mathrm{d}u=\frac{2u^{\frac{3}{2}}}{3}+C=\frac{2\left(x+1\right)^{\frac{3}{2}}}{3}+C$$

■

例 5.24 计算 $\int x^5\sqrt{1+x^2}\,\mathrm{d}x$ 。

解答

这是目前最具挑战性的实例，不过希望你胆子大点儿。令 $u = 1 + x^2$ ，因为 $\mathrm{d}u = 2x\mathrm{d}x$ ，代入得到

$$\frac{1}{2}\int x^4\sqrt{u}\,\mathrm{d}u$$

从 x^5 中抽取了一个 x 用于 $x\mathrm{d}x = \frac{1}{2}\mathrm{d}u$ 。现在我们需要关联 x 与 u 来完成替换。因为 $u = 1 + x^2$ ，从而 $x^2 = u - 1$ ，所以 $x^4 = (u-1)^2$ 。因此，

$$\frac{1}{2}\int x^4\sqrt{u}\,\mathrm{d}u = \frac{1}{2}\int \sqrt{u}\,(u-1)^2\,\mathrm{d}u = \frac{1}{2}\int \sqrt{u}\,(u^2 - 2u + 1)\,\mathrm{d}u$$

$$= \frac{1}{2}\int \left(u^{\frac{5}{2}} - 2u^{\frac{3}{2}} + u^{\frac{1}{2}} \right)\mathrm{d}u$$

根据定理 5.6 的积分性质与式 (5.16) 可导出

$$\frac{1}{2}\int \left(u^{\frac{5}{2}} - 2u^{\frac{3}{2}} + u^{\frac{1}{2}} \right)\mathrm{d}u = \frac{1}{2}\left(\frac{2u^{\frac{7}{2}}}{7} - \frac{4u^{\frac{5}{2}}}{5} + \frac{2u^{\frac{3}{2}}}{3} \right) + C$$

（每个积分生成各自的任意常数，这些常数加在一起形成另一个任意常数，就是方程中的 C 。）反过来将 $u = 1 + x^2$ 代入，最终得到

$$\int x^5\sqrt{1+x^2}\,\mathrm{d}x = \frac{(1+x^2)^{\frac{7}{2}}}{7} - \frac{2(1+x^2)^{\frac{5}{2}}}{5} + \frac{(1+x^2)^{\frac{3}{2}}}{3} + C$$ ∎

相关练习 习题 23~26、30~31

超越函数的积分

例 5.25 计算下面的积分。

（1）$\displaystyle\int_0^1 2xe^{x^2}\,\mathrm{d}x$ （2）$\displaystyle\int \frac{1}{x+1}\,\mathrm{d}x$ （3）$\displaystyle\int \frac{x^2+2x+1}{x^2+1}\,\mathrm{d}x$

解答

（1）令 $u = x^2$ ，即有 $\mathrm{d}u = 2x\mathrm{d}x$ 。然后根据式 (5.24) 与式 (5.19) 导

出

$$\int 2x\mathrm{e}^{x^2}\,\mathrm{d}x = \int \mathrm{e}^{u}\,\mathrm{d}u = \mathrm{e}^{u}+C = \mathrm{e}^{x^2}+C$$

所以，

$$\int_{0}^{1} 2x\mathrm{e}^{x^2}\,\mathrm{d}x = \left[\mathrm{e}^{x^2}\right]_{0}^{1} = \mathrm{e}-1$$

（2）令 $u = x+1$，即有 $\mathrm{d}u = \mathrm{d}x$。然后根据式 (5.24) 与式 (5.21) 导出

$$\int \frac{1}{x+1}\,\mathrm{d}x = \int \frac{1}{u}\,\mathrm{d}u = \ln|u|+C = \ln|x+1|+C$$

（3）先化简函数：

$$\frac{x^2+2x+1}{x^2+1} = 1+\frac{2x}{x^2+1}$$

那么，根据定理 5.5：

$$\int \frac{x^2+2x+1}{x^2+1}\,\mathrm{d}x = \int 1\mathrm{d}x + \int \frac{2x}{x^2+1}\,\mathrm{d}x$$

根据式 (5.17)，第一个积分算出为 $x+C_1$。为了计算第二个积分，令 $u = x^2+1$，所以 $\mathrm{d}u = 2x\mathrm{d}x$。然后根据式 (5.24) 与式 (5.21) 可导出

$$\int \frac{2x}{x^2+1}\,\mathrm{d}x = \int \frac{1}{u}\,\mathrm{d}u = \ln|u|+C_2 = \ln|x^2+1|+C_2$$

我们得出

$$\int \frac{x^2+2x+1}{x^2+1}\,\mathrm{d}x = x+\ln\left(x^2+1\right)+C$$

因为 x^2+1 总是正数，所以此处不需要在这个量上取绝对值。同上，将 C_1 与 C_2 加在一起得到 C。　■

例 5.26　计算积分：（1）$\int \tan x\mathrm{d}x$，（2）$\int \cot x\mathrm{d}x$。

解答

（1）因为 $\tan x = \dfrac{\sin x}{\cos x}$，令 $u = \cos x$，有 $\mathrm{d}u = -\sin x\mathrm{d}x$，根据式 (5.24) 可导出

$$\int \tan x \mathrm{d}x = \int \frac{\sin x}{\cos x} \mathrm{d}x = -\int \frac{1}{u} \mathrm{d}u$$

这里需要用式 (5.21)，我们得出

$$\int \tan x \mathrm{d}x = -\ln\left|\cos x\right| + C = \ln\left|\sec x\right| + C$$

（2）因为 $\cot x = \dfrac{\cos x}{\sin x}$ ，令 $u = \sin x$ ，有 $\mathrm{d}u = \cos x \mathrm{d}x$ ，根据式 (5.24) 导出

$$\int \cot x \mathrm{d}x = \int \frac{\cos x}{\sin x} \mathrm{d}x = \int \frac{1}{u} \mathrm{d}u$$

这里还是用式 (5.21)，我们得出

$$\int \cot x \mathrm{d}x = \ln\left|\sin x\right| + C \qquad \blacksquare$$

例 5.27   计算下面的积分。

（1）$\displaystyle\int x^2 \cos\left(x^3\right) \mathrm{d}x$ （2）$\displaystyle\int \sec^2\left(2x\right) \mathrm{d}x$ （3）$\displaystyle\int_0^{\frac{\pi}{4}} \cos\left(2x\right) \mathrm{d}x$

解答

（1）令 $u = x^3$ ，那么 $\mathrm{d}u = 3x^2 \mathrm{d}x$ ，然后根据式 (5.24) 与定理 5.9 可推导出

$$\int x^2 \cos\left(x^3\right) \mathrm{d}x = \frac{1}{3} \int \cos u \mathrm{d}u = \frac{1}{3} \sin u + C = \frac{1}{3} \sin\left(x^3\right) + C$$

（2）令 $u = 2x$ ，有 $\mathrm{d}u = 2\mathrm{d}x$ ，那么根据式 (5.24) 与定理 5.10 可推导出

$$\int \sec^2\left(2x\right) \mathrm{d}x = \frac{1}{2} \int \sec^2 u \mathrm{d}u = \frac{1}{2} \tan u + C = \frac{1}{2} \tan\left(2x\right) + C$$

（3）令 $u = 2x$ ，则 $\mathrm{d}u = 2\mathrm{d}x$ ，从而可导出

$$\int \cos\left(2x\right) \mathrm{d}x = \frac{1}{2} \sin\left(2x\right) + C$$

设 $C = 0$ ，然后用式 (5.13) 得到

$$\int_0^{\frac{\pi}{4}} \cos\left(2x\right) \mathrm{d}x = \frac{1}{2}\Big[\sin\left(2x\right)\Big]_0^{\frac{\pi}{4}} = \frac{1}{2}\left(\sin\frac{\pi}{2} - 0\right) = \frac{1}{2} \qquad \blacksquare$$

相关练习 习题 56~58、62~63

提示、窍门和要点

（1）只有当被积函数的形式是 $f(g(x))g'(x)$ 的时候 u 代换技巧才起作用。这样的积分函数包含一个复合函数 $f(g(x))$，这个复合函数与内函数的导数 $g'(x)$ 相乘。所以，应该仅在被积函数是复合函数时使用 u 代换。这一点反映了这一技巧的源头在链式法则，而链式法则只在求复合函数的导数时用到。使用这一技巧时应当尝试令 $u = g(x)$，其中 $g(x)$ 是复合函数的内函数。

（2）代入 $u = g(x)$ 将 $f(g(x))$ 转化成 $f(u)$，这没什么难度。积分的余下部分，也就是 $g'(x)\mathrm{d}x$ 也被转换成 $\mathrm{d}u$。因此，完整的代换是

$$u = g(x),\ \mathrm{d}u = g'(x)\mathrm{d}x$$

（3）一旦积分被转化成一个涉及 u 的积分，计算积分结果时，不要忘了把变量转换回 x [利用 $u = g(x)$]。

关于 u 代换的最后一点。尽管迄今为止我们仅仅用这个技巧计算不定积分，但是用它计算定积分一样奏效。接下来回到例 5.21 来具体阐释。因为在例子中 $u = x^2 + 4$，积分上限 $x = 2$ 变成 $u = 8$，积分下限 $x = 0$ 变成 $u = 4$，所以

$$\int_0^2 x(x^2+4)^3 \,\mathrm{d}x = \frac{1}{2}\int_4^8 u^3 \,\mathrm{d}u = \frac{1}{2}\left[\frac{u^4}{4}\right]_4^8 = 480$$

与我们先前所得的答案一致。下面推荐的习题中将进一步探索 u 代换的使用。

相关练习 习题 37~40、61

5.10 积分的应用

让我们讨论积分的两个简单应用，然后结束这一章。我通过两个实例来引入相关内容。

应用实例 5.28 在简化的安德森体能测试中，一个人在距离固定点

A 与 B 之间来回奔跑 2 分钟，到达每个固定点时立即停一下用手触摸地面。（检测的目标是使跑过的距离最远。）假设伊米莉亚跑起来的速度由函数

$$v(t) = 80(t-1)^3 - 80(t-1)$$

给定，单位是英尺／秒，且 $0 \leqslant t \leqslant 2$（见图 5.8）。

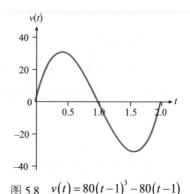

图 5.8　$v(t) = 80(t-1)^3 - 80(t-1)$
在区间 $[0,2]$ 上的图像

（1）在什么时刻伊米莉亚没有移动？什么时刻伊米莉亚向右移动？什么时刻向左移动？

（2）假设伊米莉亚从点 A 出发。请计算伊米莉亚距离点 A 的**位置函数** $s(t)$。

（3）求点 B 距离点 A 多远？

（4）计算 $\int_0^2 v(t)\mathrm{d}t$。这和伊米莉亚在 2 分钟内的**位移** $s(2) - s(0)$ 有什么关系？（这里 $v = s'$。）

解答

（1）需要求解 $v(t) = 0$。分解因式得到

$$80(t-1)\Big[(t-1)^2 - 1\Big] = 0 \Rightarrow t = 0, 1, 2$$

因此，伊米莉亚在测试起点（$t = 0$）、测试终点（$t = 2$）和中间点（$t = 1$）均没有移动。

当伊米莉亚向右移动时，她的位置函数 $s(t)$ 是递增的（她在远离点 A），所以 $s'(t) = v(t)$ 取正值。如图 5.8 所示，在区间 $(0,1)$ 上有 $v(t) > 0$，我们得出伊米莉亚在 2 分钟跑的测试中的头 1 分钟内是向右移动的；在区间 $(1,2)$ 上 $v(t) < 0$，所以她在 2 分钟跑的测试中的后 1 分钟内是向左移动的。

（2）因为 $s'(t) = v(t)$，有

$$s(t) = \int v(t)\mathrm{d}t = \int \Big[80(t-1)^3 - 80(t-1)\Big]\mathrm{d}t$$

$$= 80\int (t-1)^3\, dt - 80\int t\, dt + 80\int 1\, dt$$

这里运用了积分的好几个性质。我们可以用 u 代换来计算第一个积分，令 $u = t-1$ 和 $du = dt$，有

$$\int (t-1)^3\, dt = \int u^3\, du = \frac{u^4}{4} + C = \frac{(t-1)^4}{4} + C$$

用式 (5.16) 与式 (5.17) 容易计算出 $s(t)$ 方程中的第二个和第三个积分。所以

$$s(t) = 80 \times \frac{(t-1)^4}{4} - 80 \times \frac{t^2}{2} + 80t + C$$

$$= 20(t-1)^4 - 40t^2 + 80t + C$$

因为伊米莉亚从点 A 出发，我们晓得 $s(0) = 0$，也就知道了 $C = -20$。因此

$$s(t) = 20(t-1)^4 - 40t^2 + 80t - 20$$

（3）根据规则，伊米莉亚必须在点 B 停下用手触摸地面。在那时她的速度等于 0。在第（1）小问中我们已经发现，当 $t = 0,1,2$ 时有 $v(t) = 0$。她从 $t = 0$ 时刻开始测试，向右跑。因为她在时刻 $1 < t < 2$ 时向左跑，所以在 $t = 1$ 时刻的瞬间暂停一定是伊米莉亚跑到了点 B。还因为 $s(1) = 20$，所以我们得出点 B 距离点 A 有 20 英尺。

（4）因为 $v(t)$ 是连续的且 $s(2) = s(0) = 0$，所以根据式 (5.13) 有

$$\int_0^2 v(t)\, dt = s(2) - s(0) = 0$$

由此得出结论，在测试期间伊米莉亚的位移等于 0。 ■

在被积函数是某种变化率 [例如 $v(t)$] 的情形下，求值定理有更一般化的阐释：变化率的积分可以得出原函数 [例子中为 $s(t)$] 的净改变量。而这个例子的第（4）小问就是这样一个明明白白的实例展示。

相关练习 习题 4~5、16、32、34~35

应用实例 5.29 在许多国家劳动者的收入分配不均匀。例如，2013

年美国底层 99% 的打工人仅获得了全国税前收入的大约 80%。经济学家用洛伦兹曲线 $L(x)$ 来量化收入分配差异，该曲线定义为底层占比 x 的家庭挣取的收入占全国收入的百分比，这里 x 与 $L(x)$ 都用小数形式表示。[①] 已知一个国家的洛伦兹曲线，那么它的**基尼系数** G 定义为

$$G = \int_0^1 \left[2x - 2L(x)\right] \mathrm{d}x \tag{5.26}$$

G 可用于度量一个国家的收入不平等程度；G 的范围是 $0 \leqslant G \leqslant 1$，基尼系数越高表明收入不平等的情况越严重。一个国家的洛伦兹曲线为 $L(x) = x^2$，请计算该国的基尼系数。

解答　根据式 (5.26)：

$$G = \int_0^1 (2x - 2x^2)\, \mathrm{d}x \tag{5.27}$$

这个量是图 5.9 中阴影区域的面积，这个面积是 $f(x) = 2x$ 图像（图中黑色直线）下方面积与 $f(x) = 2x^2$ 图像（图中灰色曲线）下方面积的差值。利用本章所学有：

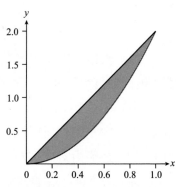

图 5.9　$y = 2x^2$（灰色曲线）和 $y = 2x$（黑色直线）在区间 $0 \leqslant x \leqslant 1$ 上两个图像之间的区域（阴影）

$$\begin{aligned}
\int_0^1 (2x - 2x^2)\, \mathrm{d}x &= 2\int_0^1 x\,\mathrm{d}x - 2\int_0^1 x^2\,\mathrm{d}x \\
&= 2\left[\frac{x^2}{2}\right]_0^1 - 2\left[\frac{x^3}{3}\right]_0^1 \\
&= 1 - \frac{2}{3} = \frac{1}{3}
\end{aligned}$$

因此，该国的基尼系数 $G = \dfrac{1}{3}$。

相关练习 **习题 15**

---

① 例如，刚提到的 2013 年美国的数据对应于 $L(0.99) = 0.8$。

应用实例 5.30 假设从高 h 米处垂直向上抛出某物体，初始垂直速度为 v_y 米 / 秒。假设物体的加速度函数是 $a(t) = -g$，其中 g 是重力引起的加速度，求物体在垂直方向上的位置函数 $y(t)$。

解答

因为 $a(t) = v'(t)$，所以利用等价表达式 (5.15) 给出计算物体速度的公式：

$$v(t) = \int a(t)\mathrm{d}t = \int -g\mathrm{d}t = -g\int 1\mathrm{d}t = -gt + C$$

这里用到积分的性质和式 (5.17)。利用 $v(0) = v_y$ 得到 $C = v_y$，因此

$$v(t) = v_y - gt$$

又因为 $v(t) = y'(t)$，所以再次利用等价表达式 (5.15) 导出

$$y(t) = \int v(t)\mathrm{d}t = \int (v_y - gt)\mathrm{d}t = v_y\int 1\mathrm{d}t - g\int t\mathrm{d}t = v_y t - \frac{gt^2}{2} + D$$

利用 $y(0) = h$ 得到 $D = h$，故

$$y(t) = h + v_y t - \frac{1}{2}gt^2 \tag{5.28}$$

（注意：该方程仅在物体砸到地面前有效。）■

式 (5.28) 本身简直了不起：假设重力以常数加速度对物体进行加速（伽利略很早就知道这一点），式 (5.28) 给出了空中物体在垂直方向上的一般性的位置函数。本章习题 33 利用式 (5.28) 解释了为什么足够重的物体（例如足球）在扔向空中后沿着抛物线轨迹飞行。

5.11 结束语

现在我们到了本章的结尾。事实上，也到了本书的结尾。本书第 1~5 章逐步展开讲了微积分的核心概念：极限、导数和积分。所以，如果你已经学到了这个程度，那我为你感到骄傲。尽管课程"微积分 1"还有很多超越本书内容的主题，但是那些后续内容最终不是建立在极限、导数的基础上，就是建立在积分的基础上，而在极

限、导数、积分方面你现在已经得到了人量的练习。所以，依我之见，如果你对这 5 章内容都理解了，那我就可以说你已经学会了微积分。哪怕你还没学完关于指数函数、对数函数、三角函数的选修内容，我还是坚持这个说法。因为最终那些内容也只是极限、导数、积分概念的应用，而我们学到的这些概念适用于各种不同的函数。不过，如果你有时间，我倒是鼓励你学完那些选修内容。超越函数应用广泛，如果你继续数学（或者科学）的学习，那你会一直遇到这类函数（和它们的微积分）。

我希望你喜欢这次的微积分学习。在后记里我还有更多的话说，不过，再次恭喜你学会了微积分。祝你在未来的数学学习中一路顺利。

本章习题

1~3: 给定物体的速度函数 $s(x)$，请计算其路程函数 $A(t)$。

1. $s(x)=10$

2. $s(x)=1-x$，只考虑 $0 \leqslant x \leqslant 1$。

3. $s(x)$ 如下图所示。

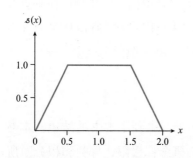

4. 假设上题中的图是某物体的瞬时速度函数 $s(x)$。请利用它

计算该物体在下述区间内的距离变化量: (a) $[0,0.5]$，(b) $[0,1]$，(c) $[0.5,2]$。

5. 某物体的速度图像如下图所示。

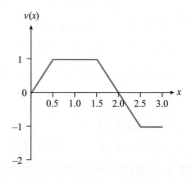

(a) 该物体在什么区间上向左移动? 在什么区间上向右移动?

(b) 计算 $\int_0^1 s(x)\,dx$ 和 $\int_0^3 s(x)\,dx$，并解释你的结果。

6. 面积函数 $A(t)=\int_0^t \sqrt{1+x^2}\ dx$，其中 $0 \leqslant t \leqslant 1$。

(a) 画出 $A(t)$ 作为面积的图像。

(b) 计算 $A'(t)$，确定在 $[0,1]$ 的哪个（些）子区间上 $A(t)$ 是递增的。

(c) 计算 $A''(t)$，确定在 $[0,1]$ 的哪个（些）子区间上 $A(t)$ 是上凹的？

7. 令 $A(t)=\int_0^t x\,dx$。

(a) 计算 $A'(t)$。

(b) 令 $g(t)=A(t^2)$，计算 $g'(t)$。

8. 利用面积求 $\int_{-1}^1 \sqrt{1-x^2}\,dx$。（提示：首先画出被积函数的图像。）

9. 假设一个可微函数 f 对所有 t 满足

$$\int_0^t f(x)\,dx = \left[f(t)\right]^2$$

求 f 可能的形式。

10~12: 验证 $F'(x)=f(x)$，**然后利用定理 5.2 对于给定的** a、b **值计算** $\int_a^b f(x)\,dx$。

10. $F(x)=(x+1)^2, f(x)=2(x+1)$, $a=0, b=1$

11. $F(x)=-\dfrac{1}{x}, f(x)=\dfrac{1}{x^2}, a=1$, $b=2$

12. $F(x)=\sqrt{x}, f(x)=\dfrac{1}{2\sqrt{x}}, a=1$, $b=9$

13. 这个习题引导你推出定理 5.5 的加法法则。

(a) 定义

$$A_{f+g}(t)=\int_a^t \left[f(x)+g(x)\right]dx$$

$$A_f(t)=\int_a^t f(x)\,dx$$

$$A_g(t)=\int_a^t g(x)\,dx$$

根据哪个定理我们可以得出

$$\left[A_{f+g}(t)\right]'=f(t)+g(t), A_f'(t)=$$
$$f(t) \text{ 和 } A_g'(t)=g(t)?$$

(b) 根据 (a) 得到

$$\left[A_{f+g}(t)\right]'=A_f'(t)+A_g'(t)$$

$$=\left[A_f(t)+A_g(t)\right]'$$

使用哪个定理能得到最后那个等式？

(c) 从 5.1 节中我们知道，从 $\left[A_{f+g}(t)\right]'=\left[A_f(t)+A_g(t)\right]'$ 可

得 $A_{f+g}(t) = A_f(t) + A_g(t) + C$，请问：为什么令 $t = a$ 可最终推导出定理 5.5 的加法法则？

14. 让我们回顾式 (5.1)，它等价于 $A'(t) = d'(t)$。

(a) 试解释关于 $d(t)$ 与 $A(t)$ 的图像 $A'(t) = d'(t)$ 告知了我们什么信息。

(b) 现在考虑函数 $g(t) = A(t) - d(t)$。对于 $g'(t)$ 你有什么论述？为什么？

(c) 解释为什么 $g'(t) = 0$ 意味着 $A(t) = d(t) + C$。

15. 收入不均 让我们回到应用实例 5.29。

(a) 解释为什么 $L(0) = 0$、$L(1) = 1$，以及为什么 x 与 $L(x)$ 都是介于 0 与 1 之间的数。

(b) 如果一个国家中的所有家庭都具有相同的收入，那么该国的洛伦兹曲线是 $L(x) = x$，解释为什么并说明在这种情况下 $G = 0$（没有收入不均）。

(c) 在现实中，每个国家的洛伦兹曲线都满足 $L(x) < x$。解释其中蕴含的意义。

(d) 说明 $L(x) < x$ 蕴含着 $G > 0$（存在收入不均）。

16. 心输出量 一个人的心输出量 F 指的是每秒钟心脏泵出的血液体积（单位是升）。医生把一定量 A（单位是毫克）的着色剂注入心脏右心房，当心脏起搏时测量主动脉里的着色剂浓度 $c(t)$（单位是毫克/升）。一段时间 T 后，所有注入的着色剂都流经了探测器。假设 F 是常数，可以说明

$$F = \frac{A}{\int_0^T c(t)\,\mathrm{d}t}$$

假设 $c(t)$ 如下图所示。通过估计阴影区域的面积来估计 F 的取值。

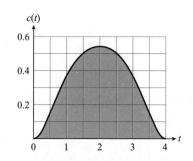

17~26：求积分。

17. $\int_{-1}^{1} 4\,\mathrm{d}x$

18. $\int_0^2 (x^2 - 1)\,\mathrm{d}x$

19. $\int_0^2 \sqrt[3]{x}\,\mathrm{d}x$

20. $\int_0^1 x(1+x^3)\,\mathrm{d}x$

21. $\int \dfrac{x-2}{\sqrt{x}}\,\mathrm{d}x$

22. $\int (y-1)(y-2)\,\mathrm{d}y$

23. $\int_0^1 (1+3z)^2\,\mathrm{d}z$

24. $\int_1^2 x\sqrt{x-1}\,\mathrm{d}x$

25. $\int \dfrac{t^2}{\sqrt{1-t}}\,\mathrm{d}t$

26. $\int_0^a x\sqrt{x^2+a^2}\,\mathrm{d}x, a>0$

27. 下面的计算错在哪里？

$$\int_{-1}^1 x^{-2}\,\mathrm{d}x = \left.\frac{x^{-1}}{-1}\right|_{-1}^1 = -2$$

28~31：利用事实 $\int_0^1 f(x)\,\mathrm{d}x = 1$ **与**
$\int_0^1 g(x)\,\mathrm{d}x = 2$ **计算积分。**

28. $\int_0^1 7f(x)\,\mathrm{d}x$

29. $\int_0^1 \big[2f(x)+3g(x)\big]\,\mathrm{d}x$

30. $\int_{-1}^0 g(-x)\,\mathrm{d}x$

31. $\int_0^1 xf(x^2)\,\mathrm{d}x$

32. 世界石油消费　假设 $r(t)$ 是世界石油消费的瞬时变化率，单位是桶（油）/ 年（自 2017 年以来）。请解释 $\int_0^{10} r(t)\,\mathrm{d}t$ 代表的意思。你预计这个量是正数？负数？还是 0？请简单解释原因。

33. 抛物线轨迹　把充分重的物体投向空中，但不是垂直向上的，忽略空气阻力，那么该物体将沿着抛物线轨迹飞行，原因如下。

(a) 记 $x(t)$ 为物体的水平位置（例如与你的距离）。忽略空气阻力，解释为什么 $x(t)=v_x t$，其中 v_x 是物体水平方向的初始速度。

(b) 记 $y(t)$ 为物体的垂直位置（例如离地面的高度）。利用 (a) 小问的结果与式 (5.28)，说明 $y(x)=Ax^2+Bx+C$，其中 $A<0$［因此 $y(x)$ 的图像是开口向下的抛物线］。求常数 A、B、C，并给出 B 与 C 的物理意义。

34. 水钟　"水钟"是古代利用滴水度量时间流逝的一种计时设备，从这个问题你可以知道积分如何帮助你构造一台水钟。考虑一个圆柱形水桶，高 H 英尺，横截面面积等于 A 英尺^2。假设水桶中水的高度达到 d 英尺（$d \leqslant H$），并在底部切开一个小的圆形开口，面积为 A_h 英尺^2。记 h 为水桶里水平面的高度（单位是英尺），根据**托里切利定律**可知

$$h'(t) = \frac{8A_h}{A}\left(\frac{4A_h}{A}t - \sqrt{d}\right)$$

其中 t 是水开始从水桶底部开口流出的秒数。

(a) 令 $A = \pi$，$d = 2$，底部开口直径为 $\frac{1}{16}$ 英寸（在计算 A_h 前确保转换成英尺），在此情况下对结果 $h'(t)$ 进行积分，以说明

$$h(t) = \left(\sqrt{2} - \frac{t}{4 \times 96^2}\right)^2$$

(b) 应当从水桶底部往上在水桶边沿多高的地方做一个标记来指示经过了 1 小时（3600 秒）、2 小时（7200 秒）呢？

35. 经验曲线 一般地，随着时间的累积，公司生产产品的效率越来越高，故而生产成本降低。有研究通过经验曲线量化这种效应。记 $P(n)$ 为生产第 n 个产品单位的成本（单位是美元），$P'(n)$ 的一个数学模型是

$$P'(n) = -aP(1)n^{-a-1}$$

其中 $n \geqslant 1$ 且 $a > 0$。在这个习题里我们把这个方程和经验曲线的一个广受认可的模型联系起来。简单起见，我们假设 $a = 0.23$，$P(1) = 100$。

(a) 计算并阐释 $P'(100)$。

(b) 计算 $P(n)$。（所得函数是亨德森定律的一种特殊形式。）

(c) 说明每当生产的产品单位数量翻倍时都会使生产成本降低大约 15%。当一个公司获得更多的产品生产经验时，它的产品生产成本就会下降，故而 $P(n)$ 的图像被命名为"经验曲线"。

36. 这一习题将引导你给出式 (5.8) 一个更正式的证明。

(a) 回忆式 (5.8)，假设 f 是连续的，那么 f 在子区间 $[t, t + \Delta t]$ 上也是连续的。问：第 4 章的哪个定理保证了 f 在 $[t, t + \Delta t]$ 内有极大值和极小值？

(b) 记 f 在 $[t, t+\Delta t]$ 区间上的极小值为 $f(m)$，极大值为 $f(M)$，其中 m 和 M 是 $[t, t+\Delta t]$ 内的 x 值，现在我们知道对 $[t, t+\Delta t]$ 内的所有 x 有 $f(m) \leqslant f(x) \leqslant f(M)$。解释为什么据此有

$$\int_t^{t+\Delta t} f(m)\,\mathrm{d}x \leqslant \int_t^{t+\Delta t} f(x)\,\mathrm{d}x$$
$$\leqslant \int_t^{t+\Delta t} f(M)\,\mathrm{d}x$$

(c) 解释为什么 (b) 小问的结果蕴含着

$$f(m) \leqslant \frac{1}{\Delta t} \int_t^{t+\Delta t} f(x)\,\mathrm{d}x \leqslant f(M)$$

(d) 根据式 (5.5)，我们把 (c) 小问的结果重新写成

$$f(m) \leqslant \frac{\Delta A}{\Delta t} \leqslant f(M)$$

最后，解释为什么当 $\Delta t \to 0$ 时，这些不等式蕴含着

$$\lim_{\Delta t \to 0} \frac{\Delta A}{\Delta t} = f(t)$$

再次得到式 (5.8)。

37. 如果 f 是处处连续的且 $c \in \mathbb{R}$，那么证明

$$\int_{ca}^{cb} f(x)\,\mathrm{d}x = c\int_a^b f(cx)\,\mathrm{d}x$$

38. 如果 f 是处处连续的且 $c \in \mathbb{R}$，那么证明

$$\int_a^b f(x+c)\,\mathrm{d}x = \int_{a+c}^{b+c} f(x)\,\mathrm{d}x$$

39. 假设 f 在 $[0, a]$ 上是连续的。

(a) 如果 $f(-x) = f(x)$（即 f 是一个偶函数），证明

$$\int_{-a}^a f(x)\,\mathrm{d}x = 2\int_0^a f(x)\,\mathrm{d}x$$

(b) 如果 $f(-x) = -f(x)$（即 f 是一个奇函数），证明

$$\int_{-a}^a f(x)\,\mathrm{d}x = 0$$

40. 假设 f' 在 $[a, b]$ 上是连续的，证明

$$2\int_a^b f(x)f'(x)\,\mathrm{d}x = \left[f(b)\right]^2$$
$$-\left[f(a)\right]^2$$

41. 连续函数 f 在定义域 $[a, b]$ 上的平均值定义为

$$f_{\mathrm{av}} = \frac{1}{b-a}\int_a^b f(x)\,\mathrm{d}x$$

求 $f(x) = \sqrt{x}$ 在 $[0, 2]$ 上的平均值。

指数函数和对数函数相关的习题

42~47：求积分。

42. $\int 3\mathrm{e}^{3x}\,\mathrm{d}x$

43. $\int 5^{\pi}\,\mathrm{d}x$

44. $\int_0^1 \mathrm{e}^t\sqrt{1+\mathrm{e}^t}\,\mathrm{d}t$

45. $\int_{\mathrm{e}}^{\mathrm{e}^2} \dfrac{1}{z\ln z}\,\mathrm{d}z$

46. $\int \dfrac{\mathrm{e}^x}{\pi+\mathrm{e}^x}\,\mathrm{d}x$

47. $\int_1^{\mathrm{e}} \dfrac{(\ln\theta)^2}{\theta}\,\mathrm{d}\theta$

48. 假设 $x<0$，请用链式法则推导出 $\dfrac{\mathrm{d}}{\mathrm{d}x}\big[\ln(-x)\big]=\dfrac{1}{x}$，并与定理 3.9 一起推导出式 (5.20)。

49. 使用定理 5.6 的性质 7，以及对 $x>0$ 有 $\mathrm{e}^x\geqslant 1$ 的事实，证明对 $x\geqslant 0$ 有 $\mathrm{e}^x\geqslant 1+x$。然后，使用这一结果证明对 $x\geqslant 0$ 有 $\mathrm{e}^x\geqslant 1+x+\dfrac{x^2}{2}$。

50. 通过等价表达式 (5.15) 验证对于 $a\neq 0$，有

$$\int t\mathrm{e}^{-at}\,\mathrm{d}t=-\frac{\mathrm{e}^{-at}(1+at)}{a^2}+C$$

51. 双曲正弦函数和双曲余弦函数，分别记为 $\sinh(x)$ 与 $\cosh(x)$，定义为

$$\sinh(x)=\frac{\mathrm{e}^x-\mathrm{e}^{-x}}{2}$$

$$\cosh(x)=\frac{\mathrm{e}^x+\mathrm{e}^{-x}}{2}$$

证明：

$$\int\sinh(x)\,\mathrm{d}x=\cosh(x)+C$$

$$\int\cosh(x)\,\mathrm{d}x=\sinh(x)+C$$

52. 素数定理表明，将小于或等于一个正实数 x 的素数的个数记为 $p(x)$ 的函数，它在 x 很大的时候近似为

$$p(x)\approx\int_2^x \frac{1}{\ln t}\,\mathrm{d}t$$

(a) 把"$\approx$"当成"$=$"，计算 $p'(x)$。你会发现 $p'(x)>0$，请阐释该结果的意义。

(b) 还是把"$\approx$"当成"$=$"，计算 $p''(x)$。你会发现 $p''(x)<0$，请阐释该结果的意义。

53. 人口密度 令 $p(r)$ 代表在距离城市中心 r 英里范围内每平方英里生活的人口数量（以千人为单位），即人口密度。在距离城市中心 x 英里范围内生活的总人口数由下式给出

$$P(x)=\int_0^x 2\pi r p(r)\,\mathrm{d}r$$

(a) 假设 p 是连续的，用微积分基本定理和式 (4.10) 来计算当 x 有微小改变量 Δx 时对应的 ΔP。阐释 $\Delta x>0$ 时所得结果的意义。

(b) 假设 $p(r) = 6e^{-\frac{\pi r^2}{100}}$，请计算 $P(x)$ 和 $\lim_{x \to \infty} P(x)$，并阐释后一个结果的意义。

三角函数相关的习题

54~59：求积分。

54. $\int (t^3 - \cos t)\,dt$

55. $\int (\csc^2 x - \sin x)\,dx$

56. $\int 2\sqrt{\cot t}\,\csc^2 t\,dt$

57. $\int_0^{\frac{\pi}{4}} \sin(3z)\,dz$

58. $\int_0^{\frac{\pi}{4}} \dfrac{\sin x}{\cos^2 x}\,dx$

59. $\int (1 + \tan\theta)\,d\theta$

60. 见习题 41，求 $f(x) = \sin x$ 在区间 $[0, \pi]$ 上的平均值。

61. 考虑积分

$$\int_{\frac{\pi}{3}}^{\frac{\pi}{2}} \sin\theta \sqrt{(1 - 4\cos^2\theta)}\,d\theta$$

(a) 说明令 $u = 2\cos\theta$ 可将积分转换成

$$\frac{1}{2}\int_0^1 \sqrt{1 - u^2}\,du$$

(b) 利用几何学面积公式计算 (a) 小问的积分。

62. **肺容量** 令 v 表示一个人心平气和状态下一个呼吸周期内空气吸入肺部的速度（单位是升 / 秒）。v 的一个合理模型是

$$v(t) = a\sin(bt)$$

其中 a 与 b 是正常数，t 表示从呼吸周期开始的计时时间（单位是秒）。

(a) 空气流速的极大值是多少？（答案依赖于 a。）

(b) 一个呼吸周期有多长时间？（答案依赖于 b。）

(c) 令 t^* 等于 (b) 小问数据的一半。计算

$$\int_0^{t^*} v(t)\,dt$$

并解释所表达的意思。

63. **平均温度** 家用恒温调节器反复启动和关停来保持预设的室内温度。假设在炎热的夏天，你家中的恒温调节器根据函数

$$T(t) = a + b\sin(ct)$$

来调节温度，其中 $T(t)$ 是 t 时刻（从 0 点以小时计时）的温度（单位是华氏度），a、b、c 为正实数。

(a) 假设你想要最大温度为 76 华氏度，最小温度为 72 华氏度，求 a 与 b 的值。

(b) 利用 (a) 小问求得的 a 与 b 值，还有习题 41，说明 24 小时的平均温度 T_{av} 为

$$T_{av} = 74 + \frac{1}{12c}\left[1 - \cos(24c)\right]$$

(c) 求最小非零 c 值使得 $T_{av} = 74$ 华氏度。

附录 A：代数与几何知识回顾

本附录旨在快速回顾微积分理论学习中所需要的诸多代数和几何概念与性质。我们将从数和区间的表示开始，然后是基本的几何知识，最后是代数。准备好了吗？让我们开始吧。

A.1 数

最简单的数是自然数，包括 0 和正整数。将正整数、0 和负整数放到一起，就产生了整数集。接下来，把整数两两作商（除数非零），就产生了有理数集。有理数是一个整数（称为分子）与另一个非零整数（称为分母）的比值：$\frac{a}{b}$。整数是特殊的有理数（分母为 1），自然数是特殊的整数。而有理数集是我们目前讨论到的最大数集。

下面回顾一下有理数集上最基本的 4 种运算：加、减、乘和除。

有理数的加减运算

我们只能对同分母的两个有理数进行直接的加（或减）运算。所以，对两个有理数 $\frac{a}{b}$ 和 $\frac{c}{d}$，首先要找一个合适的公分母（通常选择的是 bd），然后把两个有理数恒等变形成分母为 bd 的分数，也就是 $\frac{a}{b}$ 的分子和分母同时乘 d，$\frac{c}{d}$ 的分子和分母同时乘 b，再把它们的分子相加（或相减），分母 bd 保持不变，最终得到的分数即为所求：

$$\frac{a}{b} + \frac{c}{d} = \frac{ad}{bd} + \frac{bc}{bd} = \frac{ad+bc}{bd} \quad , \quad \frac{a}{b} - \frac{c}{d} = \frac{ad-bc}{bd}$$

例 A.1 计算有理数 $\frac{1}{2}$ 和 $\frac{3}{7}$ 的和与差。

解答

$$\frac{1}{2} + \frac{3}{7} = \frac{7}{14} + \frac{6}{14} = \frac{13}{14} \quad , \quad \frac{1}{2} - \frac{3}{7} = \frac{7}{14} - \frac{6}{14} = \frac{1}{14}$$

有理数的乘除运算

有理数的乘法很简单。设 $\dfrac{a}{b}$ 和 $\dfrac{c}{d}$ 是两个有理数，那么它们的乘积为

$$\frac{a}{b} \cdot \frac{c}{d} = \frac{ac}{bd}$$

即两数的分子与分子相乘，分母与分母相乘。这里的记号"·"表示乘法运算。

有理数的除法也很简单。首先要知道除以一个有理数 $\dfrac{c}{d}$ 等于乘它的倒数 $\dfrac{d}{c}$，证明如下：

$$\frac{1}{\dfrac{c}{d}} = \frac{\dfrac{d}{c}}{\dfrac{c}{d} \cdot \dfrac{d}{c}} = \frac{\dfrac{d}{c}}{1} = \frac{d}{c}$$

由此可得有理数的除法运算法则：

$$\frac{\dfrac{a}{b}}{\dfrac{c}{d}} = \frac{a}{b} \div \frac{c}{d} = \frac{a}{b} \cdot \frac{d}{c} = \frac{ad}{bc} \tag{A.1}$$

例 A.2 计算有理数 $\dfrac{1}{2}$ 和 $\dfrac{3}{7}$ 的积与商。

解答

$$\frac{1}{2} \cdot \frac{3}{7} = \frac{1 \cdot 3}{2 \cdot 7} = \frac{3}{14}, \quad \frac{\dfrac{1}{2}}{\dfrac{3}{7}} = \frac{1}{2} \div \frac{3}{7} = \frac{1}{2} \cdot \frac{7}{3} = \frac{7}{6}$$

A.2 实数集与区间的表示

实数包含以下 3 种情况。

1. 有限小数，即小数的小数点后只有有限个数位，例如 2.7、142（即 142.0）。

2. 无限循环小数，即小数的小数点后有无限个数位，但从某一位起，一位或几位数字按某种规律依次重复出现，例如 0.333…、

37.146146146⋯。

3. 无限不循环小数，即小数的小数点后有无限个数位，且这些数字没有任何规律，例如圆周率 π。

前两种数被称为有理数，最后一种数被称为无理数。最著名的无理数可能是 $\pi = 3.14159\cdots$，这个数将圆的周长 C 与其直径 d 联系了起来：$C = \pi d$。

区间的表示

从 π 的十进制展开我们可以知道

$$3 < \pi < 4$$

这里的符号"<"是小于号，与它相对应的是符号">"，即大于号。[①] 常常还会遇到两个类似的符号："≤"（小于或等于）和"≥"（大于或等于）。当描述变量的取值范围时，这些符号会频繁出现。例如，正方形的边长不可能为负，因此边长为 x 的正方形的面积为 $A = x^2$，其中就要求实数 x 应满足 $x \geq 0$。这也可以用区间表示：

$$\{x \geq 0\} = [0, \infty)$$

约定：在区间表示中，数字旁边加方括号表示此数含在区间内，数字旁边加圆括号表示此数在区间外。常见的区间类型还有[②]：

$$(a,b) = \{a < x < b\} \qquad [a,b) = \{a \leq x < b\}$$
$$[a,b] = \{a \leq x \leq b\} \qquad (a,b] = \{a < x \leq b\}$$

注意，在这种表示法下，实数集记作区间 $(-\infty, \infty)$，即整个实数轴（也可用 $\mathbb{R}$ 表示）。

相关练习 习题 1

---

① 两个符号密切相关。如此例中，我们可以记"3<π"，意为"3 比 π 小"，也可以记"π>3"，意为"π 比 3 大"。

② 易混淆的是，(a,b) 既可以表示区间，也可以表示平面上一点的坐标，这需要通过上下文判别。

A.3 几何知识回顾

图 A.1 包含了一个矩形、一个圆和一个三角形。我们先回顾一下它们的**周长**（即外周一圈的长度）和**面积**公式。

图 A.1 一个宽为 x、长为 y 的矩形（左），一个半径为 r 的圆（中），一个底为 b、高为 h 的三角形（右）

• 图 A.1 中矩形的周长 $P = 2x + 2y$，这是因为当我们沿着矩形的外周行走一圈时，我们走过了两倍的宽（长度为 $2x$）和两倍的长（长度为 $2y$）。矩形的面积是 $A = xy$。

• 图 A.1 中圆的周长 $C = 2\pi r$，其中 $\pi \approx 3.14$，是 A.1 节提到的无理数。圆的面积 $A = \pi r^2$。

• 图 A.1 中三角形的面积 $S = \dfrac{1}{2}bh$。一般三角形的周长公式较为繁杂，本书中不会涉及。需要用到的是直角三角形（即一个角为直角的三角形）的周长公式。根据勾股定理，对于一个直角三角形，设其斜边边长为 c，两直角边边长分别为 a 和 b（见图 A.2），则有

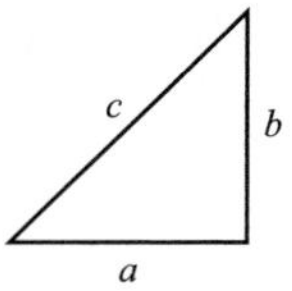

图 A.2 直角三角形

$$a^2 + b^2 = c^2 \tag{A.2}$$

于是，三角形的周长 P 等于

$$P = a + b + \sqrt{a^2 + b^2}$$

这些公式有非常广泛的应用。例如，本附录末尾的习题 10 就运用勾股定理推导出了平面上两点之间的距离公式。下面以一个简单的例子结束本节，此例是这些几何公式的一个实际应用。

例 A.3 假设你的朋友鲍勃打电话跟你说："我刚买了一条狗，想用现有的 20 米的围栏材料为狗建一个矩形游乐区。游乐区长 6 米，你

能帮我算山游乐区的宽吗？"请帮鲍勃解决他的问题。

解答 围栏的总长就等于矩形的周长，即 $P = 20$。矩形的长也已知，为 $y = 6$。运用矩形的周长公式，可得

$$20 = 2x + 12 \quad \Rightarrow \quad x = 4$$

所以，游乐区的宽应该是 4 米。 ■

相关练习 习题 7~9

A.4 求解简单代数方程

微积分理论中充斥着大量代数元素。很多情况下，需要从一个方程中解出未知变量[①]（常记作 x）。例如，方程

$$x + 2 = 10 \tag{A.3}$$

求解这个方程，需要把方程两边都减去 2：

$$x + 2 - 2 = 10 - 2$$

就得到 $x = 8$。而变量 x，一个原方程中的未知量，现在就有了确定的值 8。

下面看一个稍难一点儿的例子。求解方程

$$2x + 4 = 14 \tag{A.4}$$

首先将包含 x 的项（即 $2x$）分离出来，办法是方程两边同时减去 4，即得

$$2x = 10$$

然后方程两边同时除以 2，就得到 $x = 5$。请注意，在此例和上一例中，都可以把解得的 x 值代入原方程，通过验证等式是否成立来检验答案的正确性。[②] 这是代数（和数学）的一个普遍特征：结论的正误是可

---

① 关于何为变量，以及一元微积分中涉及的变量类型，可参见 B.1 节。

② 例如对于式 (A.3)，8+2=10 确实成立，且满足"加 2 等于 10"这一性质的实数也只有 8。

以检验的。

式 (A.3) 和式 (A.4) 中 x 的最高次幂都是 1。下面我们复习一下如何求解二次方程。

A.5 求解一元二次方程

首先，定义 x^2 为 x 自乘一次，即

$$x^2 = x \cdot x$$

只有一个未知数 x，且未知数的最高次数是 2 的整式方程称为一元二次方程。譬如

$$x^2 = 4 , \ (x-1)^2 + 1 = 2 , \ x^2 + 5x + 6 = 0 , \ 3x^2 + 14x + 15 = 0 \quad (A.5)$$

现在通过两个例子回顾一下一元二次方程的求解方法。

例 A.4 解一元二次方程 $x^2 = 4$。

解答 此题中对 x 取平方后结果等于 4。遵循"对 x 做过的运算都要反序运算一遍"的思路，我们需要做 x 取平方的逆运算，也就是对方程两边开方。这就得到

$$\sqrt{x^2} = \sqrt{4}$$

许多学生（甚至一些数学老师）可能认为

$$\sqrt{4} = \pm 2 , \ \sqrt{x^2} = x$$

（这里符号"$\pm$"表示"正或负"）但上述两个等式均不成立，正确的是

$$\sqrt{4} = 2 , \ \sqrt{x^2} = |x|$$

其中符号 $|x|$ 表示 x 的绝对值。当 $x \geqslant 0$ 时，$|x| = x$；当 $x < 0$ 时，$|x| = -x$。于是，可得

$$\sqrt{x^2} = \sqrt{4} \ \Rightarrow \ |x| = 2$$

根据绝对值的定义，得到两个等式：

$$x = 2 , \quad -x = 2$$

也就是说，方程有两个解 $x = \pm 2$。 ■

例 A.5 解二次方程 $(x-1)^2 + 1 = 2$。

解答 方程两边同时减去 1，然后同时开方，即得

$$\sqrt{(x-1)^2} = \sqrt{1}$$

根据上一例中关于开方运算的讨论，得到

$$|x-1| = 1$$

再次利用绝对值的定义，可以得到两个等式

$$x - 1 = 1 , \quad -(x-1) = 1$$

所以，此方程的解分别为 $x = 2$ 和 $x = 0$。 ■

相关练习 习题 3、4(a)

现在回到式 (A.5) 中的第三个方程，即 $x^2 + 5x + 6 = 0$。这个方程可以用与上两例相同的方法求解，但求解前需要先配方。让我来告诉你们另一种方法——利用因式分解求解方程。

先介绍因式分解之分组分解法，以 $x^2 + 5x + 6$ 为例。首先，把 5 分成 $2 + 3$。于是，

$$5x = (2+3)x = 2x + 3x$$

这里利用了乘法分配律：

$$a(b+c) = ab + ac , \quad (a+b)c = ac + bc$$

回到多项式 $x^2 + 5x + 6$，我们得到

$$x^2 + 5x + 6 = x^2 + (2+3)x + 6 = x^2 + 2x + 3x + 6$$

其中，x^2+2x 有一个公因数 x，$3x+6$ 有一个公因数 3。可以把蓝色项中的 x 和黑色项中的 3 提取出来[①]，即

$$x(x+2) + 3(x+2)$$

---

① 此处因式分解的过程需要反向运用分配律（合并同类项），即 $x^2+2x=x(x+2)$。

到这里，我们对多项式各项进行了分组，每组都有一个因式 $(x+2)$。下一步把两组中的 $(x+2)$ 都提取出来（这就是为何此法被称为分组分解法），得到

$$x(x+2)+3(x+2)=(x+2)(x+3)$$

于是，有

$$x^2+5x+6=(x+2)(x+3)$$

回到式 (A.5) 中的第三个方程，我们就有了

$$(x+2)(x+3)=0 \Rightarrow x+2=0 \text{ 或者 } x+3=0$$

因此，方程的两个解是 $x=-2$ 和 $x=-3$。

在上面的例子中，我通过将 5 分解为 $(2+3)$ 来分组。但是 5 也等于 $(1+4)$，如果由此做一个替换，会得到

$$x^2+(1+4)x+6=x^2+x+4x+6=x(x+1)+2(2x+3)$$

这样分组后，各组间就没有公因式 $(ax+b)$。那么，我之前是怎么知道要用 5=2+3 而不是 5=1+4 来分组分解的呢？简要地说，这是因为要分组分解一个二次多项式 x^2+bx+c，b 必须分成两个能整除 c（能整除 c 的数也称为 c 的因数）的数之和。做题时，可以反向运用这个原则，即从 c 的各因数出发，看看哪对因数之和等于 b。下面再举两个例子加以说明。

例 A.6 因式分解下列二次多项式。

(a) x^2+2x+1　(b) x^2+3x-4

解答

(a) 这里 $b=2$、$c=1$。c 的（正）因数只有 1，恰巧 2=1+1，所以

$$\begin{aligned}
x^2+2x+1 &= x^2+(1+1)x+1 \\
&= x^2+x+x+1 \\
&= x(x+1)+(x+1) \\
&= (x+1)(x+1)=(x+1)^2
\end{aligned}$$

(b) 这里 $b = 3$、$c = -4$。我们要找 -4 的因数，其和要为 3，唯一合适的组合是 4 和 -1，所以

$$x^2 + 3x - 4 = x^2 + (4 - 1)x - 4$$
$$= x^2 + 4x - x - 4$$
$$= x(x + 4) - (x + 4) = (x - 1)(x + 4) \qquad \blacksquare$$

相关练习 **习题** 2(a)

到目前为止，我们已经复习了如何因式分解 x^2 项系数为 1 的二次多项式。对于其他类型的二次多项式，如式 (A.5) 中的最后一个方程，分解起来更困难。之前讨论的方法自然也还是可用的，但直接使用一元二次方程的求根公式能更快速解题。

一元二次方程求根公式

设我们要求解一元二次方程

$$ax^2 + bx + c = 0 \qquad (A.6)$$

方程左侧配方，经整理后就可以得到下面的求根公式。

一元二次方程求根公式

一元二次方程 $ax^2 + bx + c = 0$ 的两个解分别是

$$x = \frac{-b + \sqrt{b^2 - 4ac}}{2a} \text{ 和 } x = \frac{-b - \sqrt{b^2 - 4ac}}{2a}$$

这两个解通过符号"$\pm$"（正或负）可以合写为

$$x = \frac{-b \pm \sqrt{b^2 - 4ac}}{2a} \qquad (A.7)$$

下面我们用求根公式求解式 (A.5) 的最后一个方程。

例 A.7 求解二次方程 $3x^2 + 14x + 15 = 0$。

解答 比较 $3x^2 + 14x + 15$ 与二次多项式的一般形式 $ax^2 + bx + c$，得到 $a = 3$、$b = 14$、$c = 15$。因此，由求根公式 (A.7) 得出

$$x = \frac{-14 \pm \sqrt{14^2 - 4 \times 3 \times 15}}{2 \times 3} = \frac{-14 \pm \sqrt{16}}{6} = \frac{-14 \pm 4}{6}$$

所以，方程的两个解为

$$x = \frac{-14 + 4}{6} = -\frac{5}{3}, \quad x = \frac{-14 - 4}{6} = -3$$

相关练习 习题 4

最后，我们从 3 个方面对一元二次方程的求解问题进行总结。

（1）如果 $b^2 - 4ac$ 为负，那么求根公式 (A.7) 中根号里就是一个负数。负数不存在实的平方根，所以此种情况下，我们说一元二次方程没有解。例如方程 $x^2 + 1 = 0$，由求根公式得到 $x = \pm\sqrt{-1}$，但是 $\sqrt{-1}$ 不存在。[①] 因此，$x^2 + 1 = 0$ 无解。[②]

（2）如果没有计算器帮忙，可能无法求出 $b^2 - 4ac$ 的平方根，这时候就需要用到幂运算法则（见 A.6 节）来简化答案。

（3）如果方程 $ax^2 + bx + c = 0$ 的两个解为 $x = A$ 和 $x = B$，那么 $ax^2 + bx + c = a(x - A)(x - B)$ 成立。这是在对多项式进行 $ax^2 + bx + c$ 因式分解时非常管用的一种思路，可以尝试用此思路解答习题 2(b)~(c)。如例 A.7 中，就有

$$3\left(x + \frac{5}{3}\right)(x + 3) = 3x^2 + 14x + 15$$

A.6 幂运算法则

我们已经定义了 x^2 表示 $x \cdot x$。类似地，还可以定义 $x^3 = x \cdot x \cdot x$。一般地，对于任意自然数 n，有

$$x^n = \underbrace{x \cdot x \cdot x \cdot \cdots \cdot x}_{n \uparrow x}$$

因此，用 x^n 乘 x^m（这里 m 是另一个自然数），不难预料到积为

---

① 数学里有一个分支叫复分析，$\sqrt{-1}$ 被定义为一个新数 i。相应地，任何含有 i 的数都称为复数。

② 换一种思路，因为 $x^2 \geq 0$，所以 $x^2 + 1 \geq 1$，进而不可能为 0。

$$x^n x^m = x^{n+m} \tag{A.8}$$

这是因为，x^n 表示 n 个 x 的乘积，x^m 表示 m 个 x 的乘积，所以 $x^n x^m$ 就表示 $(n+m)$ 个 x 的乘积，也就是 x^{n+m}。

等式 (A.8) 是幂运算的第一个法则。通过类似的推理，可以得到其他规则。

幂运算法则

对于任意两个实数 m 和 n ，以下法则成立：

$$x^n x^m = x^{n+m} \quad \left(x^m\right)^n = x^{nm} \quad (xy)^n = x^n y^n$$

$$\left(\frac{x}{y}\right)^n = \frac{x^n}{y^n} \quad x^{-n} = \frac{1}{x^n} \quad \frac{x^m}{x^n} = x^{m-n}$$

这些法则也解释了为何对任意 $x \neq 0$ ，定义 $x^0 = 1$ 。[①] 最后，定义 $x^{\frac{a}{b}} = \sqrt[b]{x^a}$ ，例如 $3^{\frac{2}{3}} = \sqrt[3]{3^2}$ 。这些法则和定义，可以简化一元二次方程求解过程中可能出现的根式[②]。

例 A.8 化简下列式子。

(a) $2^3 2^5$ (b) $\left(x^2 \sqrt{y}\right)^3$ (c) $\left(\dfrac{x^2}{\sqrt[3]{y^2}}\right)^3$ (d) $\dfrac{x^{-1}+x}{x+y}$

解答   (a) $2^{3+5} = 2^8$

     (b) $\left(x^2 \sqrt{y}\right)^3 = \left(x^2\right)^3 \left(y^{1/2}\right)^3 = x^6 y^{3/2} = x^6 \sqrt{y^3} = x^6 y\sqrt{y}$

     (c) $\left(\dfrac{x^2}{\sqrt[3]{y^2}}\right)^3 = \dfrac{\left(x^2\right)^3}{\left(y^{2/3}\right)^3} = \dfrac{x^6}{y^2}$

     (d) $\dfrac{x^{-1}+x}{x+y} = \dfrac{\frac{1}{x}+x}{x+y} = \dfrac{\frac{1+x^2}{x}}{x+y} = \dfrac{1+x^2}{x(x+y)}$

相关练习 习题 5

---

①   注意到 $x^0 = x^{1-1}$ ，且由 $x \neq 0$ ，根据幂运算法则可知，$x^0 = x^1 \, x^{-1} = x/x = 1$ 。

②   譬如，$\sqrt{8} = 8^{1/2} = (4 \cdot 2)^{1/2}$ ，再根据幂运算法则第三条可知，$(4 \cdot 2)^{1/2} = 4^{1/2} \cdot 2^{1/2} = \sqrt{4} \cdot \sqrt{2} = 2\sqrt{2}$ 。

幂运算法则还可以用来化简形如 $(x+a)^n$ 的表达式。例如，应用第一条法则可以得出

$$(x+a)(x+a)=(x+a)^2$$

把等式右侧展开，就有

$$(x+a)^2 = x^2 + 2ax + a^2 \qquad\qquad (A.9)$$

类似地，

$$
\begin{aligned}
(x+a)^3 &= (x+a)^2(x+a) \\
&= (x^2 + 2ax + a^2)(x+a) \\
&= x(x^2 + 2ax + a^2) + a(x^2 + 2ax + a^2) \\
&= x^3 + 3x^2 a + 3xa^2 + a^3 \qquad\qquad (A.10)
\end{aligned}
$$

比较展开式 (A.9) 和式 (A.10)，可以发现一个规律：$(x+a)^n$ 的展开式从 x^n 开始，到 a^n 结束，且每一项 a 的幂与 x 的幂之和都等于 n。[①] 展开式中各项系数（含 x 或 a 的项前面的数字）也遵循一种规律：

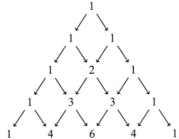

这个三角形叫作**杨辉三角**。第 2 行的两个数给出的是展开式 $(x+a)^1 = x+a$ 中各项的系数。注意，第 3 行中的 2 是第 2 行两个 1 之和，而第 3 行给出的是展开式 (A.9) 中 x^2、$2ax$ 和 a^2 的系数。一般地，每一行介于首尾两个 1 之间的任意一个数，都是上一行里此数上

---

① 譬如，展开式 (A.10) 中的两项 $3x^2 a$ 和 $3xa^2$ 都满足：x 上的指数和 a 上的指数之和等于 3，也就是 $(x+a)^3$ 的指数。

方两数之和。例如，由三角形中最后一行可知

$$(x+a)^4 = 1x^4 + 4x^3a + 6x^2a^2 + 4xa^3 + 1a^4 \qquad \text{(A.11)}$$

此式中每一项的系数与三角形中最后一行的各数对应。

相关练习 习题 6

这些就是我们在学习第 1 章前需要透彻理解的内容。读者可以先做一些练习，确认都掌握之后再进入第 1 章。

附录 A 习题

1. 用区间表示下列不等式的解集（其中 x 均表示实数）。

(a) $-1 < x < 2$ (b) $x > 3$

(c) $x \leqslant -7$ (d) $0 \leqslant x \leqslant 1$

2. 因式分解下列二次多项式。

(a) $x^2 + 4x + 3$ (b) $6x^2 + 5x + 1$

(c) $3x^2 + 10x + 8$

3. 求解下列二次方程。

(a) $x^2 + 2 = 18$ (b) $3x^2 - 5 = 22$

(c) $(x-2)^2 + 2 = 6$

4. 求解下列二次方程。

(a) $2x^2 - 5 = 11$

(b) $x^2 + 4x + 4 = 16$

(c) $6x^2 + 5x + 1 = 0$

(d) $x^2 = 7x - 3$

5. 化简下列各式。

(a) $(x+1)^{-1}$

(b) $(x+2)(x-2)^{-2}$

(c) $x^{-1} + (x+1)^{-1}$

(d) $\left[x^2(2x+7)\right]^3$

(e) $\sqrt{16a^4b^5}$

(f) $\dfrac{\sqrt[3]{x^4}}{\sqrt[5]{x^6}}$

6. 继续写出杨辉三角的第 6 行数字（见 A.6 节），并据此把 5 次多项式 $(x+a)^5$ 展开。

7. 一个三角形的高是其底长的两倍。它的面积是 4 英尺²，求底长。

8. 一个圆的半径增加一倍，求圆的面积是原来的多少倍?

9. 利用下图证明勾股定理。

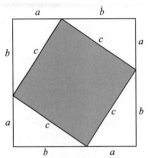

(a) 证明：外侧大正方形的面积
$A = a^2 + 2ab + b^2$。

(b) 大正方形的面积 A 也等于底边为 a、高为 b 的 4 个白色直角三角形的面积与边长为 c 的内接正方形的面积之和。证明：$A = c^2 + 2ab$。

(c) 比较 A 的两个计算公式，验证：$c^2 = a^2 + b^2$。

10. 考察平面上两点 (a,b) 和 (x,y)，设 d 为它们之间的直线距离（见下图）。用勾股定理证明

$$d = \sqrt{(x-a)^2 + (y-b)^2}$$

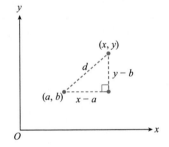

附录 B：函数知识回顾

微积分理论中几乎所有的内容都是围绕函数展开的——我们在第 2 章中求函数的极限，在第 3 章中求函数的导数，在第 5 章中求函数的积分。为何函数在微积分理论中如此举足轻重呢？何为函数？它只是一个数学术语还是有广泛有趣的实际应用意义？本附录将回答上述问题。

B.1 变量（和薄饼）

微积分理论主要研究的是变化。在数学中，通过引入变量（变化的量）这一概念来量化变化。例如：

- 室内温度 T 可以是一个变量；
- 银行账户余额 M 可以是一个变量；
- 薄饼面积 A 可以是一个变量。

在数学中，用斜体字母来表示变量，常常还会选择与变量意义相关的字母。考察的变量通过方程会关系到其他变量。回到薄饼的例子，设 A 是半径为 r 的圆形薄饼的面积，就有

$$A = \pi r^2$$

这里 $\pi \approx 3.14$，是著名的无理数，也叫圆周率。这个关系式告诉我们，A 可以通过半径 r 的二次方再乘 π 计算得到。因为 A 的值取决于 r 的值，所以把 A 称为**因变量**，r 称为**自变量**。此外，我们称自变量的取值为**输入**，称因变量的相应结果为该值的**输出**。例如，输入 $r = 2$，即半径取值 2，则相应输出等于 $A = \pi(2^2) = 4\pi$，即面积约为 12.6。

注意等式 $A = \pi r^2$ 中蕴含了一个特点：对于每个输入，都只有唯一一个输出。也就是说，对一个 r 值，永远不会得到两个（或更多）A 值满足等式。例如，一个半径为 2 英寸的圆形薄饼的面积是多少？

只有一个答案，即 4π 英寸 ^{2}。然而，并非所有的方程其输入和输出都
具有这个性质。例如，在 $x^2 + y^2 = 1$（圆心在原点的单位圆的方程）中，
当 $x = 0$ 时，得到 $y^2 = 1$，其解为 $y = -1$ 和 $y = 1$。此时输入 $x = 0$ 产生
了两个不同的输出。遵循"对于每个输入，都只有唯一一个输出"原
则的二元方程就不会出现这种问题。这也就是为何微积分理论中讨论
最多的概念是函数。

B.2　何为函数

函数的一般定义如下。

> **定义 B.1**　设一个变量 y 的值完全依赖于另一个变量 x 的值。
> 如果每个输入 x 值，都只有唯一一个输出 y 值，那么 x 与 y 之间的
> 对应法则称为**（一元）函数**，记作
>
> $$y = f(x)$$
>
> 称" y 是 x 的函数"，或简称 f 为函数。

" $f(x)$ "读作" f 关于 x "。这有两个目的。其一，提醒我们
这是一个函数（因而无须担心如何输出）。其二，帮助确定特定输入
对应的输出：如果输入的是 x ，那么输出必为 $f(x)$ 。向函数中输入 x
值称为计算函数值。例如，"计算 $f(x) = x^2$ 在 $x = 2$ 处的值"，意思就
是"向函数中输入 x 值 2"，得到 $f(2) = 4$ 。

相关练习 习题 1~2(a)

B.3　函数的定义域

定义 B.1 中谈到"每个输入"。但是如何知道哪些数可以代入函
数呢？这取决于函数的**定义域**，即所有允许的输入的集合。

例 B.1　确定下列函数的定义域。

(a) $g(x) = \dfrac{1}{x}$　(b) $f(x) = x + 4$

解答　(a) g 的定义域是除 $x \neq 0$ 之外的所有实数。[1]

(b) f 的定义域是所有实数，可用集合 $\mathbb{R}$ 或区间 $(-\infty,\infty)$ 表示。（附录 A 回顾了区间的表示方法。）　■

有时也需要通过上下文来帮助确定函数的定义域。譬如，回到"薄饼函数" $A(r) = \pi r^2$。光看等式本身，可以代入任意的 r 值。但现实世界里，半径 $r \leqslant 0$ 的薄饼是不存在的。正确的定义域应该是 $(0,\infty)$。

B.4　函数作图及其值域

与定义域的概念类似，我们称函数的所有输出构成的集合为函数的值域。确定一个函数的**值域**通常需要借助其**图像**。函数图像其实就是定义域内每个 x 对应的输入 - 输出点对 $(x, f(x))$ 构成的集合。

注意，作出函数图像首先得确定其定义域，这就是我们在 B.3 节中先讨论定义域的原因。一旦确定了定义域，就可以把每个允许的输入 x 代入函数，得到相应的输出 $f(x)$，然后创建点 $(x, f(x))$。在 Oxy 平面上绘制所有这样的点，就生成了函数的图像。

例 B.2　作函数 $f(x) = x^2$ 的图像，并确定其值域。

解答　f 的定义域是 $\mathbb{R}$，所以 x 可以代入任意实数。选取几个实数，计算它们的函数值 $f(x)$，写出点列表，描点绘制图，如图 B.1 所示。描出更多的点，最终会生成图中的抛物线。由图可见，函数的值域当为所有满足 $y \geqslant 0$ 的 y 值的集合。由于 $y = x^2$ 不可能取负值，$f(0) = 0$，因此值域确定为 $[0,\infty)$。

如图 B.1(b) 所示，函数图像上的每一点描述了两个量：x 值和函数在 x 处的 $f(x)$ 值。注意后者也刻画了点到 x 轴的距离。例如，对图 B.1(b) 中的点 $(2,4)$，纵坐标 4 表明这个点位于 x 轴上方 4 个单位处。　■

---

[1]　除数不可为 0。其中一个原因是，假设 1/0 等于某一个实数 a，等式两边同乘 0，就会得到 1=0 这个矛盾的式子。因此 1/0 不可能等于任何一个实数。

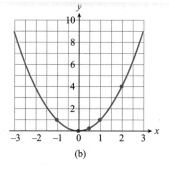

(a)

(b)

图 B.1　(a) $f(x)=x^2$ 的自变量赋值表，(b) $f(x)=x^2$ 的部分图像

例 B.3　考察图 B.2 中所示的函数，请回答下面的问题。

(a) 求 $f(0)$、$f(2)$ 和 $f(5)$ 的值。

(b) 确定 f 的定义域。

(c) 确定 f 的值域。

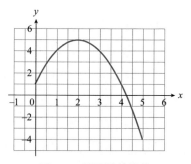

图 B.2　某函数的图像

解答

(a) $f(0)=1$、$f(2)=5$、$f(5)=-4$。

(b) f 的定义域是 $[0,5]$，即 $0 \leqslant x \leqslant 5$。

(c) 在 -4 和 5 之间的每一个 y 值（包括这两个数）都是由某个 x 值输入函数得到的。因此，f 的值域是 $[-4,5]$。 ■

相关练习　习题 2(b)~(c)、3~6

图 B.1、图 B.2 中所绘函数属于多项式函数中的特例。很快我们将学习多项式函数的一般性质。但首先，让我们了解一下最简单的多项式函数：线性函数。

B.5 线性函数及其应用

定义 B.2 一个函数 f 称为线性函数，那么其表达式可以写成

$$f(x) = mx + b \tag{B.1}$$

的形式，这里 m 是**斜率**且 $m \neq 0$，b 是 y 轴上的**截距**。

线性函数的定义域是整个实数集 $\mathbb{R}$，也就是说，可以在式 (B.1) 中为 x 输入任意实数，值域也是 $\mathbb{R}$。为了说明此点，我们先讨论一下如何理解斜率和截距。

y 轴上的截距就是线性函数图像与 y 轴交点的纵坐标值，而斜率衡量的是这条直线（线性函数的图像都是直线）的陡峭程度。要理解这一点，首先谈谈斜率的计算。

直线斜率的计算

给定直线上互异的两点 (x_1, y_1) 和 (x_2, y_2)，该直线的斜率 m 等于

$$m = \frac{y_2 - y_1}{x_2 - x_1} \tag{B.2}$$

通常，式 (B.2) 中的分子、分母用 y 值的增量 $\Delta y = y_2 - y_1$ 和 x 值的增量 $\Delta x = x_2 - x_1$ 来表示（符号"Δ"是希腊大写字母 delta，在数学上常用以表示量的变化）。于是，式 (B.2) 也可以写作

$$m = \frac{\Delta y}{\Delta x} \tag{B.3}$$

该定义表明斜率实为"y 值增量与 x 值增量之商"，故也被称为"上升量与横移量之商"。如果式 (B.3) 两边同时乘 Δx，就得到

$$\Delta y = m\Delta x \tag{B.4}$$

这个式子可以帮我们理解为何斜率是描述陡峭程度的量。一个熟悉的场景是帮朋友搬家时往车里装货（见图 B.3）。

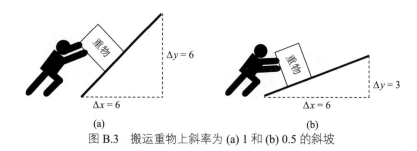

图 B.3　搬运重物上斜率为 (a) 1 和 (b) 0.5 的斜坡

在图 B.3 所示的两种情况下，水平距离 $\Delta x = 6$ 是相同的。从式 (B.4) 得到 $\Delta y = 6m$。由此可见，越陡的坡斜率越大。

式 (B.4) 还告诉了我们关于直线与其斜率之间更多的信息。设我们位于直线上的 P 点，然后向右移动 1 个单位（ $\Delta x = 1$），式 (B.4) 说明，此时 y 值的增量 $\Delta y = m$。如果 $m > 0$，这就意味着我们向上移动到了图 B.4 中的 Q 点，所以直线是向上倾斜的；如果 $m = 0$，则我们水平移动（不倾斜）；如果 $m < 0$，则我们向下移动，直线向下倾斜。

图 B.4 也展示了如何绘制一个线性函数的图像。首先，描出其与 y 轴的交点 $(0, b)$。然后，向右移动一个单位，描出第二个点：如果 $m = 0$，水平取点 $(1, b)$；如果 $m > 0$，向上取点 $(1, b + m)$；如果 $m < 0$，向下取点 $(1, b + m)$。过两点连线，就得到了所求直线。

最后，式 (B.4) 也给出了确定直线方程的一种方法。回到图 B.4，设 P 点的坐标为 (x_1, y_1)，Q 点的坐标为 (x, y)，那么有 $\Delta y = y - y_1$ 和 $\Delta x = x - x_1$。将这些代入式 (B.4)，就得到直线的点斜式方程。

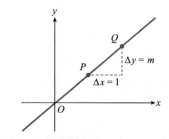

图 B.4　某个斜率为 m（$m > 0$）的线性函数的图像。从点 P 向右移动 1 个单位（即 $\Delta x = 1$），导致 Y 值增量 $\Delta y = m$，因此向上移动到了点 Q

直线的点斜式方程

过点 (x_1, y_1) 且斜率为 m 的直线的方程是

$$y - y_1 = m(x - x_1) \qquad \text{(B.5)}$$

例 B.4 求下列各直线的方程。

(a) 过 $(-1,1)$ 和 $(1,3)$ 两点的直线。

(b) 过点 $(1,6)$ 且斜率为 -3 的直线。

解答 (a) 由式 (B.2) 计算直线的斜率为

$$m = \frac{3-1}{1-(-1)} = 1$$

再因直线过点 $(1,3)$，由点斜式方程得到

$$y - 3 = 1 \times (x - 1) \quad \Rightarrow \quad y = x + 2$$

(b) 已知直线上的点和斜率，代入式 (B.5)，即得

$$y - 6 = -3(x - 1) \quad \Rightarrow \quad y = -3x + 9 \qquad \blacksquare$$

相关练习 习题7~11

　　除了搬运箱子的问题，线性函数在社会科学和自然科学领域以及其他领域也有很多应用。现在让我们简单地探讨一下（本附录末尾的习题将对此进行更广泛的挖掘）。

线性函数的应用

　　线性函数在现实生活中常用来描述两个变量之间的数学关系。把现实问题"数学化"称为数学建模（数学建模在第 4 章详细讨论）。对于用线性函数建模的问题，斜率和 y 轴截距常常有有趣的现实含义，如应用实例 B.5 所示。

应用实例 B.5 假设你从美国到欧洲旅行。欧洲的温度单位是摄氏度（用 C 表示），而美国的是华氏度（用 F 表示）。所幸，两种度量之间可以转换，用线性函数给出关系式：

$$F = \frac{9}{5}C + 32 \tag{B.6}$$

(a) 确定此函数的 y 轴截距和斜率，然后画出函数图像。

(b) 解释 y 轴截距和斜率的含义。

解答

(a) 将解析式 (B.6) 与式 (B.1) 进行比较可知，此函数的斜率为 $\frac{9}{5} = 1.8$，y 轴截距为 32。要画函数图像，首先描出直线与 y 轴的交点 $(0, 32)$。然后，我们向右移动一个单位，向上移动 1.8 个单位（斜率），并描出第二个点 $(1, 33.8)$。过这两点连线，就得到了函数图像（见图 B.5）。

(b) y 轴截距很容易解释：0 摄氏度等价于 32 华氏度。至于斜率的含义，注意式 (B.4) 此时化为

$$\Delta F = 1.8 \Delta C$$

因此，当 $\Delta C = 1$ 时，有 $\Delta F = 1.8$。这也就是说，温度每升高 1 摄氏度等价于升高 1.8 华氏度。

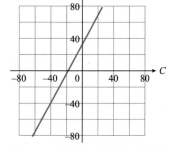

图 B.5　摄氏度与华氏度转换函数 $F = \frac{9}{5}C + 32$ 的图像

最后一点，关于现实问题中的斜率，其单位值得讨论。从式 (B.3) 可以得出斜率的单位是输出 y 的单位除以输入 x 的单位。例如，在前面的例子中，斜率 1.8 的单位是华氏度除以摄氏度。由于斜率的单位是输出和输入的单位之比，因此斜率讨论的是变化率问题。这是一个重要的发现，引出了微积分理论中的一个重要概念——导数。详见第 3 章和第 4 章。下面以另一个应用实例进一步阐明。

应用实例 B.6　你的朋友今天要参加 100 米短跑比赛，你在赛场 200 米开外为她加油。中午比赛开始。记 d（单位是米）为你与朋友之间的距离（朋友是面向你奔跑），它是时间的函数：

$$d = 200 - 3.9t$$

其中 t 以秒计，从中午开始计时。

(a) 确定上述函数的斜率和 y 轴截距。

(b) 画出函数的图像。

(c) 对 (a) 小问的答案就题设问题解释其含义。

(d) 你的朋友何时结束比赛？

解答 (a) 斜率为 -3.9，y 轴截距为 200。

(b) 要画出函数的图像，首先描出函数与 y 轴的交点 $(0, 200)$，然后向右移动一个单位，因为斜率是 -3.9，我们必须向下移动 3.9 个单位，描出第二个点 $(1, 196.1)$。过这两点连线，就得到了函数图像，如图 B.6 所示。

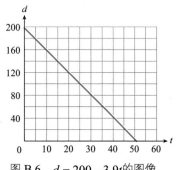

图 B.6　$d = 200 - 3.9t$ 的图像

(c) y 轴截距为 200 说明中午比赛开始的时候，朋友距你 200 米远。为了解释斜率的含义，先运用式 (B.4)，得到 $\Delta d = -3.9 \Delta t$。因此，每经过 1 秒（$\Delta t = 1$），你和朋友之间的距离就减少 3.9 米（因为斜率是负的）。此外，由于输出（d）的单位是米，输入（t）的单位是秒，所以斜率 -3.9 的单位是米 / 秒，即速度的单位。这两点说明，斜率就等于朋友跑向你的速度。

(d) 朋友在到达 100 米终点时完成了比赛。此时，她距离你 100 米，所以 $d = 100$。由此，可得

$$100 = 200 - 3.9t \Rightarrow t = \frac{100}{3.9} \approx 25.6 \text{（秒）} \qquad \blacksquare$$

相关练习　习题 18、24

B.6　其他代数函数

线性函数是代数函数的一类。代数函数是由有限次加、减、乘、除、

乘方和开方运算得到的函数。代数函数和超越函数构成全体函数。我们先来讨论代数函数，超越函数的内容将放在本附录的 B.8 和 B.9 节中，为选读内容。

多项式函数

最简单的代数函数是多项式函数。这些函数是由有限个形如 ax^n 的单项式相加得到的，其中 a 是实数，n 是非负整数。下面是一般定义。

> **定义 B.3** 形如
>
> $$f(x) = a_n x^n + a_{n-1} x^{n-1} + \cdots + a_2 x^2 + a_1 x + a_0$$
>
> 的函数 f 称为**多项式函数**，其中 $n \geqslant 0$ 是一个整数，$a_0, a_1, \cdots, a_n$ 是实数，称为**系数**。x 的最高次幂对应的指数称为多项式的**次数**。

当 $n = 0$ 时，$f(x) = a_0$，为常数函数；当 $n = 1$ 时，$f(x) = a_1 x + a_0$，为线性函数。它们的图像都是直线。其他多项式函数的图像是曲线。图 B.7(a) 展示了一些有代表性的例子。正如这些图所示，所有多项式函数的定义域都是实数集 $\mathbb{R}$。

幂函数

多项式函数是形如 ax^n 单项式的有限和，如果允许 n 为任意实数，就得到一族新的函数。

> **定义 B.4** 形如
>
> $$f(x) = ax^b$$
>
> 的函数 f 称为**幂函数**，这里 a 和 b 都是实数。

幂函数图像的类型因定义式中 b 值的不同而不同。以下面 3 种最有趣的情况进行简要说明（设 $a = 1$，简化讨论）。

情形 1：b 为非负整数

此时，幂函数为 1、x、x^2、x^3 等。图 B.7(b) 展示了这 4 个函数的图像。这些函数的定义域均为 $\mathbb{R}$。

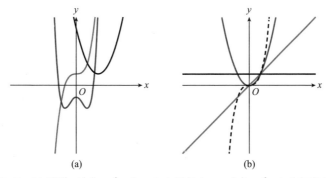

图 B.7　(a) 函数 $f(x)=x^2-4x+5$（黑色）、$g(x)=x^3+1$（灰色）、

$h(x)=x^4-2x^2-1$（蓝色）的图像，(b) 函数 $f(x)=1$（黑色）、

$f(x)=x$（灰色）、$f(x)=x^2$（蓝色）、$f(x)=x^3$（虚线）的图像

情形 2：b 为正有理数

设 $b=\dfrac{m}{n}$，其中 $m>0$ 和 $n\neq0$ 是整数。此时幂函数的形式为

$$f(x)=x^{\frac{m}{n}}=\sqrt[n]{x^m}$$

（一个特例是 $x^{\frac{1}{2}}=\sqrt[2]{x^1}$，化简过程中运用了附录 A 中提到的幂运算法则。）图 B.8(a) 展示了这类函数中部分函数的图像。正如这些图所示，这类函数的定义域依赖于 m 和 n 的取值。

情形 3：b 为负整数

此时，可以将 b 表示为 $b=-n$，其中 n 是一个正整数。幂函数可以整理为

$$f(x)=x^{-n}=\frac{1}{x^n}$$

这些函数的图像都是对 $n=1$（即 $b=-1$）时函数 $f(x)=\dfrac{1}{x}$ 图像（双曲线）的变形。图 B.8(b) 绘制了这条双曲线。因为分母不能为 0，这类函数的定义域均不含 0 点，或者说 $f(0)$ 没有定义。正因如此，这类函数的图像都不会穿越 y 轴，即直线 $x=0$（这些函数在其他 x 点处都有定义，所以它们的定义域是全体非零实数）。直线 $x=0$ 实

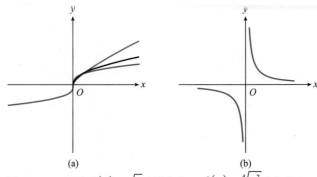

图 B.8　(a) 函数 $f(x) = \sqrt{x}$（黑色）、$f(x) = \sqrt[4]{x^3}$（灰色）、$f(x) = \sqrt[3]{x}$（蓝色）的图像，(b) 函数 $f(x) = 1/x$ 的图像

际上是这类函数的垂直渐近线①，这些"不能穿越"的直线在有理函数中很常见。在结束幂函数族的相关内容之前，还有一个有趣的应用需要大家了解。

应用实例 B.7　生物体的许多生物学特征与个体质量 x（以克为单位）的关系大致可以用幂函数表示（称为异速生长关系）。例如，哺乳动物的寿命 L（以年为单位）和心率 H（每分钟心跳的次数）大致遵循下面的规律：

$$L(x) = 2.33x^{0.21}, \quad H(x) = 1180.32x^{-0.25}$$

而人类似乎是唯一的例外。利用这些函数证明：哺乳动物一生中心脏大约跳动 15 亿次。（人类一生中心脏跳动接近 25 亿次。）

解答　因为 1 年（以 365 天计算）有 525600 分钟，所以 525600 $H(x)$ 代表人类一年的心跳次数。哺乳动物一生中心脏的总跳动次数就等于

$$525600H(x)L(x) = \left(1.45 \times 10^9\right)x^{-0.04}$$

这是另一个幂函数。由于指数 $b = -0.04$ 接近于 0，并且据定义 $x^0 = 1$，因此有 $525600H(x)L(x) \approx \left(1.45 \times 10^9\right)x^0 \approx 15$ 亿次心跳。　∎

相关练习　习题 12~15、19~22、28

---

① 我们在第 2 章中详细介绍了垂直渐近线。

有理函数

定义 B.5　形如

$$f(x) = \frac{p(x)}{q(x)}$$

的函数 f 称为**有理函数**，其中 p 和 q 是多项式，$q(x) \neq 0$。

有理函数的定义域必然不含使分母 $q(x) = 0$ 的所有 x 值。有些函数中分母恒不为 0 [见图 B.9(a)]，而有些函数中分母在多个点处取值为 0 [见图 B.9(b)]。图 B.9(b) 中函数图像有两条垂直渐近线 $x = \pm 1$，而 $x = \pm 1$ 也是使函数的分母 $x^2 - 1$ 为 0 的两点。同样的现象也发生在函数 $f(x) = \dfrac{1}{x}$ 上。你可能会从这些例子中得出一个结论：有理函数在使其分母为 0 的 x 值处取到垂直渐近线。但这并不总成立。例如，有理函数 $f(x) = \dfrac{x}{x}$ 在 $x = 0$ 处并没有垂直渐近线。事实上，垂直渐近线的定义需要用到微积分理论中极限的概念。在第 2 章中我们介绍了垂直渐近线的具体定义。

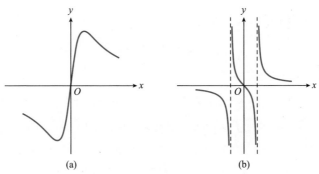

图 B.9　(a) 函数 $f(x) = \dfrac{x}{x^2 + 1}$ 和 (b) $g(x) = \dfrac{x}{x^2 - 1}$ 的图像；图 (b) 中的两条虚线是垂直渐近线 $x = \pm 1$

例 B.8　找出下列函数的定义域。

(a) $f(x) = \dfrac{x}{x - 1}$　(b) $g(x) = \dfrac{x^3 + 2}{x^4 + x^3 - 4x^2 - 4x}$

解答　(a) 定义域为除 $x = 1$ 外的所有实数构成的集合。

(b) 首先因式分解分母：

$$x^4 + x^3 - 4x^2 - 4x = x\left(x^3 + x^2 - 4x - 4\right)$$
$$= x\left[x^2\left(x+1\right) - 4\left(x+1\right)\right]$$
$$= x(x+1)\left(x^2 - 4\right)$$

定义域必不含使上述最后一个式子为 0 的所有 x 值。因此，定义域为除 $x = -2, -1, 0, 2$ 之外的所有实数构成的集合。 ∎

相关练习 习题 16~17、26、29

B.7 复合函数

我们可以把之前讨论过的函数组合起来生成新的函数，例如

$$f\left(x\right) = x^2 + \sqrt{x}\ ,\quad g\left(x\right) = \frac{\sqrt{x}}{x^2+1},\quad h\left(x\right) = \sqrt{x^2+1}$$

这些函数是多项式函数与幂函数通过加法、除法、开方和复合运算得到的。上述函数 $h(x)$ 为一个复合函数。下面我们回顾一下复合函数的定义与性质。

> **定义 B.6** 设 f 和 g 是两个函数。函数 $f \circ g$ 定义为
>
> $$\left(f \circ g\right)\left(x\right) = f\left(g\left(x\right)\right)$$
>
> 叫作 f 和 g 的复合函数。

由定义知，f 与 g 的复合函数是用 $g(x)$ 替代 $f(x)$ 中的 x 得到的。[①] 例如，如果将 $f(x) = \sqrt{x}$ 中的 x 替换为 $g(x) = x^2 + 1$，就得到复合函数

$$f\left(g\left(x\right)\right) = \sqrt{g\left(x\right)} = \sqrt{x^2+1}$$

也就是本节开始的函数 $h(x)$。复合运算是非常重要的运算方式（见第 2 章），让我们通过几个例子来加深理解。

例 B.9 设 $f\left(x\right) = x - 1$，$g\left(x\right) = \dfrac{1}{1+x}$。计算：（a）$f \circ g$，（b）$g \circ f$，（c）$f \circ f$。

---

① 有的教材中称 g 为"内函数"，f 为"外函数"。

解答 (a) 把 $f(x)$ 中的 x 替换成 $g(x)$，得到

$$f(g(x)) = g(x) - 1 = \frac{1}{1+x} - 1 = \frac{1-(1+x)}{1+x} = \frac{-x}{1+x}$$

(b) 把 $g(x)$ 中的 x 替换成 $f(x)$，得到

$$g(f(x)) = \frac{1}{1+f(x)} = \frac{1}{1+(x-1)} = \frac{1}{x}$$

(c) 把 $f(x)$ 中的 x 替换成 $f(x)$，得到

$$f(f(x)) = f(x) - 1 = (x-1) - 1 = x - 2 \qquad ∎$$

这个例子说明了关于复合函数的两个事实：（1）两个复合函数 $f \circ g$ 和 $g \circ f$ 一般不同，（2）复合函数 $f \circ g$ 的定义域可能与 f 和 g 的定义域都不同。

相关练习 习题 23、27

最后一种组合函数以产生新函数的方式是"分段拼接"，具体含义如下。

> **定义 B.7** 设有两个或多个函数，它们的定义域无交集，在定义域的并集上定义一个新的函数 f，每点的取值由该点所在范围上的函数表达式决定。此函数 f 称为**分段函数**。

正如定义所示，分段函数由多段函数"拼成"，如

$$f(x) = \begin{cases} 2x, & 0 \le x \le 1 \\ 3x-1, & 1 < x \le 3 \end{cases}$$

该函数的图像如图 B.10 所示。涉及分段函数时，唯一略有些复杂的问题是要先确定对考察的点该用哪段函数。譬如，对上面的分段函数 f 求 $f(1)$ 的值，就得用表达式 $2x$，因为 1 属于区间 $0 \le x \le 1$，进而得到 $f(1) = 2$；求 $f(2)$ 就要用表达式 $3x - 1$，因为 2 属于区间 $1 < x \le 3$，可以得到 $f(2) = 5$。

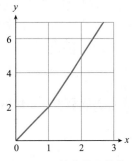

图 B.10 某分段函数的图像

B.8 指数函数和对数函数

历史上，对数函数出现得比指数函数更早。[①] 但遵循现今大多数教材的思路，本节先回顾指数函数。

指数函数

讨论一个有趣的问题。设想某日一个精灵闪现，给了你两个选择。

(A) 现在就得到 1000 万美元。

(B) 30 天后得到一笔美金。具体数目是这么算的：今日 1 美元开始，之后每日比前一日的金额翻倍。

你会选择哪一个？如果你听过一句名言"机会垂青那些等待它的人"，可能就会猜测到哪个选择更优。下面从数学上给一个论证。记 M 为选项 (B) 产生的美元金额数目，用 x 表示从今日算起的天数。于是，有

$$M(0)=1 , M(1)=2 , M(2)=4 , M(3)=8 , \cdots$$

你可能已经发现了这个数列呈现的规律：

$$M(x) = 2^x \tag{B.7}$$

这说明

$$M(30) = 2^{30} = 1073741824$$

10 亿多美元！所以，告诉那个精灵 30 天后再来吧！

$M(x)$ 的快速增长展现了指数函数的特性。

> **定义 B.8（指数函数）** 设 a 和 b 是两个实数，且 $a \neq 0$，$b > 0$，$b \neq 1$。函数
>
> $$f(x) = ab^x \tag{B.8}$$
>
> 称为**底数**为 b、**初值**为 a 的**指数函数**，x 称为**指数**。

---

① 数学家约翰·纳皮尔（英文名 John Napier 或 Jhone Neper）于 1614 年引入了对数的概念。指数函数大概是 1661—1691 年由数学家惠更斯和莱布尼茨（微积分理论的发明者之一）最先研究和讨论。

对这个定义，下面给出 3 点注释。

• 由于 $f(0)=ab^0$ 和 $b^0=1$（参见附录 A.6），得到 $f(0)=a$。因此，函数 $f(x)=ab^x$ 的"第一个" y 值等于 a，这就解释了为何称它为函数的初值。

• 注意运用幂运算法则（见附录 A.6），有 $f(x+1)=ab^{x+1}=ab^x b^1=bf(x)$。因此，$x$ 值每增大一个单位，y 值就乘一个 b。如果 $b>1$，则 y 值增大[①]；如果 $0<b<1$，则 y 值减小。因此，在 $b>1$ 且 $a>0$ 时，称指数函数 (B.8) 为指数增长的；在 $0<b<1$ 且 $a>0$ 时，称之为指数衰减的。图 B.11(a) 及图 B.11(b) 展示了每种情况下的多个例子。

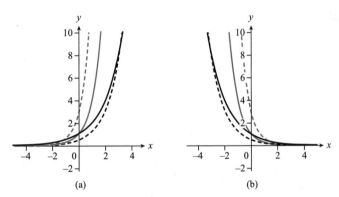

图 B.11　(a) 函数 $f(x)=2^x$（黑色实线）、$f(x)=0.5\times 2.5^x$（黑色虚线）、

$f(x)=4^x$（蓝色实线）、$f(x)=3\times 5^x$（蓝色虚线）的图像，

(b) 函数 $f(x)=\left(\dfrac{1}{2}\right)^x$（黑色实线）、$f(x)=0.5\times\left(\dfrac{2}{5}\right)^x$（黑色虚线）、

$f(x)=\left(\dfrac{1}{4}\right)^x$（蓝色实线）、$f(x)=3\times\left(\dfrac{1}{5}\right)^x$（蓝色虚线）的图像

• 指数函数是一类函数［满足定义式 (B.1)］，其定义域是整个实数集。当 $a>0$ 时，值域是 $(0,\infty)$；当 $a<0$ 时，值域是 $(-\infty,0)$。重要的一点是，$f(x)=ab^x$ 恒不等于 0。事实上，直线 $y=0$ 是所有指数函数的水平渐近线。水平渐近线这一概念也在第 2 章中通过微积分理

---

① 这与式 (B.7) 规律相符，其中底数 b=2。

论中的极限语言给出。

指数函数与复利计算息息相关，从例 B.7 中的 $M(x)$ 函数可窥见一斑。下面是另一个应用实例。

应用实例 B.10 假设你在银行开了一个储蓄账户，年利率为 r，存入本金 100 美元。记 $M(t)$ 为 t 年后的账户余额。

(a) 证明 $M(t)=100(1+r)^t$（这里 r 表示为小数）。

(b) 若 $r=5\%$，那么 10 年后的账户余额是多少？

解答 (a) 第一年账户余额达到

$$M(1)=100+100r=100(1+r)$$

美元。注意 $M(1)$ 等于 100 美元的本金加上相应的利息。第二年账户余额达到

$$M(2)=M(1)+rM(1)=100(1+r)^2$$

美元。于是，归纳总结 t 年后，账户余额达到

$$M(t)=100(1+r)^t$$

美元。

(b) 由 (a) 小问结果及 $r=5\%$，可知

$$M(10)=100(1+0.05)^{10}\approx162.89$$

美元。也就是说，10 年间的收益率约达到 63%。这比人们期望的 50% 的收益（10 年，每年 5% 的收益）要更多。复利效应是产生如此大收益的原因（100 美元本金的利息本身也会产生新的利息，即复利）。 ■

相关练习 习题 30~32、41~44

指数函数在经济学中也有诸多应用，特别是帮助理解**通货膨胀**现象。

常用的指数函数以自然常数 e 为底数。这个无理数约等于 2.718，用一个数列的极限定义。任何以正实数 b 为底的指数函数都可以表示

为以 e 为底的指数函数，即

$$ab^x \Leftrightarrow ae^{rx} \tag{B.9}$$

这里的 r 满足 $r = \ln b$，即 b 的**自然对数**。这是对数函数中的一种，下面我们具体讨论。

对数函数

回顾式 (B.7) 及精灵给出的两种选择。现在的问题：以"每日账户余额翻倍"的方式，需要多少日才能达到 1000 万美元的余额？也就是求解方程：

$$2^x = 10000000 \tag{B.10}$$

这就需要进行指数运算的逆运算得到 x，即方程的解。而这个过程就是取对数的过程，即

$$2^x = 10000000 \Leftrightarrow x = \log_2(10000000) \approx 23.3 \tag{B.11}$$

所以到了第 24 日，以精灵的第二种选择方式，就产生了超过 1000 万美元的余额。

这样我们知道了，符号 $\log_2 10000000$ 表示的是某一个 x，满足 $2^x = 10000000$。通过类似的分析与计算可以得到满足其他条件的解，如满足方程 $2^x = 15$ 的解 x，这就得到 $\log_2 15 \approx 3.9$。如果把这些计算的输出看作 y 值，输入看作 x 值，就可以生成 $\log_2 x$ 的图像。这条曲线满足垂线测试法条件（参见习题 25），所以 $y = \log_2 x$ 是一个函数。底数 $b = 2$ 并无特别之处，因此对任意底数 b 可定义函数 $y = \log_b x$（要求 $b > 0$ 和 $b \neq 1$）。具体定义如下。

定义 B.9（对数函数） 设 b 是一个实数，满足 $b > 0$ 且 $b \neq 1$，称函数

$$f(x) = \log_b x \tag{B.12}$$

为以 b 为底 x 的对数。如果 $b = 10$，把 $\log_{10} x$ 记作 $\log x$，称为**常用对数**。如果 $b = e$，把 $\log_e x$ 记作 $\ln x$，称为**自然对数**。

再确认一遍，对数函数解析式 (B.12) 右侧读作"log 以 b 为底 x 的对数"。有了对数这个概念，现在可以对等式 $b^x = c$ 两边进行"指数运算的逆运算"，即

$$b^x = c \Leftrightarrow x = \log_b c \tag{B.13}$$

因此，对数就是指数式中的指数。这就是式 (B.13) 所描述的，因为 $\log_b c = x$ 而 x 是 $b^x = c$ 中的指数。特别地，式 (B.13) 说明 $b^r = e \Leftrightarrow r = \ln b$，这就解释了式 (B.9)。

式 (B.13) 还蕴涵了更多的内容。首先，式 (B.13) 中将一个式子代入另一个式子中，得到

$$b^{\log_b c} = c, \quad \log_b \left(b^x \right) = x \tag{B.14}$$

上述第一个等式说明，以 b 为底，取 log 以 b 为底 c 的对数为指数，幂等于 c。第二个等式说明，以 b 为底、b 的 x 次幂的对数，等于 x。所以，b^x 和 $\log_b x$ 互为逆运算（分别为指数运算与指数运算的逆运算）。我们称这样的一对函数互为**反函数**。由此可得出对数函数的定义域和值域，要点如下。

• 如前所述，b^x 的值域是 $(0, \infty)$。因此，式 (B.14) 的第一个等式中，$\log_b c$ 的输入量 c 必为正数。这说明函数 $\log_b x$ 的定义域是 $(0, \infty)$。

• 如前所述，b^x 的定义域是整个实数集。因此，式 (B.14) 的第二个等式中，$\log_b x$ 的输出必为实数。这说明函数 $\log_b x$ 的值域是整个实数集。

由上述讨论可知，b^x 的定义域是 $\log_b x$ 的值域，b^x 的值域是 $\log_b x$ 的定义域。因此，两者图像上的点呈现一种对称性。事实上，由式 (B.13) 得

$$y = b^x \Rightarrow \log_b y = x$$

即函数 b^x 图像上的点 (x, y) 的对称点 (y, x) 就在函数 $\log_b x$ 的图像上。因为点 (y, x) 与点 (x, y) 关于直线 $y=x$ 对称，所以可知函数 b^x 和

$\log_b x$ 的图像关于直线 $y=x$ 对称。这也说明，直线 $x = 0$ 是所有对数函数的垂直渐近线。垂直渐近线在第 2 章中详细讨论。图 B.12 描绘了底数 $b = 2$ 的情况。

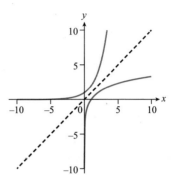

图 B.12 函数 $f(x)=2^x$（灰色）和 $f(x)=\log_2 x$（蓝色）的图像，虚线是 $y=x$ 的图像

现在让我们通过几个示例来了解对数函数的应用。

例 B.11 求解下列对数方程。

(a) $3\log x = 1$ (b) $5^{2x+3} = 7$

(c) $\log_3(2x+1) = 1$

(d) $\log x + \log(x+3) = 1$

解答

(a) 运用式 (B.13)。因为 $\log x = \log_{10} x$，所以有

$$\log_{10} x = \frac{1}{3} \Rightarrow x = 10^{\frac{1}{3}} = \sqrt[3]{10} \approx 2.15$$

(b) 由式 (B.13)，有

$$5^{2x+3} = 7 \Rightarrow 2x + 3 = \log_5 7$$

求解 x 得到

$$x = \frac{1}{2}\left(\log_5 7 - 3\right) \approx -0.89$$

(c) 由式 (B.13)，有

$$\log_3(2x+1) = 1 \Rightarrow 2x + 1 = 3^1 \Rightarrow x = 1$$

(d) 因为这个方程涉及常用对数 $\log = \log_{10}$，所以方程两边以 10 为底取幂，得到

$$10^{\log x + \log(x+3)} = 10^1 \Rightarrow 10^{\log x}10^{\log(x+3)} = 10^1$$

这里运用了幂运算性质 $10^{a+b} = 10^a 10^b$（参见附录 A 中的幂运算法则）。式 (B.14) 中第一个等式说明 $10^{\log x} = x$ 和 $10^{\log(x+3)} = x + 3$。由此，方程就化为 $x(x+3) = 10$，即 $x^2 + 3x - 10 = 0$，因式分解得

$(x+5)(x-2)=0$。于是，解得 $x=-5$ 和 $x=2$。但是，$x=-5$ 不是方程的解。因为 $\log(-5)$（代入原方程的第一项）没有定义，$\log_b x$ 的定义域是 $(0,\infty)$。所以，方程的解为 $x=2$。 ∎

本例的 (d) 小问说明解题时还需要验证答案是否在定义域内，也说明幂运算法则可以帮助简化对数运算。事实上，下面的对数运算法则可以从幂运算法则推导出来。

定理 B.1（对数运算法则） 设 x 和 y 是两个正实数，r 是任意实数，则有

法则 1：$\log_b(xy) = \log_b x + \log_b y$。

法则 2：$\log_b\left(\dfrac{x}{y}\right) = \log_b x - \log_b y$。

法则 3：$\log_b(x^r) = r\log_b x$。

根据法则 3 可推出如下换底公式（见习题 47）：

$$\log_b c = \frac{\log_a c}{\log_a b} \tag{B.15}$$

这个公式将以 b 为底的对数转换成以 a 为底的对数。下面是这些性质的一个应用实例。

应用实例 B.12 任何振动的物体（比如无线电扬声器）都会导致周围空气分子收缩或产生疏密变化，进而产生一种"压力波"，也就是我们的耳朵能探测到的声音。压力为 p 的声波，其响度 L 可以用以下函数来测算：

$$L(p) = \ln(50000p)$$

这里压力 p 的单位是帕斯卡（Pa），响度 L 的单位是奈培（Np）[①]。

(a) 求解方程 $L(p)=0$。然后，利用人类听力阈值下限约为 2×10^{-5} Pa[②] 这一点，解释你的答案。

[①] 此单位名称（英文名为"Neper"）源自数学家纳皮尔（英文名"Napier"），他引入了对数的概念。

[②] 这大约是 3 米外的蚊子飞行发出声音的响度。

(b) 响度常见的单位是分贝（dB）。已知 $1\text{dB} = 0.05\ln 10\text{Np}$，证明

$$L(p) = 20\log(50000p)\text{dB}$$

注意从自然对数 $\ln$ 到常用对数 $\log$ 的变化。

(c) 如果将 (b) 小问的答案改写为 $L(p) = A\log p + B$，那么 A 和 B 分别是什么？B 在物理上代表什么含义？

解答

(a) 由定义 B.9，有 $\ln x = \log_e x$，可得 $L(p) = \log_e(50000p)$。为了求解方程 $L(p) = 0$，运用式 (B.13)，得

$$\log_e(50000p) = 0 \Leftrightarrow 50000p = e^0$$

解得 $p = \dfrac{1}{50000} = 2\times 10^{-5}$（Pa），即有 $L(2\times 10^{-5}) = 0$。这说明，人类听力的阈值下限对应于 0Np 的响度。

(b) 为了换算成 dB，把 $L(p)$ 乘一个系数 $1/(0.05\ln 10)$，得到

$$\log_e(50000p)\text{Np} \cdot \frac{1\text{dB}}{0.05\log_e 10\text{Np}} = \frac{\log_e(50000p)}{0.05\log_e 10}\text{dB}$$

$$= 20\frac{\log_e(50000p)}{\log_e 10}\text{dB}$$

利用换底公式 (B.15)，得

$$\frac{\log_e(50000p)}{\log_e 10} = \log_{10}(50000p) = \log(50000p)$$

所以，有

$$L(p) = 20\log(50000p)\text{dB}$$

(c) 运用定理 B.1，可知

$$20\log(50000p) = 20(\log 50000 + \log p) = 20\log p + 20\log 50000$$

所以，若改写 (b) 小问的答案为 $L(p) = A\log p + B$ 的形式，则有 $A = 20$、$B = 20\log 50000$。注意 $L(1) = B$，因此 B 是压强为 $p = 1\text{Pa}$

的声波对应的响度（单位为分贝）。∎

相关练习 习题 33~40、45~46

对数还有诸多其他的应用。一个非常实用的例子是，估算一个人还需要工作多久就能仅靠积蓄维持生活。这个值实际上取决于此人年开支与年积蓄之比值的对数。

B.9　三角函数

"三角学"（英文为 Trigonometry）一词源于希腊文 trias（三）、gonia（角）和 metron（度量）。因此，对古希腊人来说，三角学研究的是三角形的边角关系。基本的三角函数——正弦、余弦和正切——都是用三角形定义的，因此下面我们从角和三角形的讨论开始。

角和三角形

图 B.13 所示为一个半径为 r 的圆。假设将向径 OA 逆时针旋转一个角度 θ（称为**圆心角**，依惯例逆时针旋转角度为正，顺时针旋转角度为负），向径 OA 的端点 A 会沿着圆周划出一道长为 s（称为**弧长**）的圆弧，介于向径 OA 与新向径 OB 之间。如果 θ 足够大，可以划出 $s = r$ 的圆弧。此时的圆心角定义为"1 弧度"。弧度是微积分中常用的角的度量单位。

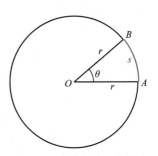

图 B.13　在半径为 r 的圆上圆心角 θ 对应的弧长 s

> **定义 B.10**（弧度）　弧长等于半径的弧，其所对的圆心角的角度定义为 1 弧度（1rad）。

换句话说，1rad 是半径为 r 的圆上弧长为 r 的弧所对圆心角的角度。

回到图 B.13。想象一下，继续逆时针旋转向径 OB，一圈后回到向径 OA 的位置。这时候端点 A 走过的弧长为该圆周的周长 C。古代数学家早就发现圆的周长 C 与直径 $d = 2r$ 的比值是恒定的，与圆的大小无关。这个常数比值记为希腊字母 π，即

$$\frac{C}{d} = \pi \Leftrightarrow C = \pi d \Leftrightarrow C = 2\pi r \tag{B.16}$$

根据定义 B.10，既然 1rad 等于半径为 r 的圆周上弧长为 r 的弧对应的圆心角的角度，那么 2πrad 等于弧长为 $2\pi r$ 的弧对应的圆心角的角度。因为半径为 r 的圆的周长为 $2\pi r$，所以可知整个圆周对应的圆心角的弧度为 2π。你一定很熟悉另一种度量角的单位：度（°）。旋转一周得到的周角是 360°。（这个数值至少可以追溯到约公元前1900—公元前 1500 年的古巴比伦天文学家。他们对黄道两边的 12 个星座进行了长期观测，并把黄道分成 12 等份，称为黄道 12 宫。他们发现太阳在每一宫运行的时间基本相同，约为 30 天。因为 $30 \times 12 = 360$，所以 1° 大致对应太阳一天的运动。）这样就得到了两种单位之间的转换关系

$$\pi \text{rad} = 180° \Rightarrow 1\text{rad} = \left(\frac{180°}{\pi}\right) \approx 57.3° \tag{B.17}$$

回到图 B.13，下面两个比值相等

$$\frac{s}{2\pi r} = \frac{\theta}{2\pi} \Leftrightarrow s = r\theta \tag{B.18}$$

右侧的等式给出了圆心角 θ 在半径为 r 的圆周上扫出的弧长 s 与 θ 和 r 的关系。注意：这个关系式（$s = r\theta$）仅当 θ 表示为弧度时适用。

例 B.13 考虑一个半径为 4 的圆，求圆心角 $\theta = 45°$ 所对的弧长。这段弧长在整个圆的周长中占比多少？

解答 运用式 (B.18) 前，需要先将 45° 转换成弧度制。根据式 (B.17)，有

$$45° \times \left(\frac{\pi \text{rad}}{180°}\right) = \frac{\pi}{4}\text{rad}$$

再由式 (B.18) 得

$$s = 4 \times \frac{\pi}{4} = \pi$$

圆的周长 $C = 2\pi \times 4 = 8\pi$，所以这段弧长在整个圆周中占比为 $\frac{\pi}{8\pi} = 0.125$（12.5%）。∎

式 (B.18) 也有许多实际应用，如下面的例子所示。

应用实例 B.14 埃拉托色尼，一位生活在公元前 250 年左右的古希腊数学家，可能是第一个较精确估算地球半径和周长的人。他设想地球是一个规则球体。埃拉托色尼首先发现，夏至日的正午，在赛伊尼（今埃及阿斯旺）的某处，太阳光此时直射地面，在图 B.14 中以位置 A 标记太阳。另一年的夏至日，埃拉

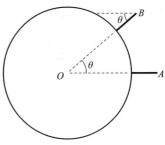

图 B.14　太阳光直射地面的示意图

托色尼在亚历山大港（图中位置 B）垂直放置了一根长棍，并在正午时分记录下长棍影子的长度，由此推算从赛伊尼到亚历山大港这段弧对应的圆心角 θ。他测得 $\theta \approx 7.12°$。

(a) 假设太阳光线平行射向地面，请解释为何图 B.14 中的两个角相等。

(b) 把 7.12° 转化为弧度。

(c) 从亚历山大港到赛伊尼的距离是 5000 斯达地（英文"stadion"，复数为"stadia"，古代西方的一个长距离单位，此处为音译）。一"斯达地"指一个竞技场的周长。一希腊斯达地约等于 607 英尺，而一埃及斯达地约等于 517 英尺。已知 1 英里等于 5280 英尺，请将 5000 斯达地分别按希腊换算率和埃及换算率转换为以英里为单位。

(d) 将 5000 斯达地视为弧长，运用式 (B.18) 以及 (b) 和 (c) 小问的答案来估算地球的半径（现今的估算结果是 3959 英里）。

解答

(a) 欧几里得证明了，当两条平行线被第三条线所截时，内错角

相等。假设太阳光线是平行射向地面的，图 B.14 中连接地球球心与 B 点的那条线就是一条截线，因此图中的两个角（内错角）是相等的。

(b) 转化为弧度制，即

$$\frac{7.12\pi}{180} \approx 0.124 \ (\text{rad})$$

(c) 5000（希腊）斯达地等于：

$$5000 \ \text{斯达地} \times \frac{607\text{英尺}}{1\text{斯达地}} \times \frac{1\text{英尺}}{5280\text{英尺}} \approx 574.81 \ \text{英里}$$

5000（埃及）斯达地等于：

$$5000 \ \text{斯达地} \times \frac{517\text{英尺}}{1\text{斯达地}} \times \frac{1\text{英里}}{5280\text{英尺}} \approx 489.58 \ \text{英里}$$

(d) 由式 (B.18) 得到 $r = \frac{s}{\theta}$。据 (b) 和 (c) 小问的答案，希腊换算率下，地球半径 $r \approx \frac{574.81}{0.124} \approx 4635$（英里）；埃及换算率下，地球半径 $r \approx \frac{489.58}{0.124} \approx 3948$（英里）。

在希腊换算率下，地球半径估算结果约多出 17%，而在埃及换算率下，估算结果少 0.28%！但无论哪个结果，在当时（大约公元前 200 年）的技术水平下，都是令人震惊的。∎

相关练习 习题 48~52

好了，现在让我们继续讨论三角形——包含 3 个角的图形。

古希腊数学家欧几里得（世人推举的"几何学之父"）在其约公元前 300 年完成的巨著《几何原本》中研究并证明了大量关于三角形的性质命题，包括直角三角形是有一个角是 90°（"直角"）的三角形。图 B.15 绘制的就是一个直角三角形。正如欧几里得证明的，三角形内角之和是 180°，所以可知图中 $\theta < 90°$，这样的角叫作锐角。图中三角形各边的名称由它们

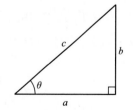

图 B.15 一个直角三角形，3 条边的边长分别为 a、b 和 c，一个锐角为 θ

相对于直角和角 θ 的位置而定。长为 c 的边叫作**斜边**（因为它是直角的对边），长为 a 的边叫作角 θ 的**邻边**，长为 b 的边叫作角 θ 的**对边**。欧几里得在《几何原本》中证明了

$$a^2 + b^2 = c^2 \tag{B.19}$$

这就是众所周知的勾股定理（希腊文献将这一定理归功于毕达哥拉斯）。勾股定理只考察了直角三角形各边边长的平方。后来，希腊人还研究了 3 条边长 a、b 和 c 之间的关系，最终利用边长的比值定义了 3 个基本三角函数，即

$$\sin\theta = \frac{\text{opp.}}{\text{hyp.}} = \frac{b}{c}, \quad \cos\theta = \frac{\text{adj.}}{\text{hyp.}} = \frac{a}{c}, \quad \tan\theta = \frac{\text{opp.}}{\text{adj.}} = \frac{b}{a} \tag{B.20}$$

请注意以下内容。

• 上述定义式中的"adj.""opp."和"hyp."分别指代图 B.15 中角 θ 的邻边、对边和斜边的长度。

• "sin"本身在数学上是没有意义的。

• 三者之间有关系式 $\tan\theta = \dfrac{\sin\theta}{\cos\theta}$。

例 B.15　请参照图 B.15 回答以下问题。

(a) 如果 $a = b = 1$，请计算 $\sin\theta$ 和 $\cos\theta$，并求出 θ（同时给出弧度和角度值）。

(b) 已知 $\sin 30° = \dfrac{1}{2}$，请计算 $\cos 30°$ 和 $\tan 30°$。

解答

(a) 由式 (B.19) 得到 $c^2 = 1^2 + 1^2$，所以 $c = \sqrt{2}$。（忽略负解 $c = -\sqrt{2}$，因为 c 是斜边长度。）由式 (B.20) 可知

$$\sin\theta = \frac{1}{\sqrt{2}} = \frac{\sqrt{2}}{2}, \quad \cos\theta = \frac{\sqrt{2}}{2}, \quad \tan\theta = 1$$

因为 $a = b$，所以该三角形是等腰三角形，故两个非直角内角相等（欧几里得证明了等腰三角形的两底角相等）。又因为这两个角加

起来等于 $90°$ ，故可得出 $\theta = 45° = \dfrac{\pi}{4}$ 。

(b) 我们可以用给定的正弦值来构造一个 $b = 1$ 、 $c = 2$ 的直角三角形。这样的三角形并不唯一，但它们都"相似"。（若两个三角形的对应角相等，对应边成比例，则称两个三角形是相似三角形。）由式 (B.19) 计算 a 值的平方，有 $a^2 = c^2 - b^2 = 3$ ，从而可以得到 $a = \sqrt{3}$ 。再从式 (B.20) 可以得出

$$\cos 30° = \frac{\sqrt{3}}{2} \ , \quad \tan 30° = \frac{\sqrt{3}}{3}$$ ∎

相关练习 习题 53、58~60

正如前面的例子所示，对某些特殊角的正弦、余弦或正切，运用欧几里得几何知识可以计算其值。若如图 B.15 那样把直角三角形嵌入单位圆中，我们就可以计算任意角的这 3 个基本三角函数值。具体方法如下。

首先，将图 B.15 中的直角三角形嵌入笛卡儿平面，取 $a = x$ 、 $b = y$ 、 $c = 1$ ［见图 B.16(a)］，那么式 (B.20) 转化为

$$\sin\theta = y \ , \quad \cos\theta = x \ , \quad \tan\theta = \frac{y}{x} \qquad\qquad (B.21)$$

令 θ 变化，图 B.16(a) 中的斜边外端点将画出一个半径为 1 的圆，

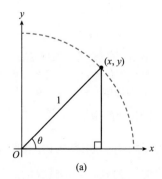

(x, y)	θ	$\cos\theta$	$\sin\theta$	$\tan\theta$
$(1, 0)$	$0\ (0°)$	1	0	0
$\left(\frac{\sqrt{3}}{2}, \frac{1}{2}\right)$	$\frac{\pi}{6}\ (30°)$	$\frac{\sqrt{3}}{2}$	$\frac{1}{2}$	$\frac{\sqrt{3}}{3}$
$\left(\frac{\sqrt{2}}{2}, \frac{\sqrt{2}}{2}\right)$	$\frac{\pi}{4}\ (45°)$	$\frac{\sqrt{2}}{2}$	$\frac{\sqrt{2}}{2}$	1
$\left(\frac{1}{2}, \frac{\sqrt{3}}{2}\right)$	$\frac{\pi}{3}\ (60°)$	$\frac{1}{2}$	$\frac{\sqrt{3}}{2}$	$\sqrt{3}$
$(0, 1)$	$\frac{\pi}{2}\ (90°)$	0	1	und.

(a)　　　　　　　　　(b)

图 B.16　(a) 一个半径为 1 的圆（虚线）及一个内接直角三角形；

(b) 当 $0 \leqslant \theta \leqslant \dfrac{\pi}{2}$ 时，单位圆上的点 (x, y) 及其对应的 $x = \sin\theta$ 和 $y = \cos\theta$ 赋值表（注意 $\tan 90°$ 无定义，因为 $\cos 90° = 0$ ）

如图 B.16(a) 中的虚线图形所示。因此，圆周上的任意点 (x, y) 根据式 (B.21) 都可计算得到一组 $\sin\theta$、$\cos\theta$ 和 $\tan\theta$ 值。重要的是，这告诉我们 $\cos\theta$ 是单位圆上一点的 x 坐标，而 $\sin\theta$ 是这个点的 y 坐标。于是，我们可以将单位圆圆周上的点与 $\sin\theta$ 和 $\cos\theta$ 的值联系起来！图 B.16(b) 正是在阐述这一点。

接下来推导 θ 在第 Ⅱ ～ Ⅳ 象限时的三角函数值 [见图 B.17(a)，以了解平面上各象限对应的角度范围]。注意单位圆上的每个点 (x, y) 都与其他 3 个点自然相关：

(a) $(-x, y)$，该点与 (x, y) 关于 y 轴对称；

(b) $(-x, -y)$，该点与 (x, y) 关于原点对称；

(c) $(x, -y)$，该点与 (x, y) 关于 x 轴对称。

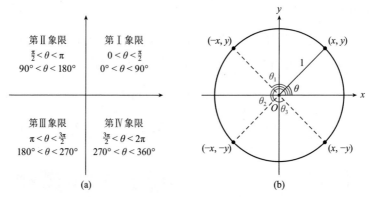

图 B.17　(a) 各个象限的角度范围。(b) 单位圆圆周上点 (x, y)，对应向径与 x 轴正半轴所夹圆心角为 θ；该点关于 y 轴的对称点为 $(-x, y)$，对应圆心角为 $\theta_1 = \theta + \dfrac{\pi}{2}$；关于原点的对称点为 $(-x, -y)$，对应圆心角为 $\theta_2 = \theta + \pi$；关于 x 轴的对称点为 $(x, -y)$，对应圆心角为 $\theta_3 = \theta + \dfrac{3\pi}{2}$

图 B.17(b) 绘出了这些点和相应的圆周角。如图 B.17(b) 所示，点 (x, y) 的 3 个对称点对应的圆心角角度均为 $\theta + \dfrac{\pi}{2}$ 的整数倍。当 θ 在第 Ⅰ 象限内从 0° 到 90° 变化时，3 个基本三角函数的函数值也随之变化，而第 Ⅱ ～ Ⅳ 象限内的角的三角函数值亦可由之而得。图

B.17(b) 所示的对称性也暗示了相应角的三角函数值之间的关系。例如，

$$\sin\theta = \sin\theta_1$$

这是因为 (x,y) 和 $(-x,y)$ 两点有相同的 y 值，而 $\sin\theta$ 就等于单位圆上给定点的 y 坐标。同理，$\cos\theta = \cos\theta_3$。这些发现将帮助我们理解 $\sin\theta$、$\cos\theta$ 和 $\tan\theta$ 的函数性质，并绘制它们的函数曲线。

在此之前，再简要回顾一些结论。对图 B.16 中的三角形应用勾股定理，得到 $x^2 + y^2 = 1$。由式 (B.21)，其可以转化成

$$(\cos\theta)^2 + (\sin\theta)^2 = 1$$

按通常的书写方式，$(\sin\theta)^2 = \sin^2\theta$ 和 $(\cos\theta)^2 = \cos^2\theta$，这就得到了三角恒等式

$$\sin^2\theta + \cos^2\theta = 1 \tag{B.22}$$

诸多三角恒等式也都可以用类似的方式推导出来，譬如（在第 3 章中用到）：

$$\sin(a+b) = \sin a \cos b + \sin b \cos a \tag{B.23}$$

$$\cos(a+b) = \cos a \cos b - \sin a \sin b \tag{B.24}$$

三角函数

回到图 B.16 和图 B.17，很明显每个圆心角 θ 在单位圆的圆周上对应唯一一个点 (x,y)。因此，每个 θ 都有唯一的 $\cos\theta$ 值和唯一的 $\sin\theta$ 值。这说明，$\cos\theta$ 和 $\sin\theta$ 满足定义 B.1，它们都是函数。由于 $\tan\theta = \dfrac{\sin\theta}{\cos\theta}$，所以 $\tan\theta$ 也是一个函数。图 B.18 展示了当 $0 \leqslant \theta \leqslant \dfrac{\pi}{2}$ 时，$\sin\theta$、$\cos\theta$ 和 $\tan\theta$ 的图像。它们的一些特性需要了解。

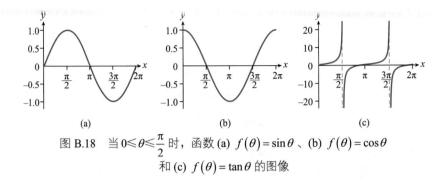

图 B.18　当 $0 \leqslant \theta \leqslant \frac{\pi}{2}$ 时，函数 (a) $f(\theta) = \sin\theta$、(b) $f(\theta) = \cos\theta$

和 (c) $f(\theta) = \tan\theta$ 的图像

• 图 B.18 中 θ 的取值范围是 $0 \leqslant \theta \leqslant 2\pi$。因为一旦 $\theta > 2\pi$，就已经绕这个圆周转了一圈多。这意味着，撇去那一整圈，将开始重复一圈未满时的正弦、余弦和正切值，这是因为单位圆圆周上的点与三角函数值之间有对应关系。因此，有如下等式

$$\sin\theta = \sin(\theta + 2\pi)，\quad \cos\theta = \cos(\theta + 2\pi)，$$

$$\tan\theta = \tan(\theta + \pi) \tag{B.25}$$

若对函数 f，存在某个实数 c，满足 $f(x) = f(x+c)$ 对定义域内任意 x 成立，那么称 f 为**周期函数**，满足上述性质的 c 的最小正数称为 f 的**最小正周期**。由此，式 (B.25) 中的前两个等式告诉我们，正弦函数和余弦函数是最小正周期为 2π 的周期函数。第三个等式告诉我们，正切函数也是一个周期函数，不过它的最小正周期为 π。因此，正弦函数、余弦函数和正切函数的图像都是无限延展的，长为 2π（正弦函数和余弦函数）或 π（正切函数）区间上的函数图像周而复始地出现。

• 正弦函数和余弦函数的图像揭示出这两个函数的有界性：$-1 \leqslant \sin\theta \leqslant 1$，$-1 \leqslant \cos\theta \leqslant 1$。此特性也可以从正弦函数值与余弦函数值分别为单位圆圆周上点的 y 坐标和 x 坐标或恒等式 (B.22) 看出来。

• 对于函数 $\tan\theta$，当 $\theta = \frac{\pi}{2} = 90°$ 和 $\theta = \frac{3\pi}{2} = 270°$ 时没有定义，因

为此时分母上的 $\cos\theta$ 取值为 0。与正弦函数和余弦函数不同，$\tan\theta$ 是无界函数。

到目前为止，我们只讨论了从 x 正半轴沿逆时针方向旋转所得角的度量。如果沿顺时针方向旋转，又如何呢？

根据符号约定，这时得到的角度为负值。图 B.19 在单位圆的圆周上绘制了一个从 x 正半轴顺时针旋转得到的三角形，及其镜像对称——逆时针旋转相同角度得到的三角形。

根据单位圆的对称性，这两个三角形斜边的外端点具有相同的 x 坐标、相反的 y 坐标。根据 $\cos\theta$ 等于单位圆圆周上给定点的 x 坐标，$\sin\theta$ 等于单位圆圆周上给定点的 y 坐标，得到

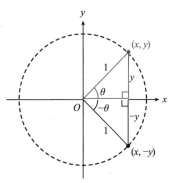

图 B.19　单位圆圆周上两个镜像对称的直角三角形

$$\cos(-\theta)=\cos\theta \ , \quad \sin(-\theta)=-\sin\theta \qquad (B.26)$$

因此，函数 $\sin\theta$、$\cos\theta$ 和 $\tan\theta$ 的图像均双向无限延伸（见图 B.20）！

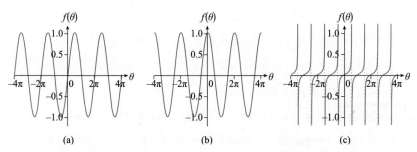

图 B.20　函数 (a) $f(\theta)=\sin\theta$、(b) $f(\theta)=\cos\theta$ 和 (c) $f(\theta)=\tan\theta$，当 $-4\pi\leqslant\theta\leqslant4\pi$ 时的图像

由图 B.20(a)、图 B.20(b) 可知，正弦函数和余弦函数有最大值和最小值。下面讨论如何通过三角函数一般式给出函数的最值等信息，

以结束本节。考虑函数

$$f(\theta) = A\sin(B\theta) + C, \quad g(\theta) = A\cos(B\theta) + C \qquad \text{(B.27)}$$

其中常数 A、B 和 C 含义如下。

• $y = C$ 称为中线。C 等于函数最大 y 值与最小 y 值的平均值。直线 $y = C$ 是一条水平线，与函数图像的最高点和最低点等距。

• $|A|$ 称为振幅。它等于函数图像最高点到中线的距离（或等价地，最低点到中线的距离）。因此，$C + |A|$ 和 $C - |A|$ 分别对应函数的最大值和最小值。

• B 称为角频率。它等于长度为 2π 的区间内函数图像完整振荡的次数。与之相关的两个概念，一是最小正周期 $T = \dfrac{2\pi}{B}$，即在 θ 轴上完成一个完整振荡所需的时长，二是频率 $f = 1/T$。从 $T = \dfrac{2\pi}{B}$ 可以得出 $f = \dfrac{B}{2\pi}$。因此，频率 f 给出了在单位区间（长度为 1 的区间）内完整振荡的次数。

举个例子。如图 B.18(a) 所示，直线 $y = 0$ 与最高点和最低点的距离相等，所以 $y = 0$ 为函数的中线。由于 y 值最大取到 1，且 $1 - 0 = 1$，故振幅为 $A = 1$。另外，由于在 θ 轴上完成一个完整振荡需经历 2π 时长，所以最小正周期 $T = 2\pi$。因此，角频率为 $B = \dfrac{2\pi}{2\pi} = 1$。将这些数据代入式 (B.27)，就得知图 B.18(a) 所示函数为 $f(\theta) = \sin\theta$ 或 $g(\theta) = \cos\theta$。再根据图像过点 $(0,0)$，可知此函数必为 $f(\theta) = \sin\theta$。

式 (B.27) 中引入的常数，其含义对于理解物理现象、建立数学模型尤为有用，详见下例。

应用实例 B.16 过去几十年纽约市低温平均值曲线非常接近图 B.21 (a) 中所绘图像，在最小值 23 华氏度和最大值 68 华氏度之间振荡。以 t 表示自 1 月 1 日以来的月份，L 表示纽约市当时的低温平均值。迄今所有数据表明较合理的关系式是

$$L(t) = A\cos(Bt) + C$$

(a) 计算 A、B 和 C。

(b) 估算一年中纽约市低温平均值在冰点（32 华氏度）以上的时间。

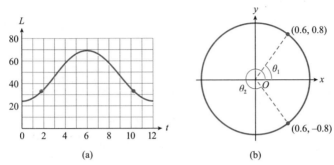

图 B.21　(a) 纽约市过去几十年的低温平均值 L（以华氏度为单位）关于 1 月 1 日以来月份 t 的函数图像，(b) 单位圆圆周上有相同横坐标的两点对应的角

解答

(a) 计算 23 和 68 的平均数，得到 $C = 45.5$。再由最大值等于 68，可知振幅 $|A| = 68{-}45.5 = 22.5$。（稍后我们将讨论 $A = 22.5$ 还是 $A = -22.5$。）最后，因假定气候模式每 12 个月重复一次，而 t 是按月计算的，所以最小正周期 $T = 12$。进而，角频率为 $B = \dfrac{2\pi}{12} = \dfrac{\pi}{6}$。此时 $L(t)$ 的表达式有两种可能：

$$22.5\cos\left(\frac{\pi t}{6}\right) + 45.5 , \quad -22.5\cos\left(\frac{\pi t}{6}\right) + 45.5$$

第一个式子必不是所求，因为当 $t = 0$ 时值为 68，这当然不会是纽约市 1 月 1 日的低温平均值。所以，$L(T) = -22.5\cos\left(\dfrac{\pi t}{6}\right) + 45.5$。

(b) 令 $L(t) = 32$，得到

$$-22.5\cos\left(\frac{\pi t}{6}\right) + 45.5 = 32$$

所以 $\cos\left(\dfrac{\pi t}{6}\right) = 0.6$。如图 B.21(b) 所示，在 0° 和 360° 之间有两个角度满足 $\cos\theta = 0.6$，分别为第 I 象限的 $\theta_1 \approx 53.1° \approx 0.92$ rad 和第 IV 象限的

$O_2 \approx 306.9° \approx 5.36$ rad。于是，有 $\dfrac{\pi t}{6} = 0.92$ 和 $\dfrac{\pi t}{6} = 5.36$。解得 $t \approx 1.76$ 和 $t \approx 10.24$，即图 B.21(a) 中标记为最左侧和最右侧的蓝点。第一个答案对应的是 2 月份约过三分之二的时候，第二个答案对应的是 11 月份约过四分之一的时候。而从 2 月底到 11 月初，纽约市的低温平均值都在冰点以上。　■

相关练习 习题 54~57

　　实际上，现实世界里任何周期（或振荡）现象都可以用三角函数建模，这包括声波、光波（电磁波）、无线电波，甚至人类的睡眠周期。接下来数页的习题将探讨三角函数更多的应用。

附录 B 习题

1. 判断正误：$y = \pm\sqrt{1-x^2}$ 是一个函数。

2. 函数 f 和 g 的图像如下图所示。

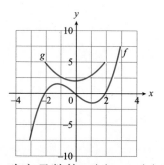

(a) 确定函数值 $f(0)$、$f(2)$ 和 $g(2)$。

(b) 确定 g 的定义域。

(c) 确定 f 的值域。

3~6：求函数的定义域。

3. $f(x) = \sqrt{1-x^2}$

4. $g(x) = 1 + \sqrt[3]{x^2}$

5. $h(t) = t^2 - 5$

6. $m(s) = \sqrt{s} + \sqrt{2-s}$

7~10：确定直线的斜率和 y 轴上的截距，并作图。

7. $y = 2x - 3$

8. $y = -5x + 4$

9. $3y = 6x + 9$

10. $2x + 4y = 0$

11. 如果两条直线的斜率乘积等于 -1，那么它们**相互垂直**。例如，直线 $y = 2x$ 和 $y = -\dfrac{1}{2}x$ 相互垂直。利用这一点求下列满足条件的直线方程。

(a) 所有垂直于 $y = 5x + 4$ 的直线。

(b) 过点 $(1,1)$，且垂直于 $y = 5x + 4$ 的直线。

(c) 垂直于 $y = x + 2$，且 y 轴截距为 3 的直线。

12~15：确定函数的类型：多项式函数（如果是，是否为线性函数）或幂函数。

12. $f(x) = 4$

13. $g(x) = (1+x)(1-x)$

14. $f(x) = 5\sqrt[3]{x^2}$

15. $h(t) = t^3 + 2t^2 + 1$

16~17：确定函数的定义域。

16. $f(x) = \dfrac{1}{x^2 - x}$

17. $f(x) = \dfrac{x^2}{x - 1}$

18. 手机话费账单 佐拉伊达在假期买了一部新手机。手机激活的费用为 20 美元，每月的服务费用为 50 美元。

(a) 写出账单总数 C 与月数 m 的函数关系式。

(b) 多少个月后，账单总数将达到 500 美元？

19. 橄榄球 设一名 6 英尺高的四分卫以 50 英尺 / 秒的初始垂直速度扔出一个橄榄球。忽略空气阻力，则球扔出 t 秒后，离地面的高度 y（以英尺计）满足

$$y(t) = 6 + 50t - 16t^2$$

问，球何时落地？

20. 最大心率 粗略地说，一个人的最大心率 M 是指人在长时间运动中心脏能达到的极限心率。一个常用的公式是 $M_1(a) = 220 - a$，其中 a 表示人的年龄（以年为单位）。另一个更精确的公式是

$$M_2(a) = 192 - 0.007a^2$$

(a) 计算 $M_1(20)$ 和 $M_2(20)$ 并解释结果。

(b) 求年龄 a 使得 $M_1(a) = M_2(a)$。何时线性公式 M_1 的估值高于（更准确的）二次公式 M_2？何时又低估了？

21. 语言学 美国语言学家乔治·齐普夫发现，如果把一本书中常见的词汇按出现频次进行排序，排在第 r 位的词在书中出现的频次 f 大致为

$$f(r) = 0.1r^{-1}$$

譬如，如果单词 "the" 是你所选书中最常见的词，那么它的 r 值必为 1，进而 $f(1) = 0.1$。根

据齐普夫定律，这本书中大约有 10% 的单词都是 "the"。

(a) 计算比值 $f(2)/f(1)$ 并解释你的结果。

(b) 写出比值 $f(r+1)/f(r)$ 的一般公式，并解释你的结果。

22. 心脏健康　单位时间内在动脉内流动的血液体积称为**体积流率**，用 Q 表示。如果动脉足够直，像一个圆柱形的管道，那么可以用**泊肃叶公式**来近似 Q，即

$$Q(r) = aPr^4$$

其中 a 是常数，取决于血管长度，P 是血管两端间的压力损失量，r 是血管半径。

(a) 假设动脉变窄至新的半径 r_n。现在心脏必须加大泵血力度，以维持同样的体积流率。证明：新压强 P_n 满足

$$P_n = P\left(\frac{r}{r_n}\right)^4$$

(b) 上述公式表明，即使是血管的微小收缩也会导致压力的巨大损失。请证明：血管半径收缩 16% 就会使压力损失量翻倍。

23. 假设某天天气晴朗，可眺望到地平线。观测者到地平线的距离记为 d（以英里计），它是此人所处位置海拔 h（以英尺计）的函数，可近似表达为 $d(h) = \sqrt{1.5h}$。

(a) 请证明：d 是一个复合函数，即确定内外函数 f 和 g，使得 $d(h) = f(g(h))$。

(b) 设想观测者身高 5 英尺，站在与海平面平齐的沙滩上或摩天大楼里 1000 英尺高处。请计算其到地平线的距离 d。

24. 估算宇宙的年龄　今时，物理学家们已经有理由相信，宇宙起源于一场史无前例的大爆炸（大爆炸理论），所有的物质和能量都是在大爆炸中诞生的。一个有力的证据是埃德温·哈勃在 1929 年的发现：遥远的星系正以速度 v（单位为千米/秒）远离我们，这个速度与星系到我们的距离 d（单位为百万秒差距）成线性关系，即

$$v(d) = Hd$$

其中 H 是**哈勃常数**，约等于

67.8千米/（秒·百万秒差距）。这个公式被称为**哈勃定律**。下面是哈勃根据数据集绘制的关系图。

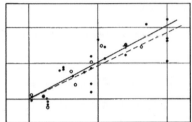

(a) 确定哈勃公式所对应直线的斜率和 y 轴上的截距。

(b) 设星系以恒定速度运动，那么它们与我们的距离是 $d = vt$，其中 t 是星系运动的时间（单位为秒），即宇宙的年龄。利用这个估算并结合哈勃定律，证明 $t = \dfrac{1}{H} \approx 0.0147$（秒·百万秒差距）/千米。因为 1 百万秒差距约为 3.08×10^{19} 千米，故 $t \approx 4.55 \times 10^{17}$ 秒 ≈ 144 亿年。（目前对宇宙年龄的估算大约是 138 亿年。）

25. 给定平面上一条曲线。证明：如果任何垂直线与该曲线至多只有一个交点，则该曲线是某一个函数的图像。（这被称为垂线测试法。）

26. 设 $f(x) = \dfrac{x^2 - 1}{x + 1}$，$g(x) = x - 1$，那么有 $f(x) = g(x)$ 吗？

27. 设 $f(x) = ax + c$，$g(x) = dx + e$。证明 $f(g(x))$ 是线性函数，并求其斜率。

28. 设 r_1 和 r_2 为二次方程 $ax^2 + bx + c = 0$ 的两个解，其中 $a \neq 0$。证明 $r_1 + r_2 = -\dfrac{b}{a}$，$r_1 r_2 = \dfrac{c}{a}$。

29. 证明：满足 $f(x) = \dfrac{1}{f(x)}$ 的有理函数仅有 $f(x) = 1$ 和 $f(x) = -1$。

指数函数和对数函数相关的习题

30~32：分辨指数函数的增减性，并指出其初值和底。

30. $f(x) = 10^x$

31. $h(t) = 4e^t$

32. $g(z) = 2^{-z}$

33~36：计算各式的值。

33. $e^{2 - \ln 4}$

34. $\ln \dfrac{3}{e}$

35. $\log_3 \dfrac{1}{9}$

36. $\log_5 25$

37~38：合并并简化各式为单一

对数式。

37. $\ln 2 + 3\ln 4$

38. $\ln(x-y) - \ln(x+y)$

39~40：求解方程。

39. $e^{8-4x} = 4$

40. $\log x + \log(x-1) = \log 2$

41. 求过点 $(1,6)$ 和点 $(3,24)$ 的指数函数方程。

42. 人口增长 自 2010 年以来，美国人口以每年约 0.75% 的速度增长。已知该国 2010 年的人口为 3.093 亿，请写出该国人口 P（以百万计）自 2010 年以来随年份 t（以年计）增长的指数函数关系式。设人口增长率保持不变，请估算 2025 年该国的人口数量。

43. 雨滴落地末速度 雨滴从 13000 英尺高处落下，需要大约 3 分钟到达地面。下落过程中，它与其他雨滴融合，质量和速度都会增加，而这也增大了雨滴的表面积，导致了更大的空气阻力。这种空气阻力最终会与重力作用相抵，雨滴进而达到落地末速度。一个贴切的模型描述了雨滴下落过程中的平均速度 v（单位为英尺 / 秒）与时间 t（单位为秒）的函数关系

$$v(t) = 13.92(1 - e^{-2.3t})$$

(a) 计算并解释 $v(0)$。

(b) 将 $v(t)$ 改写成 $c - ab^t$ 的形式。

(c) 用 (b) 小问的结果解释为什么 $v(t)$ 是单调递增函数。

(d) 画出 $v(t)$ 的函数图像，并由图估计雨滴的落地末速度。（关于如何计算精确值，请参见第 2 章习题 48。）

44. 用复利规划养老 假设你现在的账户余额为 $B(0)$ 美元，年利率为 r。另外，你每年向账户存入 s 美元。那么 t 年后，账户余额为

$$B(t) = \left[B(0) + \frac{s}{r}e^{rt}\right] - \frac{s}{r}$$

美元。设 $B(0) = 0$，$r = 0.07$（7% 大约是 20 年投资期限内股票市场的平均回报率），$s = 1000$。

(a) 计算 $B(t)$ 和 $B(40)$。

(b) t 年后的总存款数是 $D(t) = 1000t$。这些存款与账户余额之比为 $D(t)/B(t)$。写出这个比值函数的表达式，绘制它在区间 $1 \leqslant t \leqslant 40$ 上的图像，并对图像做出解释。

(c) 证明：20 年后，每年的存款

占账户余额的 46%，而 40 年后，每年的存款只占账户余额的 18%。

45. 放射性碳定年法 所有动物体内都含有放射性碳 -14，它是碳的放射性同位素，会随着时间的推移不断发生放射性衰变。记 N_0 为样品中放射性碳 -14 的初始含量，则 t 年后含量 N 变为

$$N(t) = N_0 \mathrm{e}^{-\lambda t}$$

其中 $\lambda > 0$ 是**衰变常数**，与同位素的**半衰期** T 有关，即初始样品一半衰变所需的时间。

(a) 证明：$T = \dfrac{\ln 2}{\lambda}$。

(b) 已知放射性碳 -14 的半衰期是 $T = 5730$ 年。用这个值和 (a) 小问的答案计算衰变常数 λ。

(c) 假设动物遗骸中的放射性碳 -14 已经衰变到初始值的 70%，请估算一下动物距今的时间。（这项技术被称为放射性碳定年法。）

46. 贷款的偿还时间 假设你获得了一笔贷款（如学生贷款），金额为 L 美元，年利率为 r。如果每月还款 M 美元，可以证明将需要 n 个月才能还清贷款，其中

$$n = \frac{\log\left(\dfrac{M}{M - Lc}\right)}{\log(1 + c)}$$

这里 $c = \dfrac{r}{12}$，r 表示为小数形式。假设偿还的是 1000 美元的信用卡欠款，每月最低还款额为 20 美元，年利率 $r = 12\%$。

(a) 请问需要多少个月才能还清贷款？

(b) 如果视 M 为变量，请证明

$$n \approx 231.4 \log\left(\frac{M}{M - 10}\right)$$

(c) 绘制函数 n 在区间 $0 \leqslant M \leqslant 50$ 上的图像，并计算 $n(40)$。请问，与 20 美元的月供相比，40 美元的月供能提前多久还清贷款？

47. 用以 b 为底的对数求解方程 $b^x = c$，再用以 a 为底的对数求解该方程。比较两个结果，验证换底公式 (B.15)。

三角函数相关的习题

48~51：将角度化为弧度，或将弧度化为角度。

48. $120°$

49. 36°

50. $\dfrac{7\pi}{2}$

51. $\dfrac{3\pi}{8}$

52. 求半径为 2 英寸的圆上，圆心角 20° 所对应弧的弧长。

53. 根据下列三角形的边角信息，计算 $\sin\theta$、$\cos\theta$ 和 $\tan\theta$。（提示：运用勾股定理计算信息缺失边的边长。）

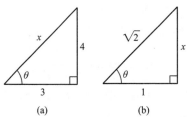

(a)   (b)

54. 色彩中的三角学 光是一种**电磁波**，波的振荡方向与传播方向垂直（这种波称为横波）。因此，光可以用三角函数来建模。可见光的波长 λ 决定了光的颜色：

颜色	紫色	蓝色	绿色
波长 /纳米	380~450	450~495	495~570
颜色	黄色	橙色	红色
波长 /纳米	570~590	590~620	620~750

任何颜色的光波都可以表示为函数 $C(t) = \sin(Bt)$ 的形式，$\lambda = \dfrac{2\pi}{B}$。

(a) 以 700 纳米作为红光的波长，请写出红光的函数表达式 $C(t)$。

(b) 式 $C(t) = \sin(\pi t / 200)$ 表示的是哪种颜色的光波？

55. 音乐中的三角学 回顾应用实例 B.12，声音产生于一种压力波。最简单的声波可以表示为

$$S(t) = \sin(2\pi f t)$$

其中 f 是频率，以赫兹（Hz）为单位。这种声音被称为纯音。例如，与中央 C 位于同一个八度的 A 音的频率是 440 赫兹。构成西方音乐基础的是有 12 个音高的半音音阶，每个半音音阶的频率按等比数列依次增高，公比为 2 的 1/12 次方，即

$$440 \times 2^0,\ 440 \times 2^{\frac{1}{12}},$$

$$440 \times 2^{\frac{2}{12}},\ \cdots,\ 440 \times 2^{\frac{12}{12}}$$

在钢琴上，从左至右这些频率对应的音符分别是 A、A#（"升A"）……一直到 A2（即频率为

880 赫兹的音符，比 A 高一个八度）。

(a) 写出频率为 $440\sqrt[4]{2}$ 的音调 C 对应的三角函数。

(b) 令 $f(x) = 440 \times 2^{\frac{x}{12}}$，其中 $0 \leqslant x \leqslant 12$。此时，$f(0)$ 的含义是什么？从 $f(12) = 2f(0)$ 这一性质，可得出何结论？

56. 电流中的三角学 目前电流大多是以交流电的形式传输的。交流电流由电压 V（以伏特为单位）产生，其随时间振荡且符合公式

$$V(t) = \sqrt{2}A\sin(Bt)$$

(a) 一个标准壁式插座的峰值电压是 $120\sqrt{2}$ 伏特。以这个数据计算 A。

(b) 标准家用交流电的电流振荡频率为 60 赫兹。以这个数据计算 B。

57. 利用恒等式 (B.23)，证明：

$$\sin\left(\theta + \frac{\pi}{2}\right) = \cos\theta\,。$$

58. 利用下图证明：大三角形的面积 $A = \dfrac{1}{2}ab\sin\theta$。

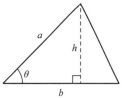

59. 三角学提供了另一种或者说更自然地理解直线斜率这一概念的方法。回顾图 B.4，令 θ 表示直线与 x 正半轴的夹角 $\left(-\dfrac{\pi}{2} < \theta < \dfrac{\pi}{2}\right)$。证明：

$$m = \tan\theta$$

由此可见，直线斜率 m 与其倾斜角 θ 直接关联。

60. 在半径为 r 的圆周上等距地取 n 个点，连接相邻两点及圆心，得到 n 个腰长为 r 的等腰三角形（下图展示了其中一个三角形）。

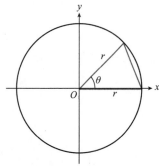

(a) 解释为何 $\theta = \dfrac{2\pi}{n}$。

(b) 设 $A(n)$ 是这 n 个三角形的面积之和，证明

$$A(n) = \frac{1}{2}nr^2\sin\left(\frac{2\pi}{n}\right)$$

(c) 计算 $A(4)$、$A(10)$ 和 $A(100)$。

你会发现随着 n 的增大，$A(n)$ 越来越接近圆的面积。

（第 2 章习题 60 中用微积分方法给出了证明。）

附录 C：其他应用实例

应用实例 C.1　爱因斯坦的狭义相对论说明，某些我们认为与速度无关的物理量实际上并非无关。一个例子是物体的长度。考察一列在直线轨道上行驶的火车，记 L_0 为火车静止时的长度。爱因斯坦发现当它以速度 v 运动时，其长度 L 等于

$$L(v) = L_0 \sqrt{1 - \frac{v^2}{c^2}}$$

其中 $c > 0$，表示光速。也就是说，长度是一个相对量。

(a) 描述当速度 v 从零增大到非零值时，长度 L 发生了什么变化。（这个现象称为**洛伦兹收缩**。）

(b) v 能达到的最大值是多少？为什么？

(c) 计算极限 $\lim\limits_{v \to c^-} L(v)$ 并解释你的结果。另外，此处取左极限的原因是什么？

解答

(a) 首先注意 $L(0) = L_0$，即静止时火车的长度。当 v 从 0 不断增大时，比值 v^2 / c^2 也随之增大，$1 - v^2 / c^2$ 减小，$\sqrt{1 - v^2 / c^2}$ 也减小。所以对于 $v > 0$，有 $L(v) < L_0$，即火车运动时的长度小于静止时的长度。

(b) 负数的平方根在实数集里没有定义，所以必须有 $1 - v^2 / c^2 \geq 0$。这意味着 $v^2 / c^2 \leq 1$，即 $v^2 \leq c^2$。满足这个不等式的最大速度是 $v = c$（即光速）。

(c) 请注意，$L(v) = f(g(v))$，这里 $f(x) = L_0 \sqrt{x}$，$g(v) = 1 - v^2 / c^2$。函数 g 在 $v = c$ 处左连续，且 $g(c) = 0$。当 $v \to c^-$ 时，$g(c) \to 0^+$。由于 f 在 $x = 0$ 处右连续，因此有

$$\lim_{v \to c^-} L(v) = L_0 \sqrt{1 - c^2 / c^2} = 0$$

这意味着当火车的速度接近光速时，火车的长度就会缩小至 0！最后，此处考虑的是左极限而非双侧极限，是因为如 (b) 小问所讨论的，

对于 $v > c$ ，$L(v)$ 并未定义。

应用实例 C.2 爱因斯坦狭义相对论（见应用实例 C.1）的另一个结论是，静止时质量为 $m_0 > 0$ 的粒子，当它以速度 v 运动时，其质量 m 变为

$$m(v) = \frac{m_0}{\sqrt{1 - v^2/c^2}}$$

其中 c 表示光速。也就是说，质量是一个相对量。

(a) 分别计算当 $v = 0$ 、$0.25c$ 、$0.5c$ 时的质量 $m(v)$ 。

(b) 当 $v = c$ 时会发生什么呢？

(c) 求 $m(v)$ 当 $v \to c^-$ 时的极限，并从数学和物理角度解释你的答案。

解答

(a) 代入计算可得 $m(0) = m_0$ ，$m(0.25c) = \dfrac{m_0}{\sqrt{15/16}} \approx 1.03 m_0$ ，

$m(0.5c) = \dfrac{m_0}{\sqrt{3/4}} \approx 1.15 m_0$ 。

(b) 当 $v = c$ 时，$m(c)$ 无定义。因为当 $v = c$ 时，$m(v)$ 的分母取值为 0。

(c) 在应用实例 C.1 的 (c) 小问求解过程中，已经证明了

$$\lim_{v \to c^-} \sqrt{1 - v^2/c^2} = 0$$

这说明，当 $v \to c^-$ 时，$m(v)$ 的分母是极小的正量，最后趋于 0。由于 $m(v)$ 的分子是常数 m_0 ，因此当 $v \to c^-$ 时 $m(v)$ 越来越大且恒正。所以可知，当 $v \to c^-$ 时 $m(v) \to \infty$ 。数学上，这意味着 $m(v)$ 的函数图像在 $v = c$ 处有一条垂直渐近线（见定义 2.5）。物理上，这意味着当粒子的速度接近光速时，它的质量将无限膨胀！

应用实例 C.3 假设你和你的搭档需要平分总量为 T 的物品，比如金钱。如何分配这 T 美元才公平公正？数学家约翰·纳什（博弈论创始人之一，电影《美丽心灵》的男主角原型）考虑了这个"讨价还价问题"，并设计了一套算法。这个算法需要量化效用函数，即当分配

的份额变化时，对各方满足程度的衡量。纳什用"幸福程度"描述"效用"，且要求各方的幸福程度随所占份额的增加而线性增长。具体算法如下。

设幸福程度可以用 0~10 来赋值（10 代表"幸福"，0 代表"不幸"）。以 M 表示你得到所有钱时的幸福程度，N 表示搭档的幸福程度。再令 Y_d 和 P_d 分别表示你和你的搭档在对分配方案的意见无法达成一致时各方的幸福程度。[①]

(a) 令 x 表示你得到的份额，z 表示你的搭档得到的份额。注意总额是 T 美元。请解释为何有

$$x+z=T \ , \quad x \geqslant 0 \ , \quad z \geqslant 0$$

(b) 令 $Y(x)$ 表示你得到 x 美元时的幸福程度，$P(z)$ 表示你的搭档得到 z 美元时的幸福程度。设

$$Y(x) = \frac{M}{T}x \ , \quad P(z) = \frac{N}{T}z$$

试解释这些函数的含义。

(c) 纳什乘积 H 定义为

$$H = (Y - Y_d)(P - P_d) \tag{C.1}$$

请证明：H 可以表示为 x 的函数，即

$$H(x) = -\left(\frac{M}{T}x - Y_d\right)\left[\frac{N}{T}x - (N - P_d)\right] \tag{C.2}$$

(d) 纳什算法是在满足条件 $Y \geqslant Y_d$ 和 $P \geqslant P_d$ 的所有可能的 Y 和 P 组合中计算 H 的最大值。证明：这两个约束条件就意味着

$$\frac{TY_d}{M} \leqslant x \leqslant T - \frac{TP_d}{N} \tag{C.3}$$

并请说明：为何纳什算法仅在条件

---

① 注意 M、N、Y_d 和 P_d 都是 0~10 的数字（因为已对幸福程度赋值）。

$$\frac{Y_d}{M} + \frac{P_d}{N} \leqslant 1 \tag{C.4}$$

满足时适用?

(e) 假设不等式 (C.4) 成立。证明：$H(x)$ 在不等式 (C.3) 给出的区间上的最大值点是

$$x = \frac{T}{2}\left(1 + \frac{Y_d}{M} - \frac{P_d}{N}\right) \tag{C.5}$$

再证明：你的搭档对应的份额是

$$z = \frac{T}{2}\left(1 + \frac{P_d}{N} - \frac{Y_d}{M}\right)$$

解答

(a) 因为 $x + z$ 是总的金额，而题设中已标记为 T，所以有 $x + z = T$。此外，因为各方分配到的份额都不会超过 T 美元（分配的总额是 T 美元），所以有 $x \leqslant T$ 和 $z \leqslant T$。将 $x = T - z$ 和 $z = T - x$ 代入，就分别得到 $z \geqslant 0$ 和 $x \geqslant 0$。

(b) Y 是斜率为 $\frac{M}{T}$ 的线性函数。这意味着你分配到的份额 x 每增加 1 单位，你的幸福程度就增加 $\frac{M}{T}$ 单位。由于 $Y(x)$ 的 y 轴上的截距是 0，如果你一分钱也没有得到，你的幸福程度将是 0。类似的解释也适用于 $P(z)$。

(c) 由 $z = T - x$，有

$$P(x) = \frac{N}{T}(T - x) = -\frac{N}{T}x + N$$

此式和 $Y = \frac{M}{T}x$ 一起代入定义式 (C.1) 得到

$$H(x) = \left(\frac{M}{T}x - Y_d\right)\left[-\frac{N}{T}x + (N - P_d)\right]$$

从第二个括号里提取出一个负号，就得到等式 (C.2)。

(d) 因为 $Y = \frac{M}{T}x$，那么 $Y \geqslant Y_d$ 就转化为

$$\frac{M}{T}x \geqslant Y_d \Rightarrow x \geqslant \frac{TY_d}{M}$$

因为 $P = \dfrac{N}{T}z = \dfrac{N}{T}(T-x)$ ，那么 $P \geqslant P_d$ 就转化为

$$\frac{N}{T}(T-x) \geqslant P_d \Rightarrow x \leqslant \frac{T}{N}(N-P_d)$$

综合 x 的这两个限制条件就得到不等式 (C.3)。这样，我们把两个约束条件 $Y \geqslant Y_d$ 和 $P \geqslant P_d$ 转换为了不等式 (C.3)。所以，纳什算法只考虑不等式 (C.3) 所给出区间上的 x 值，而区间的左端点必须小于等于右端点，这个区间才不是空集，即要求

$$\frac{TY_d}{M} \leqslant \frac{T}{N}(N-P_d)$$

此式化简后即得不等式 (C.4)。

(e) H 是闭区间上的连续函数（二次函数），所以运用要点 4.4，先求导数 $H'(x)$。经简化，得

$$H'(x) = \frac{M}{T}(N-P_d) + \frac{N}{T}Y_d - \frac{2MN}{T^2}x$$

令 $H'(x) = 0$ ，只有一解，即

$$x = \frac{T^2}{2MN}\left[\frac{M}{T}(N-P_d) + \frac{N}{T}Y_d\right] = \frac{T}{2}\left[\frac{N-P_d}{N} + \frac{Y_d}{M}\right]$$

此必为函数 H 的最值点。该式化简即得式 (C.5)。对应的 z 值由 $z = T - x$ 得到。 ∎

应用实例 C.4 考虑一种资产，其价值 V（以美元为单位）随时间 t（以年为单位）增加，常见模型是

$$V(t) = V_0 e^{\sqrt{t}}, \quad V_0 > 0$$

把未来的现金流量折算为今日的价值，资产现值 P 等于

$$P(t) = V(t)e^{-rt} = V_0 e^{\sqrt{t}-rt}$$

其中 $r > 0$ 为现行年利率，用小数表示。

(a) 资产的初始价值是多少？

(b) 证明 $\lim\limits_{t \to \infty} P(t) = 0$ 并解释你的结果。

(c) 何时是出售资产的最佳时机？（经济学家称之为**最佳持有时间**。）

(d) 假设这个资产是一栋房子，年利率 $r = 3\%$ ，请问何时是卖出的最佳时机？

解答

(a) $P(0) = V_0$ 。

(b) 将 $P(t)$ 整理为

$$P(t) = V_0 e^{\sqrt{t}(1 - r\sqrt{t})}$$

对于足够大的 t ， $P(t)$ 的指数为负数[①]。故当 $t \to \infty$ 时， $P(t)$ 趋于 0。这说明，资产的现值最终趋于 0。（这解释了货币的时间价值。换言之，今天的 100 美元远远比 10 年后的 100 美元值钱。）

(c) 此小问要求 $P(t)$ 在区间 $[0, \infty)$ 上的最大值。刚刚已经证明当 $t > 1/r^2$ 时， $P(t)$ 的指数是负数，即 $\sqrt{t}(1 - r\sqrt{t}) < 0$ 。因此，对于足够大的 t ，有

$$P(t) = V_0 e^{\sqrt{t}(1 - r\sqrt{t})} < V_0 e^0 = V_0$$

换言之，在时间 $t^* = 1/r^2$ 之后，现值小于初始现值 V_0 。因此，最大值一定是在区间 $\left[0, t^*\right]$ 内取到的。求导数 $P'(t)$ ，得

$$P'(t) = V_0 e^{\sqrt{t} - rt}\left(\frac{1}{2\sqrt{t}} - r\right) = \left(\frac{1 - 2r\sqrt{t}}{2\sqrt{t}}\right)V_0 e^{\sqrt{t} - rt}$$

令 $P'(t) = 0$ ，得两解： $t = 0$ [忽略，因为 $P'(0)$ 无定义] 和 $t = \dfrac{1}{4r^2}$ 。按照要点 4.4 的步骤，计算端点和临界值：

$$P(0) = V_0 , \quad P\left(\frac{1}{4r^2}\right) = V_0 e^{1/(4r)} , \quad P(t^*) = V_0 e^{\sqrt{t^*} - rt^*} = V_0$$

由于对于任何 r 值，恒有 $e^{1/(4r)} > 1$ ，因此可知 $P(t)$ 在 $t = 1/\left(4r^2\right)$ 处取到最大值。注意：这个答案与资产的初始值 V_0 无关。

(d) 依据 (c) 小问的计算，最佳出售时间是 $t = \dfrac{1}{4 \times 0.03^2} \approx 278$ 年后。

[①] 具体来说，如果 $t > 1/r^2$ ，那么 $1 - r\sqrt{t} < 0$ ，则 $P(t)$ 的指数是负数。

应用实例 C.5   图 C.1 显示了一条半径为 r_1 的粗血管以 θ 角度分叉出半径为 r_2 的细血管。血流在分叉处会遇到阻力，阻碍血流向细血管流动。血流从粗血管流向细血管的阻力 R 遵循公式

$$R(\theta) = c\left(\frac{L - M\cot\theta}{r_1^4} + \frac{M\csc\theta}{r_2^4}\right), \quad 0 < \theta \leqslant \frac{\pi}{2} \tag{C.6}$$

其中 $c > 0$ 是一个正常数。

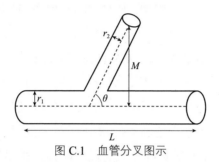

图 C.1   血管分叉图示

(a) 证明：R 在临界数 θ 处满足

$$\cos\theta = \left(\frac{r_2}{r_1}\right)^4 \tag{C.7}$$

(b) 解释为何恰只有唯一的 θ 满足式 (C.7)，以及为何 R 在此 θ 处取最小值。

解答

(a) 求导数 $R'(\theta)$，得到

$$R'(\theta) = c\left(\frac{M}{r_1^4}\csc^2\theta - \frac{M\csc\theta\cot\theta}{r_2^4}\right)$$

$$= \frac{cM}{r_1^4 r_2^4 \sin^2\theta}\left(r_2^4 - r_1^4\cos\theta\right) \tag{C.8}$$

由于 $R'(\theta)$ 在考察区间 $(0, \pi/2)$ 上是连续的，因此在 R 的临界数处，式 (C.8) 中括号内的表达式为 0，即

$$r_2^4 - r_1^4 \cos\theta = 0 \Rightarrow \cos\theta = \left(\frac{r_2}{r_1}\right)^4$$

(b) 已设 $r_2 < r_1$，故有 $0 < \dfrac{r_2}{r_1} < 1$。因此，求解方程式 (C.7) 即求曲线 $y = \cos\theta$ 与水平线 $y = (r_2/r_1)^4$ 的交点。由图 B.18(b) 可知，两条线在考察区间 $0 < \theta < \pi/2$ 内仅交一次，即式 (C.7) 在 $(0, \pi/2)$ 内仅有唯一解。因此，R 在 $(0, \pi/2)$ 上只有一个临界数，记为 θ^*。

回到式 (C.8)。当此式中括号内表达式取正值时，即 $r_2^4 - r_1^4 \cos\theta > 0$ 时，$R'(\theta) > 0$。化简得 $\cos\theta < (r_2/r_1)^4$，这个不等式成立要求 $\theta > \theta^*$。这是因为 $\cos\theta$ 在 $(0, \pi/2)$ 上递减，所以当 $\theta > \theta^*$ 时，$\cos\theta < \cos\theta^* = (r_2/r_1)^4$。同样，当 $\theta < \theta^*$ 时，有 $\cos\theta > (r_2/r_1)^4$，故 $R'(\theta) < 0$。由定理 4.2（2）可知，R 在 θ^* 处取到极小值。又由于 R 在 $(0, \pi/2)$ 上连续，根据定理 4.4，R 在 θ^* 处取到最小值。∎

应用实例 C.6 许多现实世界里的现象起初几乎呈指数级增长，之后由于各种原因增速放缓，如人口增长问题和传染病的扩散问题。这种现象可以用 **Logistic 函数**来建模，如下

$$q(t) = \frac{aq_0}{bq_0 + (a - bq_0)\mathrm{e}^{-at}}$$

其中 a 和 b 为正常数，$q(t)$ 为建模对象在 $t \geq 0$ 时刻的数量（如人口数），$q_0 > 0$ 为初始数量。不妨设 $q_0 < \dfrac{a}{b}$，因为这些现象中都普遍存在这一关系。本题将研究这个 Logistic 函数的图像。

(a) 证明：当 $t \geq 0$ 时，$q(t)$ 是单调递增函数。

(b) 函数 q 的二阶导数等于

$$q''(t) = \frac{a^3 q_0 (a - bq_0)\mathrm{e}^{at}\left[(a - bq_0) - bq_0\mathrm{e}^{at}\right]}{\left(bq_0\mathrm{e}^{at} + a - bq_0\right)^3}$$

请证明：$q(t)$ 存在拐点当且仅当

$$q_0 < \frac{a}{2b}$$

此时，拐点唯一存在，且在拐点左侧函数 $q(t)$ 的图像曲线是上凹的，在右侧是下凹的。

(c) 计算极限

$$\lim_{t \to \infty} q(t)$$

其结果称为考察系统的承载能力。

(d) 假设 $q(t)$ 表示在时长一小时的微积分课上感冒的人数（t 以小时为单位），并设：(1) 房间里已有 $q_0 = 5$ 人感冒，(2) $a = 0.4$，(3) 如果所有人都必须永远待在教室里，那么 20 个人都会感冒。请求出 $q(t)$ 的函数表达式，并画出函数图像。

(e) 继续 (d) 小问。请估算下课时的感冒人数。

解答

(a) 首先计算 $q'(t)$。函数 $q(t)$ 可以改写为

$$q(t) = aq_0 \left[bq_0 + (a - bq_0) e^{-at} \right]^{-1}$$

由链式法则，得

$$q'(t) = -aq_0 \left[bq_0 + (a - bq_0) e^{-at} \right]^{-2} \left[-a(a - bq_0) e^{-at} \right]$$

化简，得

$$\frac{a^2 q_0 (a - bq_0) e^{-at}}{\left[bq_0 + (a - bq_0) e^{-at} \right]^2}$$

因为已知 $q_0 < \dfrac{a}{b}$，所以上式的分母总是正的，且恒有 $a - bq_0 > 0$，故分子也总是正的。这些说明对所有 $t \geq 0$，恒有 $q'(t) > 0$。由定理 4.1 可知，当 $t \geq 0$ 时，$q(t)$ 是单调递增函数。

(b) 在二阶导数 $q''(t)$ 的表达式中，唯一可能取 0 的部分是分子中括号里的部分。令这部分为 0，有唯一解。

$$(a - bq_0) - bq_0 e^{at} = 0 \Rightarrow t = \frac{1}{a} \ln \left(\frac{a - bq_0}{bq_0} \right) \tag{C.9}$$

因为 $t \geq 0$，所以上面右侧式子括号里的项必须大于 1，即

$$\frac{a - bq_0}{bq_0} > 1 \Rightarrow a - bq_0 > bq_0$$

于是，得到 $q_0 < \dfrac{a}{2b}$。反之，当此不等式关系成立时，式 (C.9) 中右侧式子给出了方程 $q''(t) = 0$ 的唯一解，记此 t 值为 t^*。此外，由于 $(a - bq_0) - bq_0 e^{at}$ 对于 $t < t^*$ 取正值，对于 $t > t^*$ 取负值，得出 $q(t)$ 在 $(0, t^*)$ 上凹，在 (t^*, ∞) 下凹。

(c) 因为 $a > 0$，所以当 $t \to \infty$ 时，有 $e^{-at} \to 0$。进而，可得 $\lim\limits_{t \to \infty} q(t) = \dfrac{a}{b}$。

(d) 由条件 (3) 可知，承载能力为 20，因此 $\dfrac{a}{b} = 20$。由条件 (2) 知 $a = 0.4 = \dfrac{2}{5}$，故有 $b = \dfrac{a}{20} = \dfrac{1}{50}$。再由条件 (1) 知 $q_0 = 5$，于是得到

$$q(t) = \frac{2}{\dfrac{1}{10} + \left(\dfrac{2}{5} - \dfrac{1}{10}\right) e^{-0.4t}} = \frac{20}{1 + 3e^{-0.4t}}$$

图 C.2 给出了 $q(t)$ 的图像。

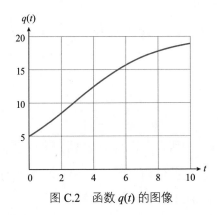

图 C.2　函数 $q(t)$ 的图像

(e) 1 个小时后，有

$$q(1) = \frac{20}{1 + 3e^{-0.4}} \approx 6.6$$

这意味着在下课时，大概有 7 人感冒。∎

应用实例 C.7　一架喷气式飞机停在跑道上等待起飞。假设飞机从静止开始，以 16876 英里 / 时 ^{2} 的恒定加速度滑跑。

(a) 计算飞机随时间跑离出发点的距离函数 $d(t)$。

(b) 如果飞机必须达到约 150 英里 / 时的速度才能安全起飞，需要的最短跑道长度是多少?

解答

(a) 已知加速度函数为 $s'(t) = 16876$，所以速度函数为 $s(t) = 16876t$。类似于应用实例 5.1，可知

$$d(t) = \frac{1}{2} t \cdot 16876t = 8438t^2$$

(b) 因为飞机需要 $t = \dfrac{150}{16876}$ 小时才能达到起飞速度，所以起飞前，飞机已经在跑道上跑了

$$d\left(\frac{150}{16876}\right) = 8438 \times \left(\frac{150}{16876}\right)^2 \approx 0.67 \text{（英里）}$$

因此，跑道应该至少是 2/3 英里长。（通常的跑道长度约为 1.1 英里至 1.5 英里。）■

章节与附录习题（部分）答案

第 2 章

1. 当极限相等时，$y = f(x)$ 的图像在 $x = c$ 点两侧曲线通过一个空心圆圈 [如图 2.3(a) 中 $x=1.0$ 处] 或一个实心圆圈衔接。当极限不等时，y 值在 $x = c$ 点会发生跳跃，如图 2.3(a) 中的 $x = -1.0$ 所示。

2. (a) (i) 1　(ii) −1　(iii) 不存在（左极限和右极限不相等）

(iv) 2　(v) 2　(vi) 2

(b) 错误，因为 $f(2)$ 不存在。

(c) 函数在以下区间都是连续的：$(-1,0)$，$(0,2)$，$(2,3)$。

3. (a) (i) K　(ii) K　(iii) 不存在（函数在 $x = b$ 点左侧近旁无定义）　(iv) 不存在（函数在 $x = b$ 点右侧近旁无定义）

(v) N　(vi) M　(vii) K

(viii) 不存在（单侧极限不存在）　(ix) 不存在（单侧极限存在但不相等）

(b) 错误，因为两个单侧极限不相等。

4. (a) 3　(b) 2　(c) 2　(d) $\dfrac{1}{2}$

(e) 1　(f) −2

5. 1

6. 0

7. $\sqrt{2}$

8. −1

9. 不存在

10. 0

11. 1

12. 1

13. $a = -1$

14. (a) $x \neq -1$　(b) $(-\infty,-1)$ 和 $(-1,\infty)$

15. (a) $[0,\infty)$　(b) $[0,\infty)$

16. (a) $[0,\infty)$　(b) $[0,\infty)$

17. (a) $[0,1]$　(b) $[0,1]$

18. $\mathbb{R}$

19. $(-\infty,1)$ 和 $(1,\infty)$

20. $(-\infty,0)$，$(0,1)$ 和 $(1,\infty)$

21. $-\infty$

22. $-\infty$

23. 0

24. −3

25. $\dfrac{\sqrt{3}}{3}$

26. 0

27. 0

28. 垂直渐近线有 $x=3$；水平渐近线有 $y=3$。

29. 垂直渐近线有 $x=\pm1$；水平渐近线有 $y=\dfrac{1}{2}$。

30. 略

31. $\dfrac{1}{x}$ 恒不为 0。因此在包含 0 的任何区间内，当 $x\neq0$ 时，$\dfrac{1}{x}$ 不等于 0。

32. (a) $T(0)=t$；当火车静止时，你和火车外静止的观察者观测到的时间变化是一样的。

$T(0.5c)=\sqrt{\dfrac{4}{3}}\,t$；当火车的行驶速度达到 0.5c，你的手表测量出时间 t，而火车外静止的观察者测量出的时间约为 1.15t，也就是说，时间膨胀了约 15%。

(b) 当火车的速度接近光速时，相对于你的手表测量的 t 秒，火车外静止的观察者测量到的是越来越大的 t 的倍数，最后趋于 ∞。

(c) 由于时间不能超过光速，$T(v)$ 没有定义。

33. (a) 连续 (b) 不连续 (c) 不连续

34. (a) 图像如下。

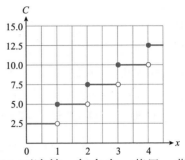

(b) 不连续；每多走一英里，费用就增加 2.5 美元。

(c) 跳跃；在 4 个不连续点 $x=1,2,3,4$ 处，$C(x)$ 的曲线从一个 y 值跳到另一个 y 值。

35. (a) 当 r 从 0 开始增加时，引力（线性）增加。当 $r=R$（地球的半径）时，引力达到最大值。当 r 大于 R 时，引力减小。

(b) 两者的极限都等于 $\dfrac{GMm}{R^2}$。

(c) 是的，因为左右极限存在且相等，均为 $F(R)$（这些量都是实数）。

(d) F 的连续区间是 $[0,\infty)$。

36. 略

37. 2

38. 1 和 3

39. 1

40. $\dfrac{1}{1+\sqrt{2}}$

41. 16

42. 0

43. 0

44. 不存在

45. (e) 由于 $n = r / x$，当 $x \to 0^+$ 时有 $n \to \infty$。这表明，当一年中账户复利的次数接近无穷（即连续复利）时，账户在 t 年末的本利和接近 $M_0 \mathrm{e}^{rt}$。
其他答案略。

46. (b) 图像如下。

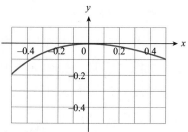

其他答案略。

47. 13.92

48~49. 略

50. 1

51. $\sqrt{2}$

52. 3

53. 0

54. $\dfrac{1}{3}$

55. $\dfrac{1}{2}$

56. $-1 \leqslant f(x) \leqslant 1$。因为 $\sin \dfrac{1}{x}$

的振幅为 1，所以 $\left| f(x) \right| \leqslant 1$。进而 $\left| xf(x) \right| \leqslant \left| x \right|$，因此当 $\left| x \right| \leqslant d$ 时，有 $\left| xf(x) \right| \leqslant d$。

57. $a = \pm\sqrt{2}$

58~59. 略

60. (a) 图像如下。

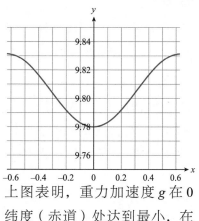

上图表明，重力加速度 g 在 0 纬度（赤道）处达到最小，在 $\pm\dfrac{\pi}{2}$ 纬度（北极和南极）处达到最大。

(b) a（题干中给出的数值）。

解释：当一个人接近赤道时，重力加速度接近 a。

第 3 章

1. 0

2. 1

3. 4

4. -2

5. −4

6. $\dfrac{1}{2}$

7. $f(x) = \sqrt{x}$, $a = 16$

8. 对于习题 1：$y = 0$；对于习题 2：$y = x + \dfrac{9}{2}$。

9. $f'(2) = 2$, $f(2) = 8$

10. (a) 16   (b) 16

11. (a) $s(a) = 0$（路程函数恒为常值，所以物体处于静止状态）

(b) $s(a) = 2a$

(c) $s(a) = 3a^2$

12. (a) $s(a) = -2$［线性函数 $d(t)$ 的斜率］   (b) 略

13. (a) $y = 220 - t$

(b) $y = 194.8 - 0.28t$

(c) 根据公式 $H(t)$，无论年龄大小，最大心率每年都会有 1bpm 的常值降幅。但更现实的模型应该是，随着个人年龄的增长，最大心率的下降幅度会越来越大。这就是公式 $M(t)$ 所呈现的，它的图像是一个开口向下的二次函数，其切线斜率随着 t 的增加而变成更小的负数。

14. f 在定义域上是可导的。

15. $x = 0$, $x = 2$

16.

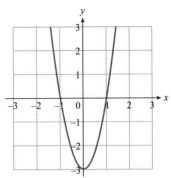

17.

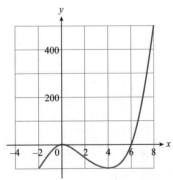

18.

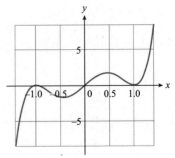

19. $f'(x) = 0$

20. $g'(x) = 50x^{49}$

21. $f'(t) = \dfrac{8}{\sqrt{t}}$

22. $h'(s) = 7s^6 - 6s^2$

23. $f'(x) = \dfrac{2}{\sqrt{x}} - \dfrac{10}{3\sqrt[3]{x^2}}$

24. $h'(s) = \dfrac{\sqrt{s}}{2}(3 + 5s)$

25. $g'(x) = -\dfrac{1}{(x+1)^2}$

26. $h'(t) = -\dfrac{1}{2\sqrt{1-t}}$

27. $g'(x) = 2x(\sqrt{x} - 14x) + (x^2 + 7)\left(\dfrac{1}{2\sqrt{x}} - 14\right)$

28. $f'(x) = \dfrac{1}{x^2}$

29. $h'(x) = \dfrac{2x(1+x^2)}{\sqrt{(1+x^2)^2 + 1}}$

30. $g'(t) = \pi t^{\pi-1}$

31. $h'(x) = \dfrac{1-x}{2\sqrt{x}(x+1)^2}$

32. $f'(x) = 3\left(x^3 + \dfrac{2}{x}\right)^2 \left(3x^2 - \dfrac{2}{x^2}\right)$

33. $f'(s) = -\dfrac{6}{(3s-7)^3}$

34. $g'(t) = 12t^{-1/5} - (3t^2 + 1)$

35. (a) $f'(1) = \dfrac{3}{2} = 1.5$

(b) 因为 $f'(2) = 1 + \dfrac{1}{2\sqrt{2}} \approx 1.35$，

所以 f 在 $x=1$ 处的瞬时变化率大于 $x=2$ 处的。

(c) $f(2) - f(1) = 1.414\cdots$，与 (b) 小问的估算值 1.35 的差距小于 0.1。

(d) $f(x) = \sqrt{x} + x$ 在点 $(1,2)$ 的切线斜率为 1.5。

(e) $y = 1.5x + 0.5$

36. $f''(x) = 12x - 6$

37. $f''(x) = -6x$

38. $f''(x) = -(1/4)(x+3)^{-3/2}$

39. $f''(x) = \dfrac{3(x+4)}{4(x+3)^{3/2}}$

40. 可导，$f'(x) = (4/3)x^{1/3}$，所以 $f'(0) = 0$。在 $x=0$ 处二阶导数不存在。因 $f''(x) = (4/9)x^{-2/3}$，所以 $f''(0)$ 不存在。

41. 如果 $f'(x) = 0$，那么 f 的函数曲线上的所有切线都是水平的。此外，$f'(x) = 0$ 恒成立就表明 f 是处处可导的，进而也是处处连续的。结论：f 是常值函数，$f(x) = c$，c 是实数。如果 $f''(x) = 0$，基于前述讨论，$f'(x) = c$，c 是实数。也就是说，f 的函数曲线的所有切线均以 c 为斜率。如果 $c = 0$，那么又得到常值函数；如果 $c \neq 0$ ，那么 $f(x) = cx + d$ ， d 是实数。结论： f 是一个线性函数。

42. $j(t) = 6$ ，单位为英里 / 时^3。

43. （瞬时）降速用导数 $U'(t)$ 来测算。如果 $U'(t)$ 是递增的，则其函数曲线的切线向上倾斜，即 $U''(t) > 0$ 。

44. (a) 偿还利率为 5% 的学生贷款，总费用为 10000 元。

(b) 单位为美元 / 百分点^①。解释：当学生贷款利率为 5% 时，利率每提高一个百分点，偿还总成本增长 1000 美元。

(c) 正的，因为当 r 增加时，偿还成本也在增加。

45. (a) $g(0) \approx 9.8$ 米 / 秒^2

(b) $g'(h) = -\dfrac{2GM}{(R+h)^3}$ ，

$g'(0) \approx -3.08 \times 10^{-6}$ （米 / 秒^2）/ 米

46. (a) $T(9.81) \approx 2.006$ 秒

(b) $g(T) \approx \dfrac{4\pi^2 l}{T^2}$ 米 / 秒^2 ，

$g(2.006) \approx 9.81$ 米 / 秒^2

(c) $T(g(h)) = \dfrac{2\pi\sqrt{l}}{\sqrt{GM}}(R+h)$

(d) $f'(0) = \dfrac{2\pi}{\sqrt{GM}} \approx 3.15 \times 10^{-7}$

（秒 / 米）。由于 $f'(0)$ 是线性函数 $f(h) = T(g(h))$ 的斜率，我们可以这样解释：高度每增加 1 米，长 1 米的钟摆在一定的幅度内摆动时，振荡周期大约增加 3.15×10^{-7} 秒。

47. (a) $h(F) = s(C(F)) = 20.05$ $\sqrt{\dfrac{5}{9}F + 255.37\overline{2}}$ （ 2 上方的横条表示循环小数的循环节）

(b) $h(68) \approx 343.29$ 米 / 秒，$\dfrac{c}{h(68)} \approx 873900$ ，这表明光的传播速度几乎是声音的 874000 倍。

(c) $h'(68) \approx 0.32$ 米 / （秒·华氏度）

48. $f'(x) = \begin{cases} -1, x < 0 \\ 1, x > 0 \end{cases}$ ，而 $f'(0)$ 不存在。

49. 对于所有 $x \neq 0$ ，有 $f'(x) = 0$ ，且 $f'(0)$ 不存在。

50. 略

---

① 译者注：利率作为比值是没有单位的。此处式子按常规方式解释为每百分点的提高量增加多少美元的偿还成本。此处作者想要考查读者对公式的深刻理解，因此保留这一小问。

51. $y = -2x$, $y = 2x$

52. $f'(x) = g(x^2) + 2x^2 g'(x^2)$

53. $f'(x) = 4e^{4x}$

54. $f'(x) = -(2x)2^{-x^2}\ln 2$

55. $g'(t) = 2(t^2 + t + 1)e^{2t}$

56. $h'(z) = \dfrac{e^z - e^{-z}}{2}$

57. $f'(x) = \dfrac{2x}{x^2 + 5}$

58. $f'(z) = \dfrac{\left[1 - z\ln(3z)\right]e^{-z}}{z}$

59. $h'(t) = \dfrac{1 - t^2}{t^3 + t}$

60. $g'(t) = -\dfrac{2e^t}{e^{2t} - 1}$

61~62. 略

63. (a) 略　(b) $T'(0) = -27.03$ 。
解释：当咖啡杯从加热板上拿下来时，它的温度以 27.03 华氏度 / 分的瞬时速度下降。

(c) $T'(t) = -27.03e^{-0.318t}$

(d) $T(t)$ 有水平渐近线 $y = 75$ 。
解释：最终咖啡会冷却到 $y = 75$ 华氏度（环境温度）。

64. (a) a 。解释：从长远来看，只有 $100a\%$ 的初学信息被保留。

(b) $R(t) = e^{(\ln 0.7)t} = 0.7^t$

(c) $R'(1) = 0.7\ln 0.7 \approx -0.25$ 。解

释：在学习完新知识一天后（假设在这期间没有复习），你的新知识存储量会以每天 25% 的瞬时速度下降。

65. (a) 略　(b) 风速为每秒 0 米的阵风发生在涡轮附近的概率的瞬时变化率为 a 。

66. 略

67. $f'(x) = 12x^2 - 3\cos x$

68. $f'(x) = \dfrac{\cos x - 2x\sin x}{2\sqrt{x}}$

69. $f'(x) = \dfrac{1 - \tan x + x\sec^2 x}{(1 - \tan x)^2}$

70. $f'(z) = \cos z - 1$

71. $g'(x) = -\sin x - 2\cot x\csc^2 x$

72. $h'(t) = \dfrac{t\cos t - \sin t}{t^2}$

73. $g'(t) = -\dfrac{1}{1 + \sin t}$

74. $h'(z) = 2z^3\sin z(2\sin z + z\cos z)$

75~77. 略

78. $a = 0$, $\theta = 0$; $a = \pm 1$, $\theta \approx 71.6°$ 。说明：切线在 $x = 0$ 处水平，在 $x = \pm 1$ 处与 x 正半轴形成的倾角为 71.6° 。

79. (a) 略　(b) 0；在附录 B 习题 60 中，圆内三角形的数量不断增加，这些三角形面积总和的

瞬时变化率不断趋于 0[换言之，当 $n = \infty$ 时，面积总和 $A(n)$ 停止增长]。

80. (a) 振幅为 θ_0，周期为 $2\pi\sqrt{\dfrac{l}{g}}$。

(b) $\theta(t) = \dfrac{\pi}{60}\cos\left(\sqrt{9.81}t\right)$

(c) $T = \dfrac{2\pi}{\sqrt{9.81}} \approx 2.00607$

(d) $T\left(\dfrac{\pi}{60}\right) = \dfrac{2\pi}{\sqrt{9.81}}\left[1 + \dfrac{1}{16}\left(\dfrac{\pi}{60}\right)^2\right]$

≈ 2.00641

(e) $T'\left(\dfrac{\pi}{60}\right) = \dfrac{\pi}{4\sqrt{9.81}}\left(\dfrac{\pi}{60}\right) \approx 0.01$。

解释：当一个 1 米长的单摆的初始振幅是 3° 时，周期以每度约 0.01 秒的瞬时速度增加。

第 4 章

1. $L(x) = 0$

2. $L(x) = 1 + \dfrac{1}{2}(x-1)$

3. $L(x) = 1 - (x-1)$

4. $L(x) = 8 + 12(x-2)$

5. 真实值为 $\sqrt{10} = 3.162\cdots$；取 $f(x) = \sqrt{x}$，在 $a = 9$ 处得 $\sqrt{10}$ 的线性逼近值 $\sqrt{10} \approx 3 + \dfrac{1}{6}(10-9) \approx 3.167$。

6. 真实值为 $(1.01)^6 = 1.0615\cdots$；

取 $f(x) = x^6$，在 $a = 1$ 处得 $(1.01)^6$ 的线性逼近值 $(1.01)^6 \approx 1 + 6(1.01-1) = 1.06$。

7. 真实值为 $\dfrac{1}{\sqrt{3}} = 0.57\cdots$；取 $f(x) = x^{-1/2}$，在 $a = 4$ 处得 $\dfrac{1}{\sqrt{3}}$ 的线性逼近值 $\dfrac{1}{\sqrt{3}} \approx \dfrac{1}{2} - \dfrac{1}{16}(3-4) = 0.5625$。

8. 真实值为 $\sqrt[3]{2} = 1.25\cdots$；取 $f(x) = x^{1/3}$，在 $a = 1$ 处得 $\sqrt[3]{2}$ 的线性逼近值 $\sqrt[3]{2} \approx 1 + \dfrac{1}{3}(2-1) \approx 1.33$。

9. (a) $(-\infty, -3)$ 和 $(2, \infty)$

(b) $(-3, 2)$　(c) $x = -3$ 和 $x = 2$

(d) 极大值点 $(-3, 81)$，极小值点 $(2, -44)$

10. (a) $(-\infty, -1)$ 和 $(1, \infty)$

(b) $(-1, 0)$ 和 $(0, 1)$（f 在 $x = 0$ 处无定义）

(c) $x = -1$、$x = 0$ 和 $x = 1$

(d) 极大值点 $(-1, -2)$，极小值点 $(1, 2)$

11. (a) $\left(\dfrac{1}{2} - \dfrac{\sqrt{5}}{2}, \dfrac{1}{2}\right)$ 和 $\left(\dfrac{1}{2} + \dfrac{\sqrt{5}}{2}, \infty\right)$

(b) $\left(-\infty, \dfrac{1}{2} - \dfrac{\sqrt{5}}{2}\right)$ 和 $\left(\dfrac{1}{2}, \dfrac{1}{2} + \dfrac{\sqrt{5}}{2}\right)$

(c) $x = 0.5$，$x = \dfrac{1}{2} \pm \dfrac{\sqrt{5}}{2}$

(d) 极大值点 $\left(\dfrac{1}{2}, \dfrac{9}{16}\right)$，极小值点 $\left(\dfrac{1}{2} - \dfrac{\sqrt{5}}{2}, -1\right)$ 和 $\left(\dfrac{1}{2} + \dfrac{\sqrt{5}}{2}, -1\right)$

12. (a) $(-\infty, -6)$ 和 $(0, \infty)$

(b) $(-6, -3)$ 和 $(-3, 0)$（ f 在 $x = -3$ 处无定义）

(c) $x = -6$、$x = -3$ 和 $x = 0$

(d) 极大值点 $(-6, -12)$，极小值点 $(0, 0)$

13. (a) $x = 3$ (b) $x = 1$

14. (a) $x = 3$ (b) $x = \pm 1$

15. (a) $x = 1$ (b) $x = 0$

16. (a) $x = 1$ (b) $x = 0$

17. (a) $(0.5, \infty)$ (b) $(-\infty, -0.5)$

(c) 拐点为 $x = 0.5$

18. (a) $(-\infty, 0)$ (b) $(0, \infty)$

(c) 拐点为 $x = 0$

19. (a) $\left(-\sqrt{3}/3, \sqrt{3}/3\right)$

(b) $\left(-\infty, -\sqrt{3}/3\right)$ 和 $\left(\sqrt{3}/3, \infty\right)$

(c) 拐点为 $x = \pm\sqrt{3}/3$

20. (a) $(-\infty, \infty)$ (b) 无下凹区间   (c) 无拐点

21. 2/3 英寸 / 分

22. $\dfrac{1}{16\pi}$ 厘米 / 秒

23. $\dfrac{3}{1000\pi}$ 升 / 秒

24. $3\sqrt{5}$ 英尺 / 秒

25. $\dfrac{20}{3\pi}$ 厘米 / 秒

26. $\dfrac{5\sqrt{10}}{2}$ 米 / 秒

27. 50 英里 / 时

28. 2.5 英尺 / 秒

29. 距离出发点以东 $2/\sqrt{3} \approx 1.15$ 英里处。

30. (a) $p(x) = 350 - \dfrac{x}{100}$

(b) $p(17,500) = 175$ 美元

31. (a) $\bar{R}'(x) = \dfrac{xR'(x) - R(x)}{x^2}$

(b) $\bar{R}'(x)$ 在 $x = 0$ 处无定义。当 $R'(x) = \dfrac{R(x)}{x} = \bar{R}(x)$ 时，有 $\bar{R}'(x) = 0$。设 x 为方程 $R'(x) = \bar{R}(x)$ 的解，则销售 x 套商品的平均收入就等于销售 x 套商品时的营业收入变化率。

32. 略

33. 站在地面上时，海拔每增加 1 米，重力加速度减小约 3.08×10^{-6} 米 / 秒^2。

34. 最大值为 2500；最小值不存在，因为乘式 $x(100-x) = -x^2 + 100x$ 没有最小值。

35. 略

36. $\dfrac{25}{11}\left(3\sqrt{3} - 4\right)$

37~38. 略

39. (a) 在 $(-\infty,1)$ 上递增；在 $(1,\infty)$ 上递减。

(b) 1

(c) 在 $x=1$ 处取得极大值。

(d) 在 $x=2$ 处取得最小值；在 $x=1$ 处取得最大值。

(e) 在区间 $(1,2)$ 上函数曲线是下凹的；在区间内没有拐点。

40. (a) 在 $(0,\infty)$ 上递增；在 $(-\infty,0)$ 上递减。

(b) 0

(c) 在 $x=0$ 处取得极大值。

(d) 在 $x=1$ 处取得最小值；在 $x=2$ 处取得最大值。

(e) 在区间 $(1,2)$ 上函数曲线是上凹的；在区间内没有拐点。

41. (a) 在 $(2,\infty)$ 上递增；在 $(0,2)$ 上递减。

(b) 2

(c) 在 $x=2$ 处取得极小值。

(d) 在 $x=2$ 处取得最小值；在 $x=1$ 处取得最大值。

(e) 在区间 $(1,2)$ 上函数曲线是上凹的；在区间内没有拐点。

42. (a) 在 $\left(0,\sqrt{e}\right)$ 上递增；在 $\left(\sqrt{e},\infty\right)$ 上递减。

(b) $\sqrt{e}$

(c) 在 $x=\sqrt{e}$ 处取得极大值。

(d) 在 $x=1$ 处取得最小值；在 $x=\sqrt{e}$ 处取得最大值。

(e) 在区间 $(1,2)$ 上函数曲线是下凹的；在区间内没有拐点。

43. (a) 当 $b>1$ 时，有 $\ln b>0$。因此对所有 x，有 $f'(x)>0$。这意味着对所有 x，f 是递增的（定理 4.1），因此没有极值。当 $0<b<1$ 时，有 $\ln b<0$，因此对于所有 x，有 $f'(x)<0$。这意味着对所有 x，f 是递减的（定理 4.1），因此也没有极值。

(b) 因对于所有 x 有 $f''(x)>0$，根据定理 4.7 可知 f 是上凹的，因此不存在凹性变化（即不存在拐点）。

44. (a) 当 $0<b<1$ 时，函数在 $(0,\infty)$ 上递减；当 $b>1$ 时，函数在 $(0,\infty)$ 上递增。因为 g' 不改变符号，所以 g 没有极值。

(b) 当 $0<b<1$ 时，函数在 $(0,\infty)$ 上凹；当 $b>1$ 时，函数在 $(0,\infty)$ 下凹。因为 g'' 不改变符号，所以 g 没有拐点。

45. 略

46. (a)~(b) 略　(c) 图像如下。

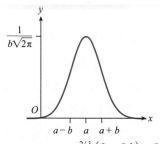

47. (a) $R'(\lambda) = \dfrac{e^{2/\lambda}(2-5\lambda)+5\lambda}{\lambda^7\left(e^{2/\lambda}-1\right)^2}$

(b) 对于 $0 < \lambda < 0.4$（近似值），有 $R'(\lambda) > 0$；对于 $\lambda > 0.4$（近似值），有 $R'(\lambda) < 0$。又 R 是连续的，据定理 4.4 可得，R 在 $x \approx 0.4$ 处取到最大值。

48. (a) $G(t) = e^{1-e^{0.085t}}$；$G(0) = 1$，这告诉我们出生后活到 0 岁的概率是 100%。

(b) 0；这告诉我们，冈珀茨生存曲线预测，当年龄无限增大时，存活的概率将接近于 0。

(c) 证明略。解释：出生后活到 t 岁的概率随着年龄的增加而降低。

(d) 证明略。解释：随着年龄的增长，出生后活到 t 岁的概率递减，而减速递增。

49. (a) 略

(b) $v = \dfrac{1}{\sqrt{e}} \approx 0.6$（米／秒）

50. $\dfrac{2\pi}{3}$ 英尺／秒

51. $\dfrac{40\pi}{3}$ 英里／分

52. 略

53. (a) 没有。

(b) 在 $(0,\pi)$ 上递减。

(c) 在 $f(0)$ 处取得极大值，在 $f(\pi)$ 处取得极小值。

(d) 在 $x = 0$ 处取得最大值；在 $x = \pi$ 处取得最小值。

(e) 在区间 $(0, 2\pi/3)$ 下凹；在区间 $(2\pi/3, \pi)$ 上凹；拐点为 $x = 2\pi/3$。

54. (a) 在 $(-\pi/3, \pi/3)$ 上递增。

(b) 没有。

(c) 在 $g(-\pi/3)$ 处取得极小值，在 $g(\pi/3)$ 处取得极大值。

(d) 在 $x = \pi/3$ 处取得最大值；在 $x = -\pi/3$ 处取得最小值。

(e) 在区间 $(-\pi/3, 0)$ 下凹；在区间 $(0, \pi/3)$ 上凹；拐点为 $x = 0$。

55. (a) 在 $(0, \pi/6)$ 上递增；在 $(\pi/6, \pi/2)$ 上递减。

(b) $\pi/6$

(c) 在 $h(\pi/6)$ 处取得极大值。

(d) 在 $t = \pi/6$ 处取得最大值；在 $x = \pi/2$ 处取得最小值。

(e) 在区间 $(0, \pi/2)$ 下凹；在区间内没有拐点。

56. (a) 在 $(\pi/2, 3\pi/2)$ 上递增；在 $(\pi/4, \pi/2)$ 和 $(3\pi/2, 7\pi/4)$ 上递减。

(b) $\pi/2$ 和 $3\pi/2$

(c) 在 $g(3\pi/2)$ 处取得极大值，在 $g(\pi/2)$ 处取得极小值。

(d) 在 $x = 7\pi/4$ 处取得最大值；在 $x = \pi/4$ 处取得最小值。

(e) 在区间 $(\pi/4, \pi)$ 上凹；在区间 $(\pi, 7\pi/4)$ 下凹；拐点为 $s = \pi$。

57. 略

58. (c) 因为 $0 \leqslant \mu \leqslant 1$，所以 $0 \leqslant \mu^2 \leqslant 1$，进而 $1 \leqslant 1 + \mu^2 \leqslant 2$。同时开根号得 $1 \leqslant \sqrt{1+\mu^2} \leqslant \sqrt{2}$，于是 $\dfrac{1}{\sqrt{1+\mu^2}} \leqslant 1$。两边同时乘上非负数 μmg，得到 $\dfrac{\mu mg}{\sqrt{1+\mu^2}} \leqslant \mu mg$。最后，$\mu mg \leqslant mg$ 是因为 $0 \leqslant \mu \leqslant 1$。
其他答案略。

59. (a) $r(0) = a(1-e)$，$r(\pi) = a(1+e)$。注意到 $r(\pi) = r(0) + 2ae$，所以 $r(\pi) - r(0) = 2ae > 0$。

(b) 略

(c) 近日点：$r(0) \approx 9.14 \times 10^7$ 英

里；远日点：$r(\pi) \approx 9.46 \times 10^7$ 英里。

60~62. 略

63. (a) 当 n 变大时，$\dfrac{2\pi}{n}$ 接近于 0。

令 $x = \dfrac{2\pi}{n}$，由式 (4.14) 可得，$\sin x \approx x$。

(b) 略

第 5 章

1. $A(t) = 10t$

2. $A(t) = t - t^2/2$

3. $A(t) = \begin{cases} t^2, & 0 \leqslant t \leqslant \dfrac{1}{2} \\ \dfrac{1}{4} + \left(t - \dfrac{1}{2}\right), & \dfrac{1}{2} < t \leqslant \dfrac{3}{2} \\ \dfrac{5}{4} + \left(t - \dfrac{3}{2}\right)\left(\dfrac{5}{2} - t\right), & \dfrac{3}{2} < t \leqslant 2 \end{cases}$

4. (a) 0.25 (b) 0.75 (c) 1.25

5. (a) 左移区间为 $(2, 3)$，右移区间为 $(0, 2)$。

(b) $\displaystyle\int_0^1 v(x)\,dx = \dfrac{3}{4}$ 是在第一个时间单位内的位移；$\displaystyle\int_0^3 v(x)\,dx = \dfrac{3}{4}$ 是在前 3 个时间单位内的位移。

6. (a) 图像如下。图中曲线为函数 $y = \sqrt{1+x^2}$ 的图像，随机在 $[0, 1]$ 中取 t 值（图中取 $t = 0.6$），

阴影区域的面积即等于 $A(t)$。

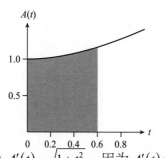

(b) $A'(t) = \sqrt{1+t^2}$；因为 $A'(t) > 0$，所以 $A(t)$ 处处都是递增的，包括在 $[0,1]$ 上。

(c) $A''(t) = \dfrac{t}{\sqrt{1+t^2}}$；因为对于 $t > 0$，有 $A''(t) > 0$，由此可知，$A(t)$ 在 $[0,1]$ 的子区间 $(0,1)$ 内上凹。

7. (a) $A'(t) = t$ (b) $g'(t) = 2t^3$

8. $\pi / 2$

9. $f(x) = 0$，$f(x) = \dfrac{1}{2}x + C$

10. 3

11. $1/2$

12. 2

13. (a) 微积分基本定理。

(b) 求导的加法法则，即定理 3.3。

(c) 令 $t = a$，则有 $A_{f+g}(a) = A_f(a) = A_g(a) = 0$（因为从 $x = a$ 到 $x = a$，f、g、$f+g$ 下方图形的面积均为 0）。这说明

$C = 0$，从而积分的加法法则成立。

14. (a) $A(t)$ 和 $d(t)$ 的图像在各点的切线斜率相同。

(b) $g'(t) = 0$，因为 $g'(t)$ 是 $A(t)$ 和 $d(t)$ 的图像在 t 值处切线斜率之差，由 (a) 小问结果可知，这个差为 0。

(c) $g'(t) = 0$ 意味着函数 $g(t)$ 的图像上各点的切线斜率均为 0，这说明 $g(t)$ 一定是常值函数。因为 $g(t) = d(t) - A(t)$，所以 $d(t) - A(t)$ 恒是常值。

15. (a) $L(0)$ 表示底层 0% 家庭的收入占国家总收入的百分比，此值为 0。$L(1)$ 表示底层 100% 家庭的收入占国家总收入的百分比，此值为 100%。因为 x 和 $L(x)$ 都表示的是百分比，所以它们的范围都是从 0% 到 100%，或者是从 0 到 1 的小数形式。也就是说，x 和 $L(x)$ 都是介于 0 和 1 之间的数。

(b) 如果每个家庭的收入都相同，那么底层 x 家庭的收入占全国总收入的 x。这意味着 $L(x) = x$。代入式 (5.26)，得到的面积为 0，因此 $G = 0$。

(c) 底层 x % 家庭的收入占国家总收入的百分比小于 x %。

(d) 当 $L(x) < x$ 时，得到 $2x - 2L(x) > 0$。由于 G 表示此函数的图像在 $x = 0$ 和 $x = 1$ 之间下方图形的面积，故 $G > 0$。

16. 曲线下大约有 24.5 个格子。每个格子的面积都是 0.05，所以积分 $\int_0^T c(t) \mathrm{d}t \approx 24.5 \times 0.05 = 1.225$。因此 $F \approx \dfrac{A}{1.225} \approx 0.82A$。

17. 8

18. $2/3$

19. $\dfrac{3}{\sqrt[3]{4}}$

20. $\dfrac{7}{10}$

21. $\dfrac{2}{3} x^{3/2} - 4\sqrt{x} + C$

22. $\dfrac{y^3}{3} - \dfrac{3}{2} y^2 + 2y + C$

23. 7

24. $\dfrac{16}{15}$

25. $-\dfrac{2}{15} \sqrt{1-t} \left(3t^2 + 4t + 8 \right) + C$

26. $\dfrac{\left(2\sqrt{2} - 1 \right) a^3}{3}$

27. 此过程运用了定理 5.2，但是 $f(x) = x^{-2}$ 在区间 $[-1,1]$ 上不连续，不满足定理条件。

28. 7

29. 8

30. 2

31. $\dfrac{1}{2}$

32. 假设 $r(t)$ 是连续的，定理 5.2 告诉我们，该积分表示 2017 年至 2027 年间石油消费的净变化量（以石油桶数为计量单位）。由于我们预计从 2017 年开始的 10 年里，世界石油消费将持续增长，因此预计净变化量将是正值（这意味着我们预计 2027 年的世界石油消费将高于 2017 年的）。

33. (a) v_x 恒定，在水平方向上无外力，所以 $x(t) = v_x t$。

(b) 证明略。$A = -\dfrac{g}{2v_x^2}$，$B = \dfrac{v_y}{v_x}$，$C = d$；B 是物体的垂直速度和水平速度之比，C 是物体的初始位置高度。

34. (a) 略   (b) 1 小时时标记约 1.73 英尺高; 2 小时时标记约 1.49 英尺高。

35. (a) $P'(100) = -23 \times 100^{-1.23}$。

解释：当生产了 100 个单位产品时，生产成本以每个单位产品 $23 \times 100^{-1.23}$ 美元（约每个单位产品 8 美分）的瞬时变化率减少。

(b) $P(n) = 100 n^{-0.23}$ [用 $P(1) = 100$ 可计算出常数 C 为 0]。

36. (a) 定理 4.5。

(b) 由 (a) 小问知道，在区间 $[t, t+\Delta t]$ 内任一点 x 处，有 $f(x) \geqslant f(m)$。因此，$f(x)$ 的函数曲线在 $x = t$ 和 $x = t + \Delta t$ 之间下方图形的面积大于或等于 $f(m)$ 的函数曲线在 $x = t$ 和 $x = t + \Delta t$ 之间下方图形的面积。类似地，由 $f(x) \leqslant f(M)$ 在区间 $[t, t+\Delta t]$ 内对每个 x 值都成立，可知另一组面积之间的不等式关系。

(c) (b) 小问中最左侧的积分等于高为 $f(m)$、宽为 Δt 的矩形的面积；类似地，最右侧的积分等于高为 $f(M)$、宽为 Δt 的矩形的面积。利用这些观察，将 (b) 小问中的不等式同时除以 Δt，就得到要证明的不等式。

(d) 当 $\Delta t \to 0$ 时，m 和 M 都趋于 t（因为 m 和 M 都在不断缩小的区间 $[t, t+\Delta t]$ 内）。因此，$f(m)$ 和 $f(M)$ 在 $\Delta t \to 0$ 时都趋于 $f(t)$。再由 (c) 小问中的不等

式可知，不等式中间项在 $\Delta t \to 0$ 时也趋于 $f(t)$，而这正是所要证明的结论。

37~40. 略

41. $\dfrac{2\sqrt{2}}{3}$

42. $\mathrm{e}^{3x} + C$

43. $\dfrac{5^x}{\ln 5}$

44. $\dfrac{2}{3}\left[(1+\mathrm{e})^{3/2} - 2^{3/2}\right] \approx 2.9$

45. $\ln 2 \approx 0.7$

46. $\ln(\pi + \mathrm{e}^x) + C$

47. $\dfrac{1}{3}$

48~51. 略

52. (a) $p'(x) = \dfrac{1}{\ln x}$。解释：对于较大的 x，小于或等于 x 的素数的个数在增加。

(b) $p''(x) = -\dfrac{1}{(\ln x)^2}$。解释：对于较大的 x，小于或等于 x 的素数个数增加的瞬时速度是递减的。换句话说，我们的结果表明，尽管小于或等于 x 的素数个数随着 x 增大而增长，但增速 $p'(x)$ 随着 x 的增大而放缓，因为 $p''(x) < 0$。更简单地说：素数随着 x 变大扩散开来。

53. (a) $\Delta P \approx 2\pi x p(x) \Delta x$。解释：

与距离城市中心 x 英里范围内生活的总人口数相比较，居住在 $x+\Delta x$ 英里内的人口数大约要多出 $2\pi x p(x)$。注意 $p(x)>0$，因为其计算的是人数。

(b) $P(x)=600\left(1-e^{-\pi x^2/100}\right)$。这个极限是 600，它告诉我们，当考虑距离城市任意远的半径时，居住在市中心这个距离内的人口接近 60 万人。

54. $\dfrac{t^4}{4}-\sin t+C$

55. $-\cot x+\cos x+C$

56. $-\dfrac{4}{3}(\cot t)^{3/2}+C$

57. $\dfrac{2+\sqrt{2}}{6}\approx 0.57$

58. $\sqrt{2}-1\approx 0.41$

59. $\theta-\ln|\cos\theta|+C$

60. $\dfrac{2}{\pi}$

61. 略

62. (a) a 升 / 秒。

(b) 这个问题是关于 $v(t)$ 的周期，答案是 $\dfrac{2\pi}{b}$。

(c) $\dfrac{2a}{b}$。解释：在一个呼吸周期内吸入肺部的空气的体积（以升为计量单位）。

63. (a) $a=74$，$b=2$　(b) 略

(c) $c=\dfrac{\pi}{12}$

附录 A

1. (a) $(-1,2)$　(b) $(3,\infty)$
(c) $(-\infty,-7]$　(d) $[0,1]$

2. (a) $(x+3)(x+1)$
(b) $(2x+1)(3x+1)$
(c) $(x+2)(3x+4)$

3. (a) $x=\pm 4$　(b) $x=\pm 3$
(c) $x=0$，$x=4$

4. (a) $x=\pm 2\sqrt{2}$　(b) $x=-6$，$x=2$　(c) $x=-1/2$，$x=-1/3$
(d) $\dfrac{7\pm\sqrt{37}}{2}$

5. (a) $\dfrac{1}{x+1}$　(b) $\dfrac{x+2}{(x-2)^2}$
(c) $\dfrac{1}{x}+\dfrac{1}{x+1}=\dfrac{2x+1}{x(x+1)}$
(d) $x^6(2x+7)^3$
(e) $4a^2b^2\sqrt{b}$　(f) $x^{2/15}$

6. 杨辉三角的下一行数字依次是 1、5、10、10、5、1。据此，可知 $(x+a)^5=x^5+5ax^4+10a^2x^3+10a^3x^2+5a^4x+a^5$。

7. 2 英尺

8. 是原来的 4 倍。

9~10. 略

附录 B

1. 不是函数。因为有多个 x 点，都对应两个 y 值。譬如 $x = 0$，$y = \pm 1$。另一种方法是观察 $y = \pm\sqrt{1 - x^2}$ 的函数图像。此函数图像是一个单位圆（见下图），许多 x 点都对应两个 y 值。

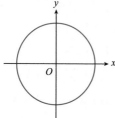

2. (a) $f(0) = f(2) = 0$，$g(2) = 5$

(b) $\begin{bmatrix} -2, 2 \end{bmatrix}$ (c) $\begin{bmatrix} -7.5, 7.5 \end{bmatrix}$

3. $\begin{bmatrix} -1, 1 \end{bmatrix}$

4. $\mathbb{R}$

5. $\mathbb{R}$

6. $\begin{bmatrix} 0, 2 \end{bmatrix}$

下图展示习题 7~10 所涉及的各直线图像。

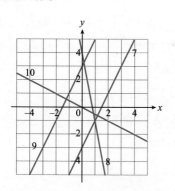

7. $m = 2$，-3

8. $m = -5$，4

9. $m = 2$，3

10. $m = -1/2$，0

11. (a) $y = -\dfrac{x}{5} + b$

(b) $y = -\dfrac{x}{5} + \dfrac{6}{5}$ (c) $y = -x + 3$

12. 常值多项式函数（也是斜率 $m = 0$ 的线性函数）

13. 多项式（二次）函数

14. 幂函数（$5x^{\frac{2}{3}}$）

15. 多项式（三次）函数

16. 除了 $x = 0$ 和 $x = 1$ 外的所有实数

17. 除了 $x = 1$ 外的所有实数

18. (a) $C(m) = 20 + 5m$

(b) 9.6 个月

19. 大约 3.24 秒后

20. (a) $M_1(20) = 200$，$M_2(20) = 189.2$。这些数据给出了 20 岁时的最大心率，分别用该习题中给出的线性和二次模型公式计算得出。

(b) 两个答案，分别是 $a \approx 38.2$ 和 $a \approx 104.6$。对于 $a < 38.2$（近似值）和 $a > 104.6$（近似值），M_1 是偏高估计；对于

$38.2 < a < 104.6$（近似值），M_1 是偏低估计。

21. (a) $\dfrac{1}{2}$。排在第二位的常见词，其出现频率只有第一位常见词的一半。

(b) $\dfrac{r}{r+1}$。第 $r+1$ 位常见词的出现频率等于 $\dfrac{r}{r+1}$ 乘第 r 位常见词的出现频率。

22. (a) 从等式 $aP_n r_n^4 = aPr^4$ 中反解出 P_n，即得所求公式。

(b) 替换 P_n 公式中 $r_n = 0.84r$ 就得到 $P_n \approx 2P$。

23. (a) $f(x) = \sqrt{x}$，$g(h) = 1.5h$

(b) 站在沙滩上时大约 2.74 英里，站在大楼里时大约 38.83 英里。

24. (a) 斜率等于 H，y 轴上的截距等于 0。

(b) 证明略。

25. 略

26. 没有。$f(-1)$ 不存在，而 $g(-1) = -2$。

27. 证明略。斜率 $m = ad$。

28~29. 略

30. 底为 10、初值为 1 的指数增长。

31. 底为 e、初值为 4 的指数增长。

32. 底为 2^{-1}、初值为 1 的指数衰减。

33. $\dfrac{e^2}{4}$

34. $\ln 3 - 1$

35. -2

36. 2

37. $\ln 128$

38. $\ln \dfrac{x-y}{x+y}$

39. $2 - \dfrac{1}{2}\ln 2$

40. 2

41. $y = 3 \cdot 2^x$

42. $P(t) = 309.3 \times 1.0075^t$；$P(15) \approx 3.46$ 亿

43. (a) $v(0) = 0$，为雨滴的初速度。

(b) $v(t) = 13.92 - 13.92\left(e^{-2.3}\right)^t$

(c) 因为 $e^{-2.3} < 1$，故 $13.92\left(e^{-2.3}\right)^t$ 呈指数衰减并逐渐趋于 0，$v(t)$ 随着 t 的增大而增大。

(d) $v(t)$ 的函数图像如下。由图可见，雨滴的落地末速度等于 13.92 英尺 / 秒。

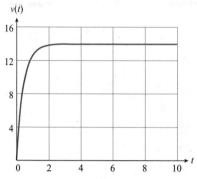

44. (a) $B(t) = \dfrac{100000}{7}\left(e^{0.07t} - 1\right)$;

$B(40) \approx 220638$ 美元

(b) $\dfrac{D(t)}{B(t)} = \dfrac{7t}{100\left(e^{0.07t} - 1\right)}$

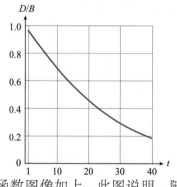

函数图像如上。此图说明，随着时间的增长，存款占账户余额的比例越来越小（也就是说，余额的大部分增长来自投资金额的回报）。

(c) $\dfrac{D(20)}{B(20)} \approx 45.8\%$;

$\dfrac{D(40)}{B(40)} \approx 18.1\%$

45. (a) 略　(b) $\lambda \approx 0.00012$

(c) 约为 2949 年

46. (a) 大约 69.7 个月

(b) 略　(c) 图像如下。

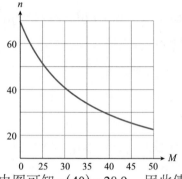

由图可知 $n(40) \approx 28.9$，因此债务提前约 $69.7 - 28.9 = 40.8$ 个月还清。

47. 略

48. 约 2.09 弧度

49. 约 0.63 弧度

50. 630°

51. 67.5°

52. 约 0.7 英寸

53. (a) $\sin\theta = \dfrac{4}{5}$，$\cos\theta = \dfrac{3}{5}$，

$\tan\theta = \dfrac{4}{3}$

(b) $\sin\theta = \cos\theta = \dfrac{\sqrt{2}}{2}$，$\tan\theta = 1$

54. (a) 代入 $\lambda = 700$，得到

$C(t) = \sin\left(\dfrac{\pi t}{350}\right)$

(b) 紫色（ $\lambda = 400$ ）

55. (a) $S(t) = \sin\left(880\sqrt[4]{2}\pi t\right)$

(b) $f(0)$ 为 A 音的频率（单位为赫兹）； $f(12) = 2f(0)$ 表示 A2 的频率是 A 频率的两倍。

56. (a) $A = 120$ (b) $B = 120\pi$

57~59. 略

60. (a) n 个三角形所对应圆心角之和必为 2π，所以 $n\theta = 2\pi$。

(b) 略

(c) $A(4) = 2r^2$， $A(10) \approx 2.9r^2$， $A(100) \approx 3.14r^2$

后 记

    首先，祝贺各位已经完成本书的学习。微积分常常被认为是艰深、抽象、难以理解的学科。我真诚地希望本书能带给你不一样的体验。书中大量的应用实例和练习应该会让你对微积分理论如何应用于现实世界有一个较为广泛的了解。其中部分应用推动了微积分理论的产生与发展。因此，毋庸置疑，你也将发现在物理、生命科学和社会科学的方方面面都隐藏着微积分的思想与方法。

    无论微积分在何处、以何种方式体现在你的工作和生活中，我期盼你牢记本书的要义。首要的是，我在第 1 章就"何为微积分"一问的回答：

    微积分是一种思维方式——动态的思维方式。就内容上而言，微积分是关于无穷小变量分析的数学。

    此刻你该对我上述论断有了更深刻的理解——我们反复运用动态方式构筑微积分理论中的三大核心概念（极限、导数和积分）。它们中的每一个都体现了"无穷小变化"这个微积分的本质属性。然后，合适的章节标题也将帮助你记忆它们的特性。

- 极限：如何无限逼近（却始终无法达到）。
- 导数：变化率的定量描述。
- 积分：变化量的累加。

    我们在本书里探讨了很多内容。然而，学无止境。就你最终选择的研究领域而言，可能本书的内容还不足以满足你的需求。这就是为何我极力鼓励你继续深入学习数学的原因。数学是离真理最近的一门学科，其结论的正确性不惧时间检验。举例来说，欧几里得对几何中各种关系的论证，无论今时抑或数千年前都始终确凿无误，即使再过千年亦然。无论你生活在世界的哪个角落，说何种语言，数学提供了一种通用的语言，让我们能够探究世界、宇宙和我们的生活。

我希望你从本书中收获知识与热爱，并再续你的数学学习之旅。

致 谢

撰写一本书其实是一个浩大的工程，而我常常惊叹，这一过程竟需要如此多人的尽心竭力。我写的每一本书，都不是独立完成的，审稿人的中肯建议、家人的默默支持，以及出版团队的全力付出，所有这些才成就了一本书。而这些人还只是为图书出版做出了贡献的一小部分人。感谢普林斯顿大学出版社的编辑维姬·卡恩，以及她的出版与营销团队。感谢佐拉伊达、艾米莉亚、艾丽西娅、玛丽亚和我的其他家人们，感谢他们一直以来的支持和鼓励。感谢审稿人，我的学生和同事们，他们为本书的初稿提供了有价值的反馈。特别感谢格温·库比，她认真研读了本书初稿，并给予我诸多有益的修改意见。最后，再一次谢谢大家。最终，我们所有人的努力都指向了共同的目标：帮助你学习微积分理论。也谢谢你让我成为你此程的引路人。